普通高等教育卓越工程能力培养系列教材

金属切削机床

主　编　李庆余　岳明君
副主编　孟广耀　侯荣国
参　编　牛宗伟　李　丽
　　　　房晓东　张国海
主　审　李传义

机械工业出版社

本书侧重于金属切削机床设计原理的剖析，阐述了常用和典型普通机床和数控机床的传动系统形成机理、典型结构和操纵机构的特点，理论和实际相结合，培养学生的逻辑思维能力，提高学生分析问题和解决问题的能力。本书主要内容包括：机床的基本知识（包括机床运动的一般规律）、车床、齿轮加工机床、镗铣加工机床、磨床。

本书可作为高等院校机械制造及自动化专业及其他机械设计相关专业师生的教材，也可作为机电工程技术人员的参考用书。

图书在版编目（CIP）数据

金属切削机床/李庆余，岳明君主编. —北京：机械工业出版社，2014.6（2024.9 重印）
普通高等教育卓越工程能力培养系列教材
ISBN 978-7-111-46728-1

Ⅰ.①金… Ⅱ.①李…②岳… Ⅲ.①金属切削-机床-高等学校-教材 Ⅳ.①TG502

中国版本图书馆 CIP 数据核字（2014）第 099481 号

机械工业出版社（北京市百万庄大街 22 号 邮政编码 100037）
策划编辑：刘小慧 责任编辑：刘小慧 王勇哲 章承林 冯 铗
版式设计：霍永明 责任校对：刘秀丽
封面设计：张 静 责任印制：李 昂
北京捷迅佳彩印刷有限公司印刷
2024 年 9 月第 1 版 · 第 5 次印刷
184mm×260mm · 13 印张 · 317 千字
标准书号：ISBN 978-7-111-46728-1
定价：39.80 元

电话服务
客服电话：010-88361066
010-88379833
010-68326294

网络服务
机 工 官 网：www.cmpbook.com
机 工 官 博：weibo.com/cmp1952
金 书 网：www.golden-book.com
机工教育服务网：www.cmpedu.com

前　言

本书是普通高等院校机械工程及自动化专业的教材，特别适合于卓越工程师教育培养计划的开展，也可作为机电工程技术人员的参考用书。本书是根据高等院校新世纪教学内容和教材体系改革计划的精神编写的，适应高校教学内容和教材改革的需要。

本书为李庆余等主编的《机械制造装备设计》的配套教材。

本书分为五章。第一章为机床的基本知识；第二章为车床；第三章为齿轮加工机床；第四章为镗铣加工机床；第五章为磨床。

本书分析了常用和经典机床的传动系统形成机理、典型结构和操纵机构的特点，理论和实际相结合，不仅能培养学生的逻辑思维能力，提高学生分析问题和解决问题的能力，而且可为机电工程技术人员提供参考。

对于少学时的课程安排，可只选取本书中的基础、精华部分，如车床、YW3150 滚齿机、M1432A 万能外圆磨床、X6132A 卧式万能升降台铣床等。

本书由山东理工大学李庆余、山东大学岳明君任主编，青岛理工大学孟广耀、山东理工大学侯荣国任副主编，参加编写的有山东理工大学牛宗伟、李丽、房晓东、张国海。全书由李庆余统稿，李传义教授主审。

由于编者学术水平有限，难免有不当之处，敬请广大读者批评指正，以便再版时修正完善。

编　者

目　录

绪　论

一、机械制造业在国民经济中的地位

金属切削机床（Metal Cutting Machine Tools）是用切削的方法将金属毛坯加工成机器零件的机器，故又称为“工作母机”。

机械制造业是国民经济各部门赖以发展的基础，是国民经济的重要支柱，是生产力的重要组成部分。机械制造业不仅为工业、农业、交通运输业、科研和国防等部门提供各种生产设备、仪器仪表和工具，而且为制造业包括机械制造业本身提供机械制造装备。机械制造业的生产能力和制造水平标志着一个国家或地区的科学技术水平和经济实力。

机械制造业的生产能力和制造水平，主要取决于机械制造装备的先进程度。机械制造装备的核心是金属切削机床。精密零件的加工，主要依赖切削加工来达到所需要的精度。金属切削机床所担负的工作量占机器制造总工作量的40%～60%，金属切削机床的技术水平直接影响到机械制造业的产品质量和劳动生产率。换言之，一个国家的机床工业水平，在很大程度上代表着这个国家的工业生产能力和科学技术水平。显然，金属切削机床在国民经济现代化建设中起着不可替代的作用。

二、机床的发展概况和我国机床工业的水平

金属切削机床是人类在改造自然的长期实践中产生的，并经过不断改进完善而发展的。最原始的机床靠手拉或脚踏产生动力，通过绳索使刀具或工件旋转，加工对象为木料，即最原始的机床是木工钻床。随着社会的发展，出现了木工车床。

当加工对象由木材逐渐过渡到金属时，车圆、钻孔等都需增加动力，于是产生了绕垂直轴旋转的、以兽力为动力源的机床。明代宋应星所著《天工开物》中就已有对天文仪器进行铣削和磨削加工的记载。18世纪出现了刨床。

1776年，詹姆斯·瓦特（James Watt）发明了蒸汽机，为机床提供了绕水平轴旋转的、功率巨大的动力源，使生产技术和机床产生革命性的巨变。1797年，英国机床工业之父亨利·莫兹利（Henry Maudslay）发明了具有丝杠、光杠、进给刀架和导轨的车床，可车削不同螺距的螺纹，并于1800年采用交换齿轮改变进给速度和被加工螺纹的螺距。1817年，英国理查德·罗伯茨（Richard Roberts）采用四级带轮和背轮机构改变车床主轴转速。1818年，美国惠特奈（Whitnry E）发明了铣床，用单齿铣刀铣削麻花钻头的螺旋槽；1829年，詹姆斯·内斯密斯（James Nasmyth）制造了分度铣床，1836年他又发明了刨床；1835年，英国约瑟夫·惠特沃斯（Joseph Whitworth）发明了滚齿机，创造了用滚刀按展成法原理加工渐开线齿形的方法；1845年，美国菲奇（Stephen Finch）发明转塔车床；1848年，美国又出现回轮车床；1962年，美国布朗J. R（Joseph Rogers Brown）发明万能铣床，12年后他又发明了万能磨床；1873年，美国斯潘塞（Chrostopher Miner Spencer）制成单轴自动车床，不久他又制成三轴自动车床；1888年，美国尼古拉·特斯拉（Nikola Tesla）发明了三相交流感应式电动机，为机床提供了新动力源。1897年，美国E. R. 费洛斯（E·R·Fellows）创造了插齿机，使用盘形插齿刀按展成法加工齿轮，同年德国的鲁道夫·狄塞尔（Rudolf

Diesel）发明并改进的具有使用价值的高压缩型压燃式柴油机，为机床的快速发展奠定了坚实基础。到19世纪末，机床已发展到各种类型，同一加工车间的机床共用一台动力源，采用架空传动轴（天轴）、带传动将旋转运动传递到各个机床。20世纪以来，齿轮变速器的诞生，使机床的结构和性能发生了根本性变化，随电气、液压、数控技术、电力电子技术的发展，使机床获得了迅速的发展。目前，普通机床分为11大类，每类机床又按工艺特点、布局型式、结构特点等分为10个组，每组中又分为若干系列；各类机床都有相应的数控化产品以及多种加工功能的数控加工中心。

不同的“经济模式”对制造装备的要求不同；制造装备决定了“经济模式”。工业发达国家为了将先进技术、先进生产模式、先进工艺应用于制造业，增强其经济实力，非常重视机械制造业的发展，尤其是机械制造装备工业的发展。在刚刚过去的20世纪中，他们对机械制造装备进行了多次更新换代。20世纪50年代为“规模效益”模式，即少品种大批量生产模式；20世纪70年代是“精益生产”（Lean Production）模式，以提高质量、降低成本为标志；20世纪80年代，较多地采用数控机床、机器人、柔性制造单元和系统等高技术的集成机械制造装备；20世纪90年代以来，机械制造装备普遍具有“柔性化”“自动化”和“精密化”的特点，以适应多品种小批量和经常更新产品的需要。

我国过去实行计划经济，传统产业的改造进展缓慢，机械制造业的装备基本上处于工业发达国家20世纪50年代的水平，适应“规模效益”的生产模式。改革开放以来，我国机械制造装备工业迅猛发展。目前我国已能生产从小型仪表机床到重型机床的各种机床，能够生产出各种精密的、高度自动化的以及高效率的机床和自动生产线；已经具备了成套装备现代化工厂的能力。有些机床已经接近世界先进水平。我国已能生产100多种数控机床，并研制出六轴五联动的数控系统，分辨率可达1μm，适用于复杂形体的加工。我国生产的几种数控机床已成功用于日本富士通公司的无人化工厂。

虽然我国机械制造装备工业取得了很大成就，但与世界先进水平相比还有很大差距，主要表现为：大部分高精度和超精密机床还不能满足现实需求，精度保持性较差；高效自动化和数控自动化装备的精度、质量、性能、可靠性指标等方面与国外先进水平相比落后5~10年，在高精技术、尖端技术方面差距则达10~15年；国外数控系统平均无故障工作时间为10000h，我国自主开发的数控系统仅为3000~5000h，整机平均无故障工作时间国外数控机床为800h以上，国内数控机床仅为300h。2004年，我国数控机床的产量仅为全部机床产量的13.3%，远低于日本同期的75.5%、德国和美国的60%；2004年，我国数控机床的产值数控化率为32.7%，而日本同期机床产值数控化率为88%，德国和美国为75%左右；并且在国产数控机床中，数控车床和电加工机床占数控机床总产量的一半以上，70%的数控车床为单片机控制的两轴经济型数控车床，经济型数控电加工机床则占电加工机床的80%。2005年，我国进口数控机床均价为12.04万美元/台，而同期我国国产数控机床均价为3.66万美元/台，国外进口数控机床在我国市场的占有率为70%。我国五轴联动数控机床、数控大重型机床、加工中心的年产量不足千台，而德国、日本等机床制造业发达国家加工中心的年产量均在万台以上，是我国的20倍以上。国外已能生产19轴联动的数控系统，分辨率达0.1~0.01μm。

我国已加入世界贸易组织，经济全球化时代已经到来，我国机械制造工业正面临严峻的挑战。我们必须发愤图强，努力工作，不断扩大技术队伍和提高人员技术素质，学习和引进国外的先进科学技术，大力开展科学研究，尽快赶上世界先进水平。

国家中长期科技发展规划纲要（2006—2020）中规定：提高装备设计、制造和集成能力，以促进企业技术创新为突破口，通过技术攻关，基本实现高档数控机床、工作母机、重大成套技术装备、关键材料与关键零部件的自主设计制造。

第一章　机床的基本知识

第一节　金属切削机床的分类及型号编制

一、金属切削机床的分类

在 GB/T 15375—2008《金属切削机床　型号编制方法》中，机床按其工作原理划分为车床、铣床、钻床、磨床、齿轮加工机床等 11 类。机床的分类及代号见表 1-1。磨床有三个分类，第一分类代号的“1”省略，第二、三分类代号的“2”“3”须标注在类代号前。对于具有两类特性的机床，主要特性应放在后面。次要特性放在前面。例如，铣镗床就是以镗为主、铣为辅的。每一类机床中，又按机床的工艺范围、布局型式和结构特点分为 10 个组，见表 1-2。每一组中，主要参数相同，主要结构及布局型式相同的机床，划分成一个系（系列），最多 10 个系。

表 1-1　机床的类别及代号

类别	车床	钻床	镗床	磨床			齿轮加工机床	螺纹加工机床	铣床	刨插床	拉床	锯床	其他机床
代号	C	Z	T	M	2M	3M	Y	S	X	B	L	J	Q
读音	车	钻	镗	磨	二磨	三磨	牙	丝	铣	刨	拉	锯	其

表 1-2　金属切削机床类、组代号

类别＼组别		0	1	2	3	4	5	6	7	8	9
车床 C		仪表小型车床	单轴自动车床	多轴自动、半自动车床	回转、转塔车床	曲轴及凸轮轴车床	立式车床	落地及卧式车床	仿形及多刀车床	轮、轴、锭及铲齿车床	其他车床
钻床 Z			坐标镗钻床	深孔钻床	摇臂钻床	台式钻床	立式钻床	卧式钻床	铣钻床	中心孔钻床	其他钻床
镗床 T				深孔镗床		坐标镗床	立式镗床	卧式铣镗床	精镗床	汽车、拖拉机修理用镗床	其他镗床
磨床	M	仪表磨床	外圆磨床	内圆磨床	砂轮机	坐标磨床	导轨磨床	刀具刃磨床	平面及端面磨床	曲轴、凸轮轴、花键轴及轧辊磨床	工具磨床
	2M		超精机	内圆珩磨机	外圆及其他珩磨机	抛光机	砂带抛光及磨削机床	刀具刃磨及研磨机床	可转位刀片磨削机床	研磨机	其他磨床
	3M		球轴承套圈沟磨床	滚子轴承套圈滚道磨床	轴承套圈超精机		叶片磨削机床	滚子加工机床	钢球加工机床	气门、活塞及活塞环磨削机床	汽车、拖拉机修磨机床

（续）

类别＼组别	0	1	2	3	4	5	6	7	8	9
齿轮加工机床 Y	仪表齿轮加工机		锥齿轮加工机	滚齿及铣齿机	剃齿及珩齿机	插齿机	花键轴铣床	齿轮磨齿机	其他齿轮加工机	齿轮倒角及检查机
螺纹加工机床 S				套丝机	攻丝机		螺纹铣床	螺纹磨床	螺纹车床	
铣床 X	仪表铣床	悬臂及滑枕铣床	龙门铣床	平面铣床	仿形铣床	立式升降台铣床	卧式升降台铣床	床身铣床	工具铣床	其他铣床
刨插床 B		悬臂刨床	龙门刨床			插床	牛头刨床		边缘及模具刨床	其他刨床
拉床 L			侧拉床	卧式外拉床	连续拉床	立式内拉床	卧式内拉床	立式外拉床	键槽、轴瓦及螺纹拉床	其他拉床
锯床 G			砂轮片锯床		卧式带锯床	立式带锯床	圆锯床	弓锯床	锉锯床	
其他机床 Q	其他仪表机床	管子加工机床	木螺钉加工机		刻线机	切断机	多功能机床			

同类机床按工艺范围可分为通用机床、专门化机床和专用机床。通用机床是指能够加工多种工件的不同工序的机床，工艺范围广，又称为万能型机床；但其结构复杂，刚度相对较低，生产率相对较低；适用于单件、小批量生产模式，如卧式车床、万能升降台式铣床、万能外圆磨床、摇臂钻床等。专门化机床是指能加工一类或几类工件的某道或几道特定工序的机床，其工艺范围较窄，如曲轴车床、凸轮轴车床等。专用机床是指能完成某一特定工件的特定工序的机床，工艺范围最窄，如组合机床，适用于大批大量生产模式。

机床按加工精度可分为普通精度机床、精密机床和高精度机床。

机床按自动化程度可分为手动机床、机动机床、半自动机床和自动机床。

机床按加工工件质量和尺寸可分为仪表机床（微型机床）、中小型机床、大型机床（工件质量 10t 以上）、重型机床（工件质量 30t 以上）和超重型机床（工件质量 100t 以上）。

机床按其主要工作部件的多少可分为单轴、多轴机床或单刀、多刀机床。

通常，机床按加工性能分类，再根据其某些特点进行进一步的描述，如多刀半自动车床、多轴自动车床等。

二、机床通用型号

机床型号可以简明地表示机床的类型、通用特征和结构特征以及主要技术参数。GB/T 15375—2008 规定，机床型号由汉语拼音字母和数字按一定规律组合而成，适用于除组合机床、特种加工机床外的通用机床。机床通用型号表示方法如图 1-1 所示。

机床型号由基本部分和辅助部分组成，中间用“/”隔开。基本部分内容及代号统一，辅助部分是否纳入型号由企业自定。

机床的通用特性代号见表 1-3。当某类机床在普通型（基本型）外，又派生其他型机床，须在类代号后增加通用特性代号，如“CK”表示数控车床；如果某类机床同时具有两种通用特性，可用两个通用特性代号同时表示，如“MBG”表示半自动高精度磨床；如果某类型机床仅有某种通用特性，没有普通型号，则通用特性不必表示，如C1107型单轴纵切自动车床，由于这类机床没有“非自动”型，所以型号中不必用“Z”表示通用特性。

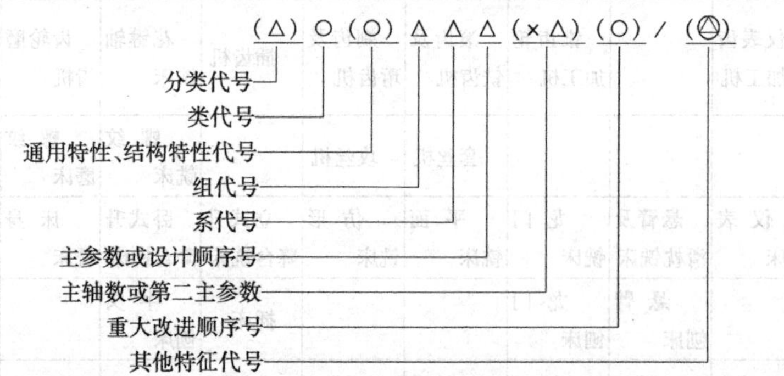

注：1. 标有“（ ）”的代号或数字，当无内容时，则不表示；若有内容则不带括号。
2. 标有“○”符号的代号为汉语拼音大写字母。
3. 标注“△”的代号为阿拉伯数字。
4. 标注“◎”的代号为汉语拼音大写字母或阿拉伯数字，或两者兼有之。

图1-1 机床通用型号表示方法

表1-3 机床的通用特性代号

通用特性	高精度	精密	自动	半自动	数控	加工中心（自动换刀）	仿形	轻型	加重型	柔性加工单元	数显	高速
代号	G	M	Z	B	K	H	F	Q	C	R	X	S
读音	高	密	自	半	控	换	仿	轻	重	柔	显	速

对主参数值相同而结构、性能不同的基本型机床，在型号中加结构特性代号予以区别，如CA6140型卧式车床型号中的“A”。根据各类机床的具体情况，对某些结构特性代号，可赋予一定含义。但结构特性代号与通用特性代号不同，在型号中没有统一的含义，只在同类机床中起区分机床结构、性能不同的作用。当型号中有通用特性代号时，结构特性代号应排在通用特性代号之后。结构特性代号用通用特性代号已用的字母之外的英文大写字母表示，但不得用“I”和“O”，即用A、D、E、J、L、N、P、T、Y表示。

机床主参数代表机床的规格，用折算值（主参数乘以折算系数），位于系代号之后。常用机床的主参数有规定的表示方法，见附录。主参数的折算值小于10时，在折算值前加“0”，如CM1107车床。

某些通用机床无法用一个主参数表示时，则在型号中用设计顺序号表示。设计顺序号起始于1，当设计顺序号小于10时，由01开始编号。

对于多轴车床、多轴钻床等，其主轴数量置于型号的主参数后，用“×”（读作“乘”）分开。

第二主参数（多轴机床的主轴数例外）一般不予表示；在型号中表示的第二主参数一般折算成两位数，最多为三位数。以长度、深度值等表示的第二主参数，折算系数为1/100；以直径、宽度值表示的，折算系数为1/10；以厚度、最大模数值表示的，其折算系数为1。当折算值大于1时，取整数；折算值小于1时，则取小数点后第一位，并在前加“0”。常用机床的第二主参数见表1-4。

表 1-4　常用机床的第二主参数

机床名称	第二主参数	机床名称	第二主参数	机床名称	第二主参数
卧式车床	最大工件长度	立式车床	最大工件高度	摇臂钻床	最大跨距
坐标镗床	工作台面长度	外圆磨床	最大磨削长度	内圆磨床	最大磨削深度
矩台平面磨床	工作台面长度	齿轮加工机床	最大模数	龙门铣床	工作台面长度
升降台铣床	工作台面长度	龙门刨床	最大刨削长度	拉床	最大行程

注：1. 本表非 GB/T 15375—2008 中的内容。
2. 齿轮加工机床中，花键轴铣床的第二主参数为最大铣削长度。

机床的结构布局有重大改进，并按新产品重新设计、试制、鉴定时，在原机床型号基本部分的尾部加改进顺序号，改进顺序号用 A、B、C、…（但不得选用“I”“O”）表示，以区别原有机床。

重大改进设计不同于完全的新设计，它是在原有机床基础上进行改进设计的，因此重大改进后的产品与原型号是一种替代关系。

凡属局部改进，或增减某些附件、测量装置及改变装卡工件的方法等，因对原机床的结构、性能没有作重大的改变，故不属于重大改进，其型号不变。

其他特性代号置于型号辅助部分之首。同一型号机床的变型代号，放在其他特性代号之首。

其他特性代号主要用以反映各类机床的特性。对于数控机床，可用来反映不同的数控系统等；对于加工中心，可用来反映控制系统、联动轴数、自动交换主轴头、自动交换工作台等；对于柔性单元，可用来反映自动交换主轴箱；对于一机多能机床，可用以补充表示某些功能；对于一般机床，可表示同一型号机床的变型等。

其他特性代号可用除“I”“O”以外的大写英文字母表示。“L”表示联动轴数，联动轴数用阿拉伯数字表示，写在“L”前；“F”表示复合。其他特性代号也可单独用阿拉伯数字表示。

综合上述通用机床型号的编制方法，举例如下：

例 1　CA6140 车床：卧式、结构与 C6140 有重大区别的，最大加工直径为 400mm 的基本型车床。

例 2　MG1432A 磨床：第一次重大改进的高精度、万能外圆磨床，最大磨削直径 320mm。

例 3　最大磨削直径为 400mm 的高精度数控外圆磨床，其型号为 MKG1340。

例 4　最大钻孔直径 40mm、最大跨距为 1600mm 的摇臂钻床，其型号为 Z3040 ×16。

例 5　工作台面宽度为 400mm 的五轴联动卧式加工中心，其型号为 TH6340/5L。

三、专用机床型号

专用机床型号一般由机床制造企业代号或机床研究单位代号和设计顺序号组成，设计顺序号为三位数字，起始于 0001。专用机床型号表示方法如图 1-2 所示。

例　上海机床厂设计制造的第 15 种专用机床为专用磨床，则其型号为 H-015。

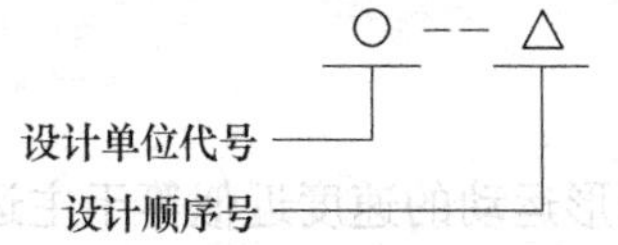

○ -- △
设计单位代号
设计顺序号

图 1-2　专用机床型号表示方法

四、机床自动线型号

机床自动线由通用机床和专用机床组成，其型号构成与专用机床型号相同，只是在设计顺序号前增加“ZX”（读作“自线”）代号。

例 北京机床研究所设计的第一条机床自动线，则其型号为 JCS-ZX001。

五、GB/T 15375—2008 与 JB1838—1985 的区别

1）GB/T 15375 机床分类中无特种加工机床。

2）JB 1838 将主轴数归属为第二主参数；GB/T 15375 则将其分解为主轴数和第二主参数，主轴数必须表示，第二主参数一般不表示。

3）GB/T 15375 通用特性代号中增加“R”“S”“X”。

4）GB/T 15375 将变型代号归属为辅助部分。

第二节 机床的常用术语

一、表面成形运动

为获得工件所需的形状，刀具与工件须产生的相对运动，称为表面成形运动。车削外圆柱面，需要两个表面成形运动，即刀具和工件的相对旋转运动和刀具的轴向移动，也可认为是一个空间螺旋线成形运动，螺旋线导程小于车刀切削刃宽度，切削刃宽度与刀具移动量之间没有严格传动联系，刀具移动量的大小只影响圆柱面的表面精度。成形车刀切削螺纹，也需要一个空间螺旋线运动，但切削刃形状已定，工件旋转运动与刀具移动量有严格传动联系，工件旋转一圈刀具必须移动一个螺纹导程。总之，表面成形运动必须分解成圆周运动和直线运动，便于运动的产生。

二、表面成形运动的分类

表面成形运动按切削加工过程中的作用，分为主运动和进给运动。

1. 主运动

成形运动中速度高、旋转（运动）精度高、消耗功率最大的运动称为主运动。如 CA6140 车床主轴带动工件旋转是主运动，工件直径为 d，转速为 n，刀具纵向移动量 $f_{max}=6.33\text{mm/r}$，则成形运动的速度 v 为

$$v=\sqrt{(\pi dn)^2+(nf)^2}=\pi dn\sqrt{1+\left(\frac{f}{\pi d}\right)^2}\approx\pi dn\left[1+\frac{1}{2}\left(\frac{f}{\pi d}\right)^2\right]\approx\pi dn$$

再如，滚齿机齿轮滚刀的旋转是主运动，滚刀转速为 n，滚刀分度圆直径为 d、滚刀模数为 m、滚刀导程角 $\gamma_{max}=4.57°$，加工的圆柱直齿轮齿数为 z，滚刀刀架的垂直进给量为 $f_{max}=4\text{mm/r}$（Y3150E 滚齿机的刀架移动量），总进给量为$\frac{nf}{z}$，滚齿机加工齿轮为展成法加工，单头滚刀旋转一圈工件旋转一个齿，齿坯分度圆速度 πmn 小于滚刀切向速度，滚刀旋转运动为主运动，则成形运动的速度 v 为

$$v=\pi dn+\frac{nf}{z}=\pi dn\left(1+\frac{f}{\pi dz}\right)\approx\pi dn$$

成形运动的速度近似等于主运动速度，因而将主运动速度称为切削速度，或者说产生切削速度的运动称为主运动。

钻床主轴带动钻头旋转、镗床主轴带动镗刀旋转、磨床砂轮的旋转运动、铣床铣刀的旋转运动等都是主运动，刨插床刨刀的直线移动、龙门刨床的工作台移动等也是主运动。

2. 进给运动

维持切削连续的运动。也可以说除主运动外的表面成形运动称为进给运动。进给运动可以是一个，也可以由多个运动合成。如车削圆柱体或圆柱螺纹是一个进给运动；磨床磨削外圆柱面则需工件旋转作圆周进给运动，工件纵向移动轴向进给两个进给运动；滚齿机滚铣圆柱斜齿轮则需要齿坯旋转实现展成进给运动、齿坯附加转动形成斜齿的进给运动，以及刀架带动滚刀垂直移动形成齿宽的进给运动三个进给运动。

三、传动链

除高频微量进给链采用直线电动机直接驱动执行件运动外，一般成形运动动力源为交流电动机，动力源的运动为旋转运动；动力源的旋转运动经传动件产生加工工艺所需要的运动速度和精度，由末端传动件输出并带动工件或刀具产生成形运动。将动力源的旋转运动改变为成形运动所需的具有一定精度和运动速度的传动件构成传动链，末端传动件称为传动链的执行件。按传递的速度、功率分为主运动传动链和进给运动传动链。

1. 传动副的传动比

机床传动链中，输出转速（速度）与输入转速（速度）之比称为传动比。即传动比 i 为

$$i=\frac{n_o}{n_i}=\frac{v_o}{v_i}$$

式中　n_o、v_o——输出转速（速度）；

n_i、v_i——输入转速（速度）。

若传动副为带传动，则传动比为主动带轮计算直径与从动带轮计算直径之比；若传动副为齿（链）轮传动，则传动比为主、从动齿（链）轮的齿数比。

当传动比大于1时，传动副为升速传动；当传动比小于1时，传动副为降速传动。

2. 内联系传动链

主运动和进给运动或两个进给运动的执行件之间有严格运动要求的，一般将运动速度高的执行件作为间接动力源，因为降速传动能缩小传动误差，降低噪声，传动精度高。这种将执行件与间接动力源有严格要求的传动链称为内联系传动链。如车削螺纹的成形运动，由主运动和刀具纵向移动组成，主运动的执行件与刀具有严格的运动要求，工件旋转一圈时刀具必须移动一个螺纹导程，因而车削螺纹的传动链是内联系传动链，主运动转速高作为间接动力源。单头滚刀滚切斜齿圆柱齿轮有两条内联系传动链：一条为形成渐开线齿廓的展成运动，由滚刀的旋转运动和齿坯的旋转运动组成，滚刀的旋转运动是主运动，为间接动力源，滚刀旋转一圈齿坯转动一个齿距角；另一条是形成螺旋线形斜齿的运动，由滚刀刀架的垂直移动和齿坯的旋转运动组成，刀架移动一个齿轮导程齿坯旋转一圈。若加工法向模数为 m_n、齿数为 z、螺旋角为 β（一般 $\beta=8°\sim15°$）的斜齿圆柱齿轮，其分度圆直径 d 为

$$d=\frac{m_n z}{\cos\beta}$$

斜齿圆柱齿轮的导程 T 为

$$T=\frac{\pi m_n z}{\cos\beta}\frac{1}{\tan\beta}=\frac{\pi m_n z}{\sin\beta}$$

$$\frac{1}{\tan\beta}<1 \qquad T>\pi d$$

由此可见，齿轮螺旋线斜齿的导程 T 大于分度圆周长，因此滚刀刀架的垂直移动为螺旋线形斜齿成形运动的间接动力源。从另一角度考虑，齿轮宽度远小于 T，若齿轮旋转运动为形成螺旋线形斜齿运动的间接动力源，不可能加工出完整齿轮。齿坯由展成运动和螺旋线形斜齿成形运动的末端执行件带动旋转，为防止运动干涉，须设置运动合成机构。

3. 外联系传动链

成形运动分解的两机床运动的执行件之间没有严格运动要求，机床运动只与动力源有联系的，称为外联系传动链。即动力源不是传动链的组成部分，但变速电动机（包括双速电动机、变频调速电动机、交流伺服电动机）是动力源和传动变速机构的合成部件，当然是传动链的一部分。例如，外圆磨床砂轮主轴带动砂轮旋转为主运动，砂轮相对于工件的螺旋线形成形运动分解为工件的旋转（圆周进给运动）和工件的往复移动（轴向进给运动），这些运动不要求有严格的运动关系，因此磨削外圆柱面时，主运动传动链、圆周进给运动传动链、轴向进给运动传动链都是外联系传动链。

机床的主运动传动链都是外联系传动链。这是由于切削速度不影响表面成形，只影响加工效率和表面加工精度。一般主运动采用等比传动，数控机床多采用变频无级调速和串联等比传动组合的传动形式。

四、传动原理图

为满足不同的工艺需求，保证机床具有一定工艺范围，传动链须有多级速度，即传动链由固定传动比传动机构和可变传动比变速机构组成。为便于研究机床的传动联系，常用简单符号表示动力源和执行件以及执行件与执行件之间的传动联系，形成的简图称为传动原理图。传动原理图常用示意符号如图 1-3 所示。

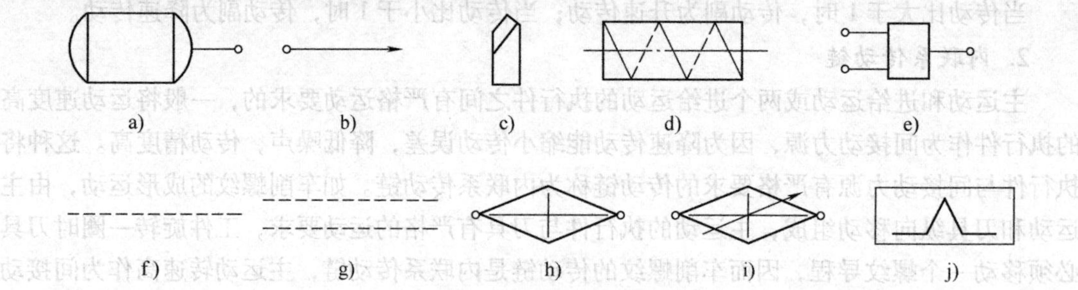

图 1-3 传动原理图常用示意符号

a）电动机 b）主轴 c）车刀 d）滚刀 e）合成机构 f）定比机械联系
g）电联系 h）变速机构 i）数控变速系统 j）脉冲发生器

CA6140 卧式车床螺纹链的传动原理图如图 1-4 所示。卧式车床加工圆柱螺纹时仅需一个刀具相对于工件的螺旋成形运动，由主轴带动工件旋转的主运动 B_1 和刀具轴向移动的进给运动 A_1 组成。螺纹链是内联系传动链，主运动链为外联系传动链。图 1-4 中 5 为主轴，3 ~5 有两条传动路线，称为分支传动；高速分支为定比传动；低速分支则由变速机构 3—4、定比传动副 4—5 组成。螺纹传动链动力源为主轴 5，末端件为车刀 8，5—6—8 为正常螺纹导程加工路线，5—3—6—8 的传动路线则表示主运动处于低速传动中。3～5 为降速传动，5—3—6 的传动路线是升速传动，此时传动轴 6 转速高，螺纹车刀 8 移动量大，即此传动路线为扩大螺纹导程传动路线，主运动低转速时车削大导程螺纹，符合工艺规范。主运动的低速变速机构同时又是螺纹传动链的导程扩大变速机构，其传动比须准确，以满足内联系传动链的需求。

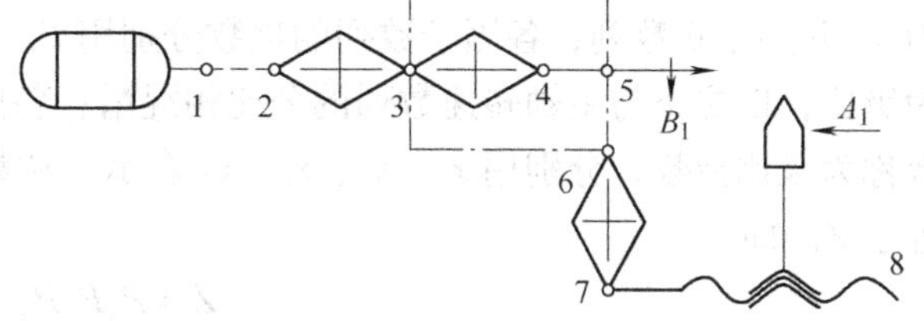

图 1-4　CA6140 卧式车床螺纹链传动原理图

CA6140 卧式车床机动车削传动原理图如图 1-5 所示。图 1-5 中进给量的变速机构仍是螺纹进给链的变速机构，7—8—9—10、7—8—11—12 传动路线具有减速、换向功能。从传动动原理图中不难看出，机动进给有三条传动路线：①5—6—7—8 传动路线为正常进给传动路线；②5—4—3—6—7—8 传动路线为大进给量传动路线；③主运动高速旋转时，3～5 处于工作状态，3～5 是定比升速传动，5—3—6 传动路线则为降速传动，因而主运动高速旋转时，利用 5—3—6—7—8—9—10（8—11—12）的传动路线可获得细小进给运动。

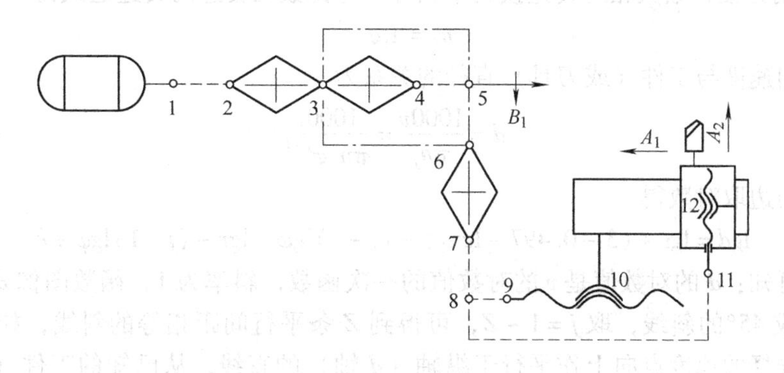

图 1-5　CA6140 卧式车床机动车削传动原理图

第三节　机床运动的基本规律

一、主轴转速的基本规律

1. 主轴转速的合理排列

机床的主轴转速绝大多数是按照等比数列排列的，以 φ 表示公比，则转速数列为

$$n_1 = n_{\min};\ n_2 = n_1\varphi;\ n_3 = n_1\varphi^2;\ \cdots;\ n_j = n_1\varphi^{j-1}$$

则 Z 级转速的变速范围为

$$R_n = \varphi^{Z-1} \tag{1-1}$$

主轴转速数列呈等比数列的原因是：设计简单，使用方便，最大相对转速损失率相等。

（1）简化设计　如果机床的主轴转速数列是等比的，公比为 φ，且转速级数 Z 为非质数，则这个数列可分解成几个等比数列的乘积，使传动设计简化。

例　$Z=24$，则该数列分解成为

$$\begin{Bmatrix} n_1 \\ n_2 \\ \vdots \\ n_{24} \end{Bmatrix} = n_1 \begin{Bmatrix} 1 \\ \varphi \\ \vdots \\ \varphi^{23} \end{Bmatrix} = n_1 \begin{Bmatrix} 1 \\ \varphi \\ \varphi^2 \end{Bmatrix} \begin{Bmatrix} 1 \\ \varphi^3 \\ \vdots \\ \varphi^{21} \end{Bmatrix} = n_1 \begin{Bmatrix} 1 \\ \varphi \\ \varphi^2 \end{Bmatrix} \begin{Bmatrix} 1 \\ \varphi^3 \end{Bmatrix} \begin{Bmatrix} 1 \\ \varphi^6 \end{Bmatrix} \begin{Bmatrix} 1 \\ \varphi^{12} \end{Bmatrix} \tag{1-2}$$

四个等比数列变速组串联，使机床主轴获得24种等比数列转速。因子数列从左到右称为a、b、c、d数列；各因子数列的项数分别用P_a、P_b、P_c、P_d表示；各因子数列的公比称为级比，以防止与主轴转速数列的公比相混淆；各因子数列的级比是公比的整数次幂，幂指数称为级比指数，分别用x_a、x_b、x_c、x_d表示。从数列分解式中可知：各因子数列项数之积等于Z。即

$$Z = P_a P_b P_c P_d$$

将因子数列的级比指数写在该因子数列项数的右下角，形成机床设计最基本的公式——结构式

$$Z = (P_a)_{x_a}(P_b)_{x_b}(P_c)_{x_c}(P_d)_{x_d} \tag{1-3}$$

上例主轴转速数列的结构式为

$$24 = 3_1 \times 2_3 \times 2_6 \times 2_{12}$$

（2）使用方便，最大相对转速损失率相等　等比数列转速的转速通式为

$$n_j = n_1 \varphi^{j-1} \tag{1-4}$$

则机床的切削速度与工件（或刀具）直径的关系为

$$d = \frac{1000v}{\pi n_j} = \frac{1000v}{\pi n_1 \varphi^{j-1}}$$

将上式两边取对数得

$$\lg d = \lg v + (3 - 0.497 - \lg n_1) - (j-1)\lg\varphi = \lg v - (j-1)\lg\varphi + k$$

从式中可知：d的对数值是v的对数值的一次函数，斜率为1，函数图像是与切削速度对数坐标轴成45°的斜线，取$j = 1 \sim Z$，可得到Z条平行间距相等的斜线，如图1-6所示。在图中，从选择的速度点向上作平行于纵轴（d轴）的直线，从已知的工件（或刀具）直径点向右作平行于横轴（v轴）的直线，两直线垂直相交点就是要选择的转速点。这样使用方便。车床、铣床、镗床等都配有速度选择图。

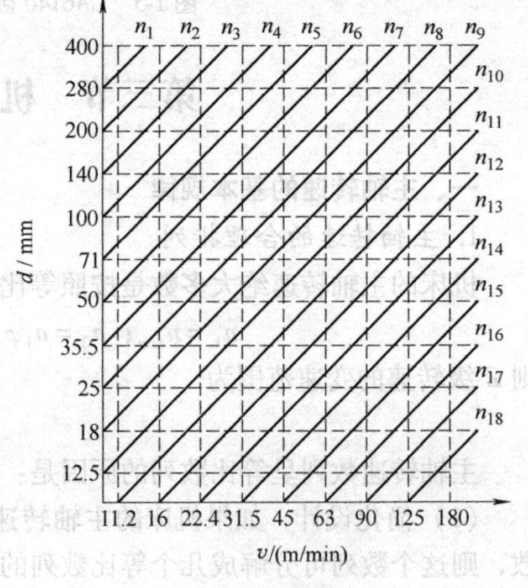

图1-6　转速选择图

如果加工某一工件需要的最佳切削速度为v，相应的转速为n。一般情况下，n不可能正好在某一转速线上，而是在两转速线n_j与n_{j+1}之间。即

$$n_j < n < n_{j+1}$$

此时，采用较高转速n_{j+1}会提高切削速度，降低刀具使用寿命。为保证刀具的使用寿命，应选择较低的转速n_j，这时转速的损失为$n - n_j$，相对转速损失率为

$$A = \frac{n - n_j}{n} \times 100\%$$

最大相对转速损失率为n趋近于n_{j+1}时的A值。即

$$A_{max}=\frac{n_{j+1}-n_j}{n_{j+1}}=1-\frac{n_j}{n_{j+1}}=\left(1-\frac{1}{\varphi}\right)\times 100\% \tag{1-5}$$

最大相对转速损失率 A_{max} 只与公比 φ 有关，是恒定值。

2. 标准公比

1）机床为满足不同工艺需求，需具有一系列等比数列转速。转速从 n_1 到 n_{max} 依次递增，故 $\varphi>1$；公比 φ 大，最大相对转速损失率 A_{max} 就大，对机床劳动生产率影响就大，因此需加以限制。我们规定：最大相对转速损失率 $A_{max}\leqslant 50\%$。则

$$A_{max}=1-\frac{1}{\varphi}\leqslant\frac{1}{2},\ \varphi\leqslant 2$$

故

$$1<\varphi\leqslant 2$$

2）为方便记忆，要求转速 n_j 经 E_1（E_1 为自然数）级变速后，转速值呈 10 倍的关系。即

$$n_{j+E_1}=10n_j$$

由等比数列可知

$$n_{j+E_1}=10n_j=\varphi^{E_1}n_j \qquad \varphi=\sqrt[E_1]{10}$$

3）为方便记忆，以及适应双速电动机驱动的需要，要求转速 n_j 经 E_2（E_2 为自然数）级变速后，转速值呈 2 倍的关系。即

$$n_{j+E_2}=2n_j$$

由等比数列可知

$$n_{j+E_2}=2n_j=\varphi^{E_2}n_j \qquad \varphi=\sqrt[E_2]{2}$$

标准公比见表 1-5。

表 1-5　标 准 公 比

φ	1.06	1.12	1.26	1.41	1.58	1.78	2
$\sqrt[E_1]{10}$	$\sqrt[40]{10}$	$\sqrt[20]{10}$	$\sqrt[10]{10}$		$\sqrt[5]{10}$	$\sqrt[4]{10}$	
$\sqrt[E_2]{2}$	$\sqrt[12]{2}$	$\sqrt[6]{2}$	$\sqrt[3]{2}$	$\sqrt{2}$			2
A_{max}	5.7%	10.7%	20.6%	29.1%	36.7%	43.8%	50%
		1.06^2	1.06^4	1.06^6	1.06^8	1.06^{10}	1.06^{12}

由表 1-5 可知，标准公比共有七个。它不仅可用于主传动（包括旋转运动和直线运动），也适用于等比进给传动。无级变速传动系统，电动机的当量公比（实际上是变速范围）较大，且不是标准数。后面串联的机械传动链短，其公比不按标准公比选取。

3. 公比选用原则

由表 1-5 可知，公比 φ 越小，最大相对转速损失率 A_{max} 就小，但变速范围也随之变小。要达到一定的变速范围，就必须增加变速组数目或增加传动副个数，使结构复杂。对于中型机床，公比 φ 一般选取 1.26 或 1.41；对于大型重型机床，加工时间长，公比 φ 应小一些，一般选取 1.26、1.12 或 1.06；非自动化小型机床，加工时间小于辅助时间，转速损失对机床劳动效率影响不大，为使机床结构简单，公比 φ 可选大一些，可选择 1.58、1.78，甚至

2；专用机床原则上不变速，但为适应技术进步，可作适当性能储备，公比 φ 可选择 1.12、1.26。

二、等比传动的基本规律

从式（1-2）中可看出：必然有一个因子数列的级比等于主轴转速等比数列的公比，体现这个因子数列特性的变速组称为基本组。基本组的级比指数为 1。基本组的传动副数、级比指数、变速范围分别用 P_0、x_0、r_0 表示。

级比指数等于基本组传动副数的变速组称为第一扩大组。第一扩大组的传动副数、级比指数、变速范围分别用 P_1、x_1、r_1 表示，$x_1=P_0$。第一扩大组的作用是扩大基本组的变速范围，形成比基本组变速范围大的连续等比数列转速。如

$$n_1\begin{Bmatrix}1\\ \varphi\\ \varphi\end{Bmatrix}\begin{Bmatrix}1\\ \varphi^3\end{Bmatrix}=n_1\begin{Bmatrix}1\\ \varphi\\ \vdots\\ \varphi^5\end{Bmatrix}=\begin{Bmatrix}n_1\\ n_2\\ \vdots\\ n_6\end{Bmatrix}$$

$P_0=3$，$x_1=P_0=3$，形成六级等比数列转速，相当于 $P_0=6$ 的“基本组”。此时，$P_1=2$。

级比指数等于 P_0P_1 的变速组称为第二扩大组。第二扩大组的传动副数、级比指数、变速范围分别用 P_2、x_2、r_2 表示，$x_2=P_0P_1$。

第 j 扩大组的级比指数为

$$x_j=P_0P_1\cdots P_{(j-1)}$$

三、传动链的一般规律

1. 极限传动比和极限变速范围

为防止传动比过小造成从动齿轮尺寸太大，以及增加变速箱的尺寸，一般限制最小传动比 $i_{\min}\geqslant1/4$；为减少振动，提高传动精度，直齿轮的最大传动比 $i_{\max}\leqslant2$，斜齿圆柱齿轮的最大传动比 $i_{\max}\leqslant2.5$；直齿轮变速组的极限变速范围为

$$r=2\times4=8$$

斜齿圆柱齿轮变速组的极限变速范围为

$$r=2.5\times4=10$$

为使变速组具有较大的变速范围，可将两对传动副串联使用，如图 1-7 所示，图中 z_1 为运动输入齿轮，Ⅰ轴为运动输出轴，这样的结构称为单回曲机构或背轮机构，可使主轴获得公比 $\varphi=1.26$ 的 24 级等比数列转速，结构式为

$$24=3_1\times2_3\times2_6\times2_{12}$$

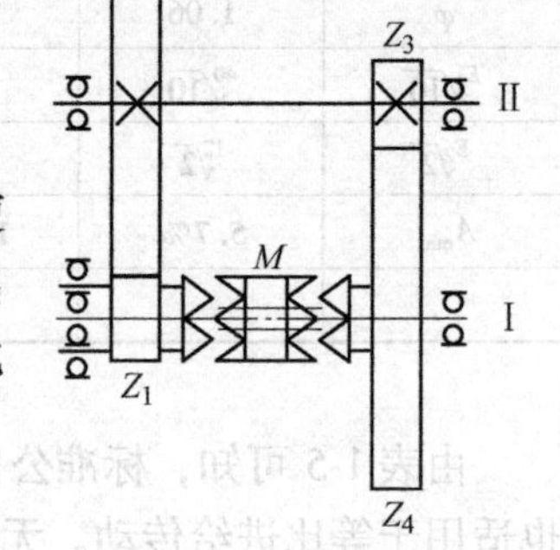

图 1-7 单回曲机构

回曲机构最小传动比

$$i=\frac{z_1}{z_2}\times\frac{z_3}{z_4}=\frac{1}{4}\times\frac{1}{4}=\frac{1}{16}$$

2. 变速组顺序和传动副数规律

机床的主传动系统为降速传动。传动件越靠近电动机其转速就越高，在电动机功率一定的情况下，所需传递的转矩就越小，传动件和传动轴的几何尺寸就越小。因此，为减小传动链尺寸，应尽量使前面的传动件多一些，即传动副数前多后少。总之，应采用三联或双联滑

移齿轮变速组，且三联滑移齿轮变速组在前。数学表达式为

$$3 \geqslant P_a \geqslant P_b \geqslant P_c \geqslant \cdots$$

对不能分解成三速和双速变速组串联的主轴等比数列转速，可利用中间一级或几级转速重合的方法来实现，如10级等比数列转速可分解为

$$n_1\begin{Bmatrix}1\\ \varphi\\ \vdots\\ \varphi^9\end{Bmatrix}=n_1\begin{Bmatrix}1\\ \varphi\\ \varphi^2\end{Bmatrix}\begin{Bmatrix}1\\ \varphi^3\end{Bmatrix}\begin{Bmatrix}1\\ \varphi^4\end{Bmatrix}$$

结构式为

$$10=3_1\times 2_3\times 2_4$$

重合的数列转速为 $n_1\varphi^4$、$n_1\varphi^5$，即

$$n_1\begin{Bmatrix}1\\ \varphi\\ \varphi^2\end{Bmatrix}\begin{Bmatrix}1\\ \varphi^3\end{Bmatrix}=n_1\begin{Bmatrix}1\\ \varphi\\ \vdots\\ \varphi^5\end{Bmatrix} \qquad n_1\begin{Bmatrix}1\\ \varphi\\ \varphi^2\end{Bmatrix}\begin{Bmatrix}1\\ \varphi^3\end{Bmatrix}\varphi^4=n_1\begin{Bmatrix}\varphi^4\\ \varphi^5\\ \vdots\\ \varphi^9\end{Bmatrix}$$

3. 级比指数排列规律

为保证各因子数列变速组变速范围小于极限值，应尽量使前面的变速组级比指数小一些，即前密后疏。数学表达式为

$$x_a=1<x_b<x_c<\cdots$$

4. 变速组的最小传动比规律

为使更多的传动件在相对高速下工作，以及减小变速箱的结构尺寸，各变速组的最小传动比还须采取前缓后急的降速原则，即最后变速组的传动比最小。数学表达式为

$$i_{amin}\geqslant i_{bmin}\geqslant i_{cmin}\geqslant\cdots\geqslant\frac{1}{4}$$

另外，采用先缓后急的最小传动比原则，有利于提高传动链末端执行件的旋转精度。

四、变速电动机转矩功率特性

电动机是机床传动链的动力源。分析机床传动链首先必须了解动力源的特性。

1. 磁路的基本规律

电动机是利用电磁感应原理，将电能转换成机械能的机械，其性能在很大程度上取决于铁磁材料组成的磁路。由磁路的欧姆定律可知

$$\phi=\mu\frac{NIS}{l}=\mu HS$$

$$B=\mu\frac{NI}{l}=\mu H$$

式中 ϕ、B——磁通量（Wb）、磁感应强度（T）；

μ——磁导率（H/m）；

N、l、S——线圈匝数、磁路的平均长度（m）、磁路的截面积（m^2）；

H——磁场强度（A/m）。

磁导率 μ 是变量，导致磁通量 ϕ、磁感应强度 B 与磁场强度 H（或线圈电流 I）为非线性关系。图 1-8 所示为 50W22、50W32 冷轧无取向硅钢片磁化曲线。磁场强度 H（或线圈电流 I）相对较小时，磁通量 ϕ（或磁感应强度 B）与 H 近似成正比；在 H 相对较大时，随着 H 的增大，B 的增速减缓，逐渐趋于磁饱和。

为获得较大的电磁功率，电动机在额定工作状态下，磁通量近似饱和，即负载增加导致励磁电流上升时磁感应强度增加很小。

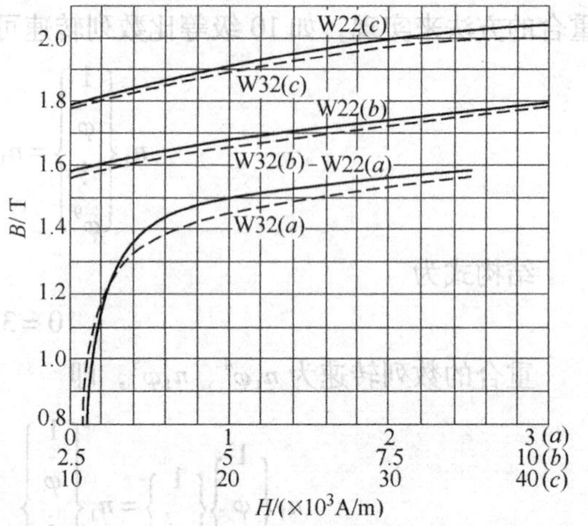

图 1-8 50W22、50W32 冷轧无取向硅钢片磁化曲线

2. 直流电动机转矩功率特性

直流电动机的电磁转矩 M、转速 n 分别为

$$M = K_M \phi I_a$$

$$n = \frac{U}{K_E \phi} - \frac{I_a R_a}{K_E \phi}$$

式中 K_M、K_E——系数；

U、I_a、R_a——电枢电压（V）、电枢电流（A）、电枢电阻（Ω）。

减小励磁绕组电流时，磁感应强度近似于线性减小，即所谓的弱磁调速，转速则随磁通量反比例增加，此时输出功率 P 为

$$P = \frac{Mn}{9550} = \frac{K_M}{K_E}(UI_a - I_a^2 R_a)$$

输出功率不变，故称弱磁调速为恒功率调速。

减小电枢电压 U 时，额定负载下，电枢电流 I_a 不变，则电磁转矩 M 不变，电动机转速线性下降，输出功率线性下降，故称减小电枢电流的调速方式为恒转矩调速。

额定转速是恒功率调速和恒转矩调速的分界线。

CK3263B 车床的老产品主运动传动链是由直流调速电动机驱动的，额定转速为 1150r/min，转速范围为 252 ~ 2660r/min；龙门刨床、龙门铣床等工作台由直流电动机驱动，为恒转矩调速。

3. 交流异步电动机转矩功率特性

交流电动机每相定子绕组的感应电动势 E_1、电磁转矩 M，电动机转速 n 为

$$E_1 = 4.44 N_1 k_1 f_1 \phi \approx U_1$$

$$M = K_M \phi I_2' \cos\varphi_2$$

$$n = (1-s)\frac{60 f_1}{p}$$

式中 N_1、k_1、f_1——定子绕组圈数、定子绕组缠绕系数、定子绕组电流频率（Hz）；

I_2'、$\cos\varphi_2$——假想转子等效电流（A）、转子的功率因数；

p——电动机定子绕组磁极对数；

s——转差率。

当电动机定子电流频率高于额定频率时，由于定子绕组相电压不变，磁通量线性减小，电磁转矩减小。即

$$M = K_M \frac{U_1 I_2'}{4.44 N_1 k_1 f_1} \cos\varphi_2$$

输出功率不变，故称高于额定频率的变频调速为恒功率调速。

当电动机定子电流频率低于额定频率时，定子绕组感抗 $2\pi f_1 L$（L 为电感）减小，定子电流 I_1 增加，但磁通量已近似饱和，增加很少，故认为为恒定值，因而低于额定频率的变频调速仍称为恒转矩调速。恒转矩变频调速输出功率随转速近似线性下降。

交流电动机额定频率时的转速是恒功率调速的最低转速，也是恒转矩调速的最高转速。

多数数控机床的主运动由交流变频电动机驱动。

4. 伺服电动机的转矩特性

不论是无刷直流伺服电动机还是交流伺服电动机，其结构是一样的，都是钕铁硼永久磁铁转子，相当于通入恒定电流的，是恒定磁场的励磁绕组；定子是电枢，定子的通电形式决定了伺服电动机是直流伺服还是交流伺服。

直流伺服电动机采用脉宽调制（Pulse Width Modulation，PWM）调速，交流伺服电动机采用正弦脉宽调制（Sine Pulse Width Modulation，SPWM）电流型矢量调速。

永磁伺服电动机仅有恒转矩调速。多数数控机床的进给运动由伺服电动机驱动。

总之，电动机在额定转速下调速，输出转矩近似恒定，功率随转速的下降而下降；恒速电动机为动力源，通过传动副减速时，转速下降，转矩线性增加，功率不变。两者有本质区别。

习题与思考题

1-1　机床型号解释：

CK263B；CM1107；M1332；X6132；XK5040-Ⅰ；YC3180；TH5632；Z3040×16；JCS-018。

1-2　何谓主运动？主运动与成形运动有什么区别？主运动一定是简单运动吗？

1-3　什么是内联系传动链？主运动能否为内联系传动链？

1-4　为什么内联系传动链将转速高的执行件作为间接动力源？

1-5　画出 XK5040-Ⅰ、Y3150E 的传动原理图。

1-6　为什么多数普通机床主轴是等比数列转速？

1-7　结构式 $12 = 3_1 \times 2_3 \times 2_6$ 与 $12 = 2_3 \times 3_1 \times 2_6$ 有什么区别？

1-8　结构式 $12 = 2_3 \times 3_1 \times 2_5$ 表示的传动链输出多少级转速？指出哪个变速组是基本组？若公比 $\varphi = 1.26$，计算第一扩大组的级比、变速范围及总变速范围。

1-9　为什么有标准公比？级比与公比有何区别？

1-10　传动链的基本规律有哪些？

1-11　电动机恒转矩调速时，输出转矩是恒定值吗？为什么？

1-12　既然无刷直流伺服电动机与交流伺服电动机结构相同，为什么还要分为直流伺服和交流伺服？

第二章 车 床

第一节 概 述

一、车床的用途和运动

车床主要用于加工各种回转表面，如内外圆柱面、圆锥面和回转体的端面，有的车床还可加工螺纹。由于多数机器零件具有回转表面，因而车床在机械制造业应用极为广泛，在金属切削机床中所占的比例最大，为机床总数的20%～35%。

表面成形运动由主轴的旋转运动和刀具的移动组成。主轴的旋转运动转速高，消耗功率大，旋转精度高，因而是机床的主运动。刀具移动是进给运动，分为沿工件轴线方向的纵向进给运动和垂直于工件轴线的横向进给运动。机动进给时，纵向进给和横向进给运动不能同时进行。在纵向机动进给的基础上施加手动横向进给，或旋转刀架小滑板手动进给时，可使车刀相对于工件轴线斜向进给运动。进给量用mm/r表示。

车削螺纹时，车床只有一个复合成形运动，即螺旋运动。该成形运动分解为主轴的旋转（主运动）和刀具的移动（进给运动），进给运动与主运动须保持严格的传动联系；主轴旋转一圈，刀具移动一个导程，因而进给运动是内联系传动链，主运动的执行件作为间接动力源。

二、车床的分类

车床是组系最多的机床，主要有以下几类：单轴自动车床；多轴自动、半自动车床；回转、转塔车床；曲轴及凸轮轴车床；立式车床；落地及卧式车床；仿形及多刀车床；轮、轴、辊、锭及铲齿车床等。

主轴水平安装的车床称为卧式车床。卧式车床是车床的基本型式，也是应用最广泛的一种车床。这是因为：①卧式车床的支承刚度高；②轴类零件（长度大于横截面尺寸）在卧式车床上安装方便；③卧式车床变速机构中的传动轴都是水平的，滑移齿轮易于滑移变速；④人们习惯于观察水平物理现象，卧式车床切削高度一致，便于操作者对加工过程进行观察，易于保证最佳视距、最佳视角，减轻操作者的视力疲劳。

三、卧式车床的工艺范围和布局

卧式车床的工艺范围较广，能车削内外圆柱面和端面，以及内外螺纹，还可进行钻孔、扩孔、铰孔；旋转刀架底部的回转盘，手动进给，实现刀架的斜线运动，可车削内外圆锥体。

卧式车床外形如图2-1所示，主要部件如下：

1. 主轴箱

主轴箱固定在床身的左端，内部为主运动传动链，动力由V带传入，经主运动变速机构，最后由主轴输出，主轴端部安装卡盘；主轴前端有莫氏锥孔，可装顶尖等定位件或刀具。主轴箱的功用是支承主轴并产生工艺需要的主轴转速；另外，卧式车床将主轴的运动经交换齿轮传给进给箱，实现螺纹切削和机动进给运动。

2. 刀架系统

刀架系统由床鞍（纵向滑板）、横向进给导轨（横向滑板）、底部带有回转盘的手动进给导轨副（小滑板）、刀架等组成。床鞍等部件带动车刀沿床身导轨纵向移动，横向进给丝杠螺母驱动横向进给导轨等部件带动车刀横向运动，手动进给导轨可相对于横向导轨旋转，手动产生车刀的斜向进给运动。

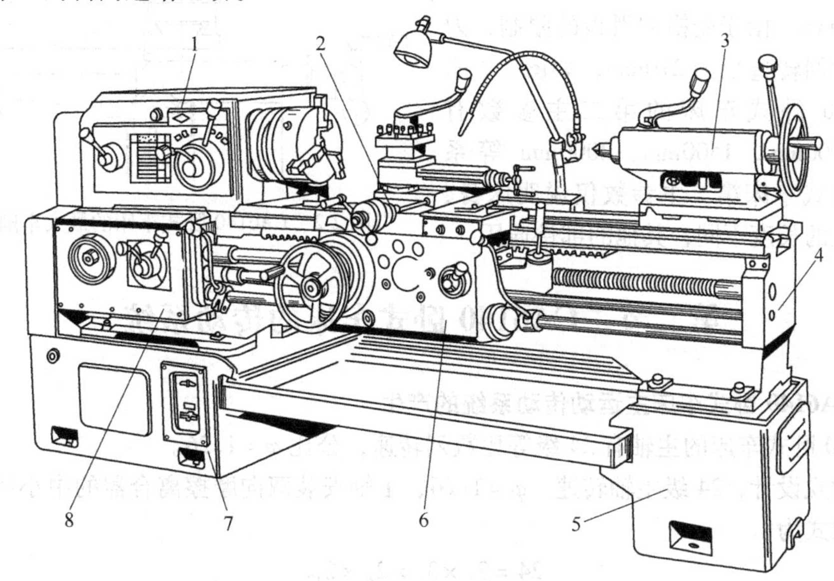

图 2-1 卧式车床外形

1—主轴箱 2—刀架系统 3—尾座 4—床身 5—右床腿
6—溜板箱 7—左床腿 8—进给箱

3. 尾座

尾座安装在床身右端的尾座导轨上，可沿尾座导轨纵向移动。其功用是安装后顶尖支承工件，也可安装钻头、铰刀、丝锥等刀具进行孔加工。

4. 进给箱

进给箱安装在床身左端的前面，内部装有螺纹链的变换机构。其功用是变换所加工的螺纹导程和机动进给量。运动由进给箱左侧的交换齿轮传入，由丝杠或光杠输出。

5. 溜板箱

溜板箱安装在纵向滑板的前下方，位于床身导轨的前面。溜板箱中与丝杠配合的开合螺母带动溜板箱及其刀架系统纵向移动车削螺纹；动力由光杠传入溜板箱时，溜板箱中的XXⅧ轴的小齿轮在床身V形导轨下方的齿条上滚动，带动溜板箱及其刀架系统纵向移动车削圆柱面；XXIX轴上的齿轮驱动XXX轴丝杠螺母副，螺母带动横向滑板及其刀架系统横向移动实现端面车削。在溜板箱箱体前面和左侧面安装有机动进给和螺纹车削转换手柄、手动操作手柄、机动进给手柄和快速移动按钮。所有机动运动都是唯一的。

6. 床身

床身固定在左右床腿上，它是车床的基本支承件，在其上面安装着各个部件。床身的功用是保证运动部件的相对位置和运动精度。

卧式车床的主参数是床身上最大工件回转直径，第二主参数是最大工件长度。这两个参数表明了卧式车床加工工件的最大尺寸，同时也反映了车床的尺寸。因为主参数决定了主轴轴线距离床身导轨的距离，第二主参数决定了床身的长度。CA6140 卧式车床的主参数为400mm，由于受横向滑板的限制，刀架上的最大回转直径为210mm，如图 2-2 所示。CA6140 卧式车床的第二主参数有750mm、1000mm、1500mm、2000mm 等系列尺寸。卧式车床第二主参数仅说明床身、丝杠、光杠的长度不同，其他的部件通用。

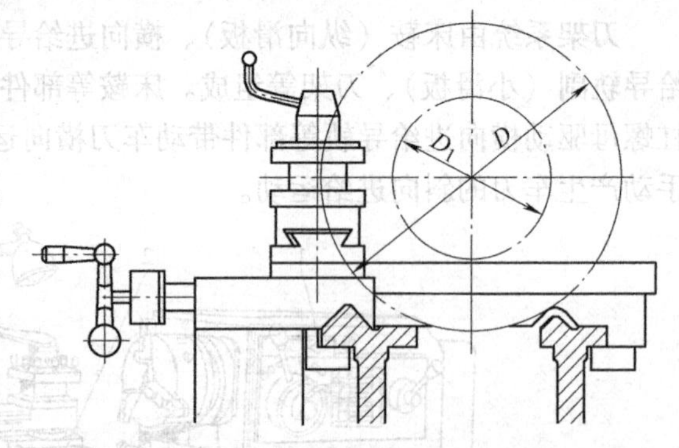

图 2-2 CA6140 卧式车床的最大车削尺寸

第二节 CA6140 卧式车床的传动系统

一、CA6140 卧式车床主运动传动系统的产生

CA6140 卧式车床的主轴有 24 级等比数列转速，公比 $\varphi=1.26$。

按照常规设计，24 级主轴转速、$\varphi=1.26$、Ⅰ轴安装双向摩擦离合器的中小型车床传动系统的结构式为

$$24=2_1\times3_2\times2_6\times2_{12}$$

最后变速组的级比 $\varphi^{12}=16$，因而是极限传动比、极限变速范围原则所允许的级数最多的转速不重复的等比转速数列。最后变速组为单回曲机构（或称为背轮机构），主轴最低转速 $n_1=10\text{r/min}$、最高转速 $n_{24}=2000\text{r/min}$ 的传动系统如图 2-3 所示。单回曲机构的传动比为1/16、1，无误差，可作为内联系传动链的变速组。当单回曲机构作为螺纹进给链扩大组时，即Ⅸ轴 58 齿的滑移齿轮右移与Ⅷ轴 58 齿的齿轮啮合，Ⅸ轴的转速为主轴转速的 16 倍（正常螺纹进给链传动路线是由Ⅵ轴直接将动力传递到Ⅸ轴，Ⅵ轴转速与Ⅸ轴转速相等），主轴转速 $n_{12}=n_1\varphi^{12-1}=125\text{r/min}$，切削梯形螺纹 Tr200×128（Ph32）时，车刀的移动速度 $v_f=0.128\times125\text{m/min}=16\text{m/min}$，远大于快速移动速度 $v_{快纵}\approx4\text{m/min}$；主轴转速 $n_j\geqslant160\text{r/min}$，Ⅸ轴 58 齿的滑移齿轮右移与Ⅷ轴 58 齿的齿轮啮合车削螺纹时，扩大组的扩大倍数为 1，没有扩大作用，

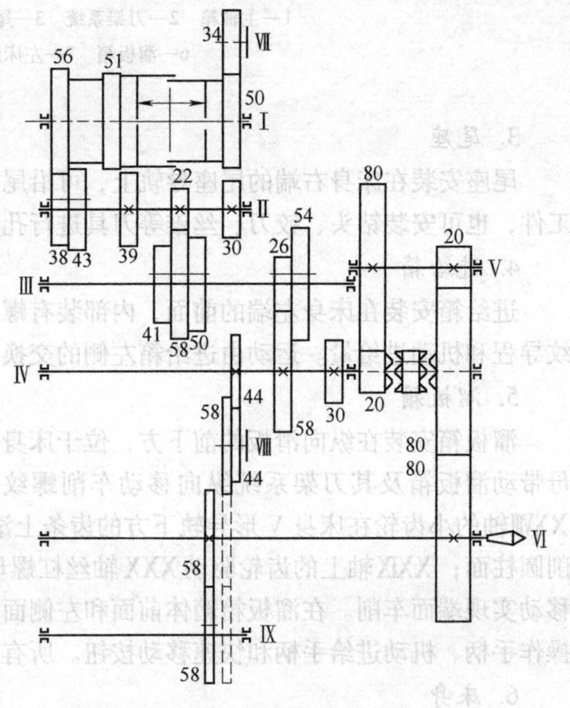

图 2-3 24 级主轴转速的常规传动系统

但Ⅵ轴—Ⅳ轴—Ⅷ轴—Ⅸ轴传动路线比Ⅵ轴—Ⅸ轴传动路线长，效率低，精度低。因此将主运动从Ⅳ轴直接传给Ⅵ轴，传动比有一定误差（如80/81），不能用于内联系传动链，从而防止使用低精度、低效率的传动链车削螺纹。24级主轴转速的分支传动系统如图2-4所示。传动链形成高速和低速两条独立的传动路线，因而称为分支传动。其结构式可写为

$$24=2_1\times3_2\times2_6\times(1+1)$$

主运动的单回曲机构与分支传动机构作为内联系传动链的扩大组时输出转速上的区别为：单回曲机构输出等比的主轴转速数列；而分支传动机构输出两个独立的等比转速数列，这两个等比转速数列相加可形成一个等比转速数列，也可形成部分重合或部分交叉的等比转速数列，即分支传动机构可根据实际需要由低速分支决定最低主轴转速，而由高速分支决定最高主轴转速。

在保证低速分支传动比为1/16的前提下，将级比为 $\varphi^6=4$ 的第三变速组设置在分支传动中，则主轴最低转速 $n_1=10\text{r/min}$ 的24级等比数列转速传动系统，螺纹进给链扩大组的扩大倍数为16时，主轴的最高转速 $n_6=n_1\varphi^{6-1}=31.5\text{r/min}$，此时车刀移动速度 $v_f=4\text{m/min}$，接近快速移动速度。结构式改变为

$$24=2_1\times3_2\times(2_6+2_6)$$

传动系统如图2-5所示。

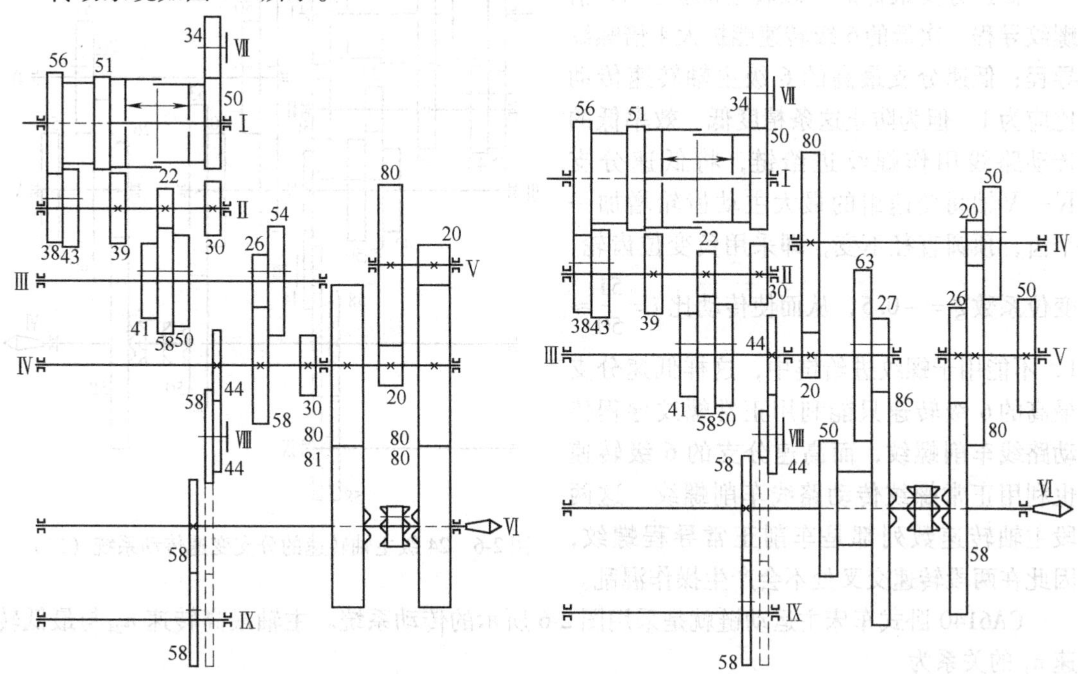

图2-4　24级主轴转速的分支传动系统　　图2-5　24级主轴转速的分支变速传动系统（一）

图2-5所示的传动系统高速分支的最高转速、最低转速分别为

$$n_{24}=1410\text{r/min}$$

$$n_{13}=n_{24}/\varphi^{11}=112\text{r/min}$$

低速分支的最高转速为

$$n_{12}=n_1\varphi^{11}=125\text{r/min}$$

低速分支产生12级主轴转速，最低的6级转速能扩大16倍螺纹导程，次低的6级转速（最高转速125r/min）能扩大4倍螺纹导程；而高速分支不能作为螺纹进给量的扩大组，这样高速分支的最低转速112r/min只能车削正常导程螺纹，在高、低转速段的交叉处产生混乱。

为避免上述现象的发生，结构式改变为

$$24=2_1\times3_2\times(1+3_6)=2_1\times3_2\times(1+2_6\times2_6)$$

式中，$2_6\times2_6$ 表示低速分支两变速组各有两对传动副，传动比的比值为 $1.26^6=4$。

传动系统如图2-6所示。Ⅲ轴至Ⅳ轴、Ⅳ轴至Ⅴ轴间变速组的传动比为20/80、50/50，低速分支产生的传动比为

$$\begin{Bmatrix}20/80\\50/50\end{Bmatrix}\times\begin{Bmatrix}20/80\\50/50\end{Bmatrix}=\begin{Bmatrix}1/16\\1/4\\1\end{Bmatrix}\qquad\begin{Bmatrix}1\\\varphi^6\end{Bmatrix}\begin{Bmatrix}1\\\varphi^6\end{Bmatrix}=\begin{Bmatrix}1\\\varphi^6\\\varphi^{12}\end{Bmatrix}$$

式中，$(20/80)\times(50/50)=1/4$，是重复传动比。产生的传动比与级比为 1.26^6 的三速变速组相同，即

$$2_6\times2_6=3_6$$

低速分支最低的6级转速能扩大16倍螺纹导程，次低的6级转速能扩大4倍螺纹导程；低速分支最高的6级主轴转速传动比应为1，但为防止这条精度低、效率低的传动路线用作螺纹进给链，将低速分支Ⅳ—Ⅴ轴间变速组的最大主动齿轮增加一个齿，顶圆直径不变，即采用负变位齿轮，变位系数 $\xi=-0.5$，从而使传动比 $i=\dfrac{51}{50}\approx1$，不能用于螺纹进给链中，这样低速分支最高的6级转速只能利用正常螺纹导程传动路线车削螺纹，而高速分支的6级转速也利用正常螺纹传动路线车削螺纹。这两段主轴转速数列都是车削正常导程螺纹，因此在两段转速交叉处不会产生操作混乱。

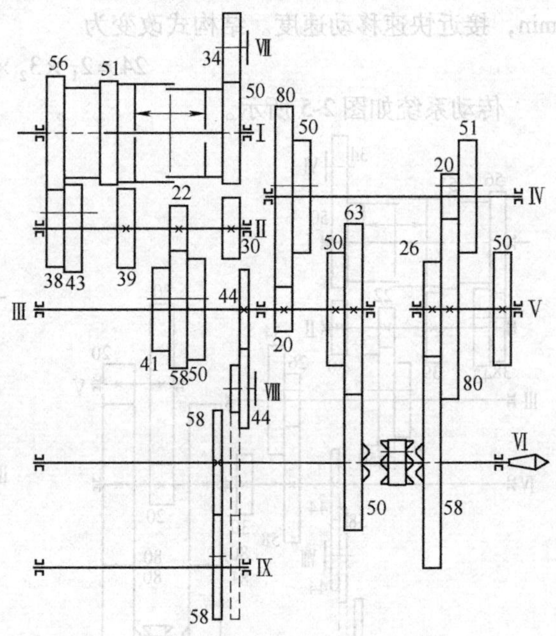

图2-6 24级主轴转速的分支变速传动系统（二）

CA6140卧式车床主运动链就是采用图2-6所示的传动系统。主轴最高转速 n_{24} 与最低转速 n_1 的关系为

$$n_{24}=1410\text{r/min}=n_1\times1.26^{21.5}\text{r/min}$$

则主轴的转速 n 为

$$n=n_1\begin{Bmatrix}1\\\varphi\end{Bmatrix}\begin{Bmatrix}1\\\varphi^2\\\varphi^4\end{Bmatrix}\left(\varphi^{16.5}+\begin{Bmatrix}1\\\varphi^6\end{Bmatrix}\begin{Bmatrix}1\\\varphi^6\end{Bmatrix}\right)$$

CA6140卧式车床主传动链的低速分支产生的18级等比转速数列为10，12.5，…，500，公比 $\varphi=1.26$；高速分支产生的6级等比转速数列为450，560，…，1410，两段等比

转速数列部分交叉，400、450、500、560 四级转速之间的公比 $\varphi_1=\sqrt{1.26}=1.12$。低速分支除$\frac{50}{50}\times\frac{51}{50}$、$\frac{20}{80}\times\frac{51}{50}$（由操作机构保证不出现该传动比）传动比外，还是螺纹进给链的扩大组，使车床最低的 12 级转速能够车削大导程螺纹，扩大组的扩大倍数为 4、16。

二、CA6140 卧式车床的主运动传动链

CA6140 卧式车床主运动的动力源是电动机（Y132M-4，$P=7.5\text{kW}$，$n_0=1450\text{r/min}$），末端执行件为主轴。电动机产生的运动和转矩由 V 带传递到 I 轴。V 带由橡胶等制成。V 带传动既是防止将电动机产生的振动和热量传递到主运动传动链中的最简单有效的措施，又是过载安全保护装置。I 轴转速 n_{I} 由主轴最低转速和第一变速组、第二变速组、低速分支最小传动比以及V—Ⅵ轴间的定比传动副决定，这样也确定了 V 带传动比 n_{I}/n_0。I 轴转速 n_{I}、V 带传动比 i_0 分别为

$$n_{\text{I}}=10\times\frac{58}{26}\times\frac{80}{20}\times\frac{80}{20}\times\frac{58}{22}\times\frac{43}{51}\text{r/min}\approx800\text{r/min}$$

$$i_0=\frac{n_{\text{I}}}{n_0\eta}=\frac{800}{1450\times0.98}=\frac{130}{230}$$

式中 η——V 带机械效率，$\eta=0.98$。

CA6140 卧式车床的传动系统如图 2-7 所示。在 I 轴上安装双向片式摩擦离合器，以实现主轴的正反转和停车，且在Ⅳ轴上安装有带式制动器，主轴具有停车制动功能，避免车螺纹时电动机的频繁正反转起动，以减少电能消耗和保护电动机。离合器壳体直径为 109mm，离合器左端的摩擦片压紧时，主轴正转；右端的摩擦片压紧时，主轴反转。由于主轴反转用于螺纹车削时的退刀，即一次进给完成后，使车刀沿螺纹螺旋线退回，因而反转转速较高且转速级数少，这样可节省辅助时间且简化结构。主轴反转转速数列的公比 φ_-、结构式分别为

$$\varphi_-=1.26^2=1.58$$

$$12=3_1\times(1+2_3\times2_3)$$

主轴反转转速 n_- 为

$$n_-=n_{1-}\begin{Bmatrix}1\\\varphi_-\\\varphi_-^2\end{Bmatrix}\left(\varphi_-^{8.25}+\begin{Bmatrix}1\\\varphi_-^3\end{Bmatrix}\begin{Bmatrix}1\\\varphi_-^3\end{Bmatrix}\right)$$

式中 $\begin{Bmatrix}1\\\varphi_-^3\end{Bmatrix}\begin{Bmatrix}1\\\varphi_-^3\end{Bmatrix}=\begin{Bmatrix}1\\\varphi_-^3\\\varphi_-^6\end{Bmatrix}$

主轴正转转速为 n_1 或 n_2 时，接通反转，都产生 n_{1-} 的反转转速。主轴最低反转转速 n_{1-} 为

$$n_{1-}=n_1\Big/\left(\frac{51}{43}\times\frac{50}{34}\times\frac{34}{30}\right)=1.41n_1$$

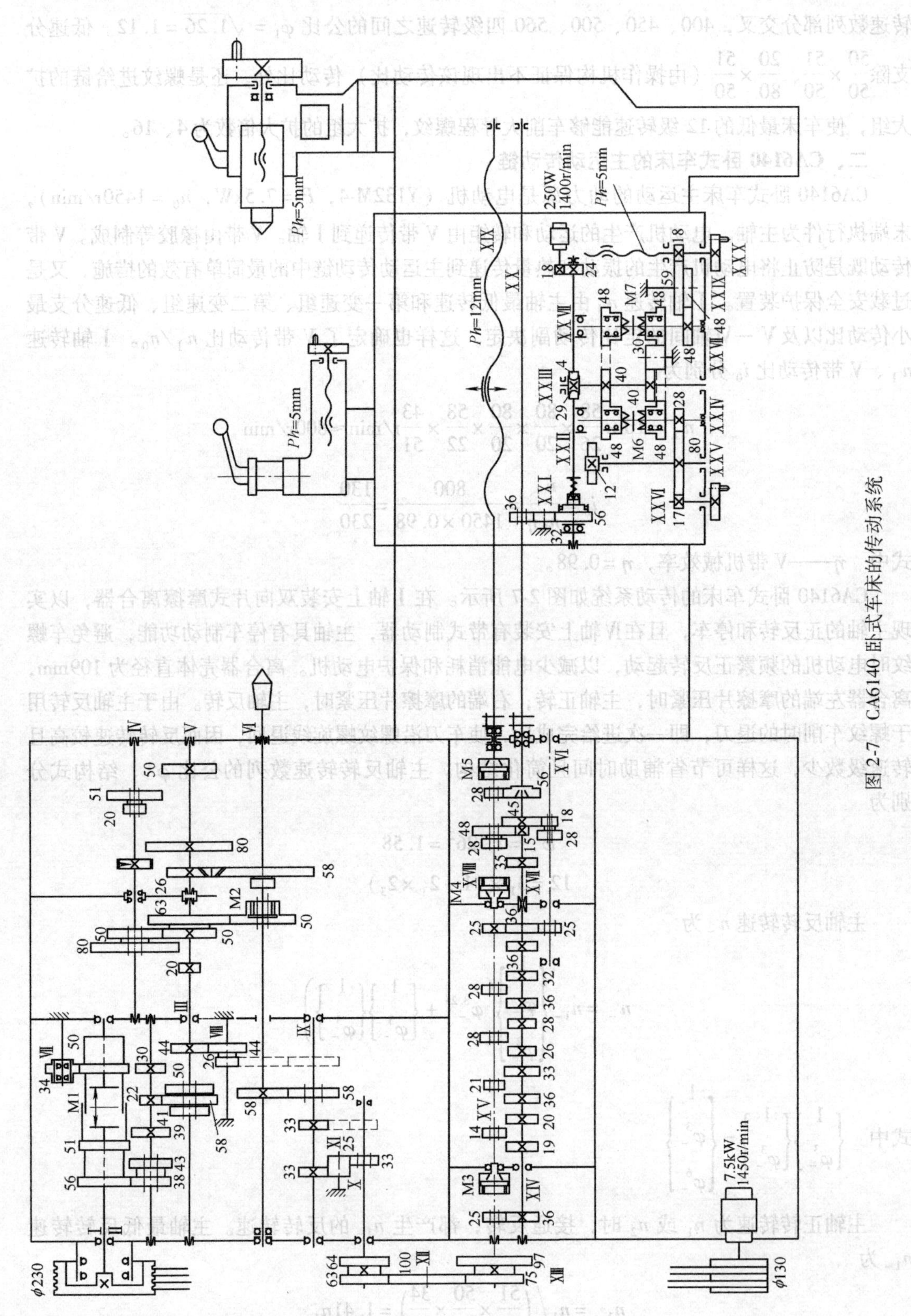

图 2-7 CA6140 卧式车床的传动系统

低速分支产生 9 级反转等比转速数列，主轴最高反转转速 $n_{9-}=n_{1-}\varphi_{-}^{8}=560\text{r/min}$；高速分支产生 3 级反转等比转速数列，最低反转转速 $n_{10-}=n_{1-}\varphi_{-}^{8.25}=640\text{r/min}$，主轴两段反转等比转速数列不再交叉，反转等比转速数列中有最小级比 $640/560\approx\sqrt{1.26}=1.12$。主轴反转等比转速数列为 14，22，…，560，640，1000，1600。

CA6140 卧式车床的主运动传动链的传动路线表达式为

$$\begin{array}{l}\text{电动机}\\ 7.5\text{kW}\\ 1450\text{r/min}\end{array}\text{—}\frac{\phi130}{\phi230}\text{—Ⅰ—}\left\{\begin{array}{l}\text{M1}_{\text{左}}\text{—}\left\{\begin{array}{l}51/43\\56/38\end{array}\right\}\text{—}\\ \text{M1}_{\text{右}}\text{—50/34—Ⅶ—34/30}\end{array}\right\}\text{—Ⅱ—}\left\{\begin{array}{l}22/58\\30/50\\39/41\end{array}\right\}\text{—Ⅲ—}$$

$$\left\{\begin{array}{l}\left\{\begin{array}{l}20/80\\50/50\end{array}\right\}\text{—Ⅳ—}\left\{\begin{array}{l}20/80\\51/50\end{array}\right\}\text{—Ⅴ—26/58—M2}_{(\text{合})}\\ \qquad\qquad 63/50\text{—M2}_{(\text{离})}\end{array}\right\}\text{—Ⅳ（主轴）}$$

由传动路线表达式可看出：Ⅱ—Ⅲ轴间的三联滑移齿轮变速组级比为 1.58，级比指数为 2，是主轴正转传动链的第一扩大组，又是反转传动链的基本组；低速分支产生三种传动比，即

$$i_1=\frac{20}{80}\times\frac{20}{80}=\frac{1}{16}\qquad i_2=\frac{50}{50}\times\frac{20}{80}=\frac{1}{4}$$

$$i_2'=\frac{20}{80}\times\frac{51}{50}\approx\frac{1}{4}\qquad i_3=\frac{50}{50}\times\frac{51}{50}\approx1$$

$i_2'\approx1/4$ 有误差，不能用于内联系传动链，因而操作机构应保证Ⅲ—Ⅳ轴齿数 20、80 的齿轮副不能与Ⅳ—Ⅴ轴齿数 51、50 的齿轮副同时啮合传动。两个双联滑移齿轮（分别用 $\text{GM}_{\text{左}}$、$\text{GM}_{\text{右}}$表示）、高低速离合器 M2 用同一手柄轴控制，实现联动，当 i_2'接通时，高低速离合器 M2 处于左端位置，接通高速分支，这样 i_2'接通导致主轴上 58 齿的斜齿圆柱齿轮空转，动力由Ⅲ轴直接至Ⅵ轴高转速输出；或者在高低速离合器 M2 处于左端位置接通高速分支时，低速分支的 i_3 接通，使 i_2'不出现，此时Ⅳ轴转速为 i_2'接通时的 4 倍；58 齿的斜齿圆柱齿轮转动惯量大，因而兼作蓄能元件，转速越高，储存动能越大，有利于切削平稳，故 CA6140 卧式车床 M2 接合时（左位），i_3 同时接通，蓄能元件（58 齿的斜齿圆柱齿轮）的空转转速数列为 160，200，…，500；而且Ⅳ轴高速转动，制动转矩大，停车制动时间短；控制凸轮的曲线部分重合，可共用一个凸轮。$\text{GM}_{\text{左}}$、$\text{GM}_{\text{右}}$、M2 的位置组合与转速关系见表 2-1。

表 2-1 $\text{GM}_{\text{左}}$、$\text{GM}_{\text{右}}$、M2 的位置组合与转速关系

$\text{GM}_{\text{左}}$ 位置	左	右	右	右
$\text{GM}_{\text{右}}$ 位置	左	左	右	右
M2 位置	右	右	右	左
传动比	1/16	1/4	1	63/50
主轴转速	$n_1\sim n_6$	$n_7\sim n_{12}$	$n_{13}\sim n_{18}$	$n_{19}\sim n_{24}$

另外，高速分支末端齿轮传动副（Ⅲ—Ⅵ轴）的两齿轮齿数 63、50 为互质数；低速分支的末端齿轮传动副（Ⅴ—Ⅵ轴）的两齿轮齿数 26、58 没有最大公约数，且为螺旋角 $\beta=$

10°的斜齿圆柱齿轮副，重合度较大，能避免周期性振动，传动精度高；减小磨损，精度保持性好，使用寿命长。

三、进给运动传动链

进给运动是实现刀具纵向或横向移动的传动链。CA6140 卧式车床车削螺纹时，进给链是内联系传动链，两端件的传动联系为：主轴旋转一圈，刀具移动一个螺纹导程。CA6140 卧式车床机动进给（自动进给）车削圆柱面或端面时，进给链是外联系传动链，进给量以主轴旋转一圈时刀具的移动量表示，单位为 mm/r。由于主轴的速度大于车刀的移动速度，因而将主轴作为进给链的始端件（间接动力源），刀具为末端执行件。螺纹进给链是内联系传动链，应保证其性能要求。

进给链起始于主轴（Ⅵ轴），正常螺纹导程传动路线经Ⅸ轴直接传至Ⅹ轴（或经Ⅺ轴上的惰轮换向后传至Ⅹ轴）。为简化结构、便于计算，该进给链中，Ⅹ轴转速与Ⅵ轴转速相同；螺纹扩大导程传动路线为Ⅴ—Ⅳ—Ⅲ—Ⅷ—Ⅸ—Ⅹ轴，Ⅹ轴的转速为Ⅵ轴的 4、16 倍。Ⅹ轴是主轴箱进给运动输出轴，也是交换齿轮箱的输入轴。交换齿轮箱是进给链的调整环节，通过交换齿轮获得所需的转速。交换齿轮箱由ⅩⅢ轴将运动传递到进给箱。

（一）螺纹进给链

1. 米制螺纹链的产生

标准米制螺纹（包括普通螺纹、梯形螺纹、锯形螺纹）导程请参考 GB/T 196—2003、GB/T 5796.3—2005、GB/T 13576.3—2008，见表 2-2。

表 2-2 标准米制螺纹导程 （单位：mm）

—	1	—	1.25		1.5
1.75	2	2.25	2.5	—	3
3.5	4	4.5	5	5.5	6
7	8	9	10	(11)	12
14	16	18	20	22	24
28	32	36	40	44	

注：1. 导程 11 是为产生 5.5、22、44 导程而增加的，实际标准中无此导程。

2. 普通螺纹导程最大为6。

3. 单线梯形螺纹导程为 1.5 和表中整数（不含 11）；多线螺纹一般为 2 线或 4 线。

从表 2-2 中可看出，表中每一行都是等差数列，行与行之间为等比数列，即标准螺纹导程有以下规律：以 $Ph_j=7\text{mm}, 8\text{mm}, \cdots, 12\text{mm}$ 等差数列为基本组，乘以公比 $\varphi=1/2$ 的等比数列（称为增倍组），可获得 1 ~ 12mm 的螺纹导程；再乘以数列 4、16（利用主运动的低速分支），可获得大于 12mm 的螺纹导程，且满足 2 线、4 线梯形螺纹的需求。螺纹导程 Ph 为

$$Ph=\begin{Bmatrix}7\\8\\\vdots\\12\end{Bmatrix}\times\begin{Bmatrix}1\\1/2\\1/4\\1/8\end{Bmatrix}\text{mm}=1\sim12\text{mm}$$

$$Ph_{扩}=\begin{Bmatrix}7\\8\\\vdots\\12\end{Bmatrix}\times\begin{Bmatrix}1\\1/2\\1/4\\1/8\end{Bmatrix}\times\begin{Bmatrix}4\\16\end{Bmatrix}\text{mm}=14\sim192\text{mm}$$

值得注意的是：按数列计算 $Ph_{扩}=4\sim192\text{mm}$，但螺纹导程 4～12mm 包含在 Ph 数列中；形成 Ph 数列的传动路线不经主运动低速分支扩大，运动直接由Ⅵ轴传递至Ⅸ轴，传动路线短，传动精度高。因此，在车削工艺规范中只推荐利用螺纹导程扩大组车削导程为 14～192mm 的螺纹。当然，若人为故意，利用螺纹导程扩大组也可车削导程为 4～12mm 的螺纹。

为便于操纵机构的制造安装，在螺纹链基本组中增加 6.5mm、9.5mm，这八个数据按大小值相近分为四组，用一个手轮控制，保证只有一对齿轮啮合，其余都处于分离状态。由于螺纹链传递转矩小，转速低，因而应尽量采用齿宽较小、齿数较少的齿轮。机床进给运动中，齿轮齿数 $z_{min}\geqslant14$，故增加两个数据的螺纹链基本组数列都除以 7，各组分数分子、分母都扩大适当倍数，该数列改变为

$$\frac{26}{28}\quad\frac{28}{28}\qquad\frac{32}{28}\quad\frac{36}{28}\qquad\frac{19}{14}\quad\frac{20}{14}\qquad\frac{33}{21}\quad\frac{36}{21}$$

将各组分数的分子、分母作为变速组的齿轮齿数，分子代表的齿轮安装于主动轴上，分母代表的四个滑移齿轮安装于从动轴上，即一个滑移齿轮可与模数相同、节圆直径相同，但齿数不同的齿轮（变位齿轮）啮合。这样运动经螺纹进给链基本组后，输出转速为等差数列转速，即

$$n_{out}=\frac{1}{7}n_{in}\begin{Bmatrix}7\\8\\\vdots\\12\end{Bmatrix}$$

增倍组可分解为两个等比数列的乘积，即

$$i_{倍}=\begin{Bmatrix}1\\1/2\\1/4\\1/8\end{Bmatrix}=\begin{Bmatrix}1\\1/2\end{Bmatrix}\times\begin{Bmatrix}1\\1/4\end{Bmatrix}$$

设增倍组一对传动副的最小传动比 $i_{倍21}=z_{21}/z'_{21}=a_{21}/b_{21}$，且为互质数，则

$$i_{倍}=\begin{Bmatrix}1\\1/2\end{Bmatrix}\begin{Bmatrix}1\\1/4\end{Bmatrix}=\begin{Bmatrix}(b_{21}/4)/a_{21}\\(b_{21}/8)/a_{21}\end{Bmatrix}\begin{Bmatrix}a_{21}/(b_{21}/4)\\a_{21}/b_{21}\end{Bmatrix}$$

因此，b_{21}必然能被 8 整除，则齿轮副的中心距为

$$\frac{(z_{21}+z'_{21})m}{2}=\frac{\Sigma}{2}m=\frac{(a_{21}+b_{21})}{2a_{21}}z_{21}m=\frac{s_{021}}{2a_{21}}z_{21}m$$

由此可知：①齿数和 Σ 必然能被 s_{021} 所整除，当然也能被 $s_{022}=a_{22}+b_{22}$ 所整除；②由于 $i_{倍12}$、$i_{倍22}$ 互为倒数，若将 $i_{倍12}$ 的从动齿轮与 $i_{倍22}$ 的主动齿轮合二为一，则齿数和 Σ 还须能被 s_{011} 整除。根据先缓后急的降速原则，$i_{倍21}<1/\sqrt{8}=1/2.82$。符合上述两个条件的传动比 $i_{倍21}$

为 $a_{21}/b_{21}=2/8$，$a_{21}/b_{21}=7/24$，$a_{21}/b_{21}=5/16$。由于 $a_{21}/b_{21}=1/4$、$a_{21}/b_{21}=7/24$ 时，增倍组齿轮副的齿数和 Σ 较大，相同模数时中心距比较大，故采用 $a_{21}/b_{21}=5/16$，$s_{021}=21$，$s_{022}=s_{012}=9$，$s_{011}=7$，$\Sigma=63$。此时，各齿轮副齿数为

$$i_{倍}=\begin{Bmatrix}i_{12}\\i_{11}\end{Bmatrix}\begin{Bmatrix}i_{22}\\i_{21}\end{Bmatrix}=\begin{Bmatrix}4/5\\2/5\end{Bmatrix}\times\begin{Bmatrix}5/4\\5/16\end{Bmatrix}=\begin{Bmatrix}28/35\\18/45\end{Bmatrix}\times\begin{Bmatrix}35/28\\15/48\end{Bmatrix}$$

当增倍组齿轮的模数 $m=2\text{mm}$ 时，齿轮副中心距为 63mm，与基本组齿轮副中心距相等，这样，两变速组传动轴同心，变速箱体轴承孔加工方便。

2. 米制螺纹进给链

米制螺纹进给链传动路线表达式为

$$\text{主轴VI}—\left\{\begin{matrix}\dfrac{58}{58}\\ \dfrac{58}{26}—\text{V}—\dfrac{80}{20}—\text{IV}—\begin{bmatrix}\dfrac{80}{20}\\ \dfrac{50}{50}\end{bmatrix}—\text{III}—\dfrac{44}{44}—\text{VIII}—\dfrac{26}{58}\end{matrix}\right\}—\text{IX}—$$

$$\left\{\begin{matrix}\dfrac{33}{33}(\text{右螺纹})\\ \dfrac{33}{25}—\text{X}—\dfrac{25}{33}(\text{左螺纹})\end{matrix}\right\}—\text{XI}—\frac{63}{100}\times\frac{100}{75}—\text{XIII}—\frac{25}{36}—\text{XIV}—\frac{Ph_j}{7}—$$

$$\text{XV}—\frac{25}{36}\times\frac{36}{25}—\text{XVI}—i_{倍}—\text{XVIII}—\text{XIX}(\text{丝杠导程 12mm})—\text{刀架}$$

米制右旋螺纹正常导程进给运动平衡式为

$$Ph=1\times\frac{58}{58}\times\frac{33}{33}\times\frac{63}{100}\times\frac{100}{75}\times\frac{25}{36}\times\frac{Ph_j}{7}\times\frac{36}{25}\times\frac{25}{36}\times i_{倍}\times 12=Ph_j i_{倍}$$

交换齿轮箱的作用就是使运动平衡式简单、便于换算。

综合上述内容，可知：①螺纹进给链运动由Ⅵ轴直接传递到Ⅸ轴时，主轴的全部转速都可车削导程为 1 ~ 12mm 的螺纹；②当主轴上的离合器 M2 接合，即主轴处于低速状态时，可利用Ⅵ—Ⅴ—Ⅳ—Ⅲ—Ⅷ—Ⅸ轴的螺纹扩大导程传动路线车削大导程螺纹；当低速分支的传动比 $\frac{20}{80}\times\frac{20}{80}=\frac{1}{16}$，即主轴处于最低的 6 级转速时，螺纹导程扩大组 $i_{扩}=16$，能够车削导程为 14 ~ 192mm 的螺纹；当低速分支的传动比 $\frac{50}{50}\times\frac{20}{80}=\frac{1}{4}$，即主轴处于次低的 6 级转速时，螺纹导程扩大组 $i_{扩}=4$，能够车削导程为 14 ~ 48mm 的螺纹。

3. 蜗杆车削

米制蜗杆的齿距为 πm，蜗杆头数为 K 的蜗杆导程 $Ph_m=K\pi m$。大部分模数 m 是按分段等差数列规律排列的，但齿距中含有无理数 π。为此，车削蜗杆时，仍采用米制螺纹传动路线，只改变交换齿轮齿数，使平衡式不含 π。运动平衡式为

$$Ph_m=1\times\frac{58}{58}\times\frac{33}{33}\times\frac{64}{100}\times\frac{100}{97}\times\frac{25}{36}\times\frac{Ph_j}{7}\times\frac{36}{25}\times\frac{25}{36}\times i_{倍}\times 12$$

式中，$\frac{64}{100}\times\frac{100}{97}\times\frac{25}{36}=\frac{7\pi^*}{48}$，$\pi^*=3.1418753$。

π^* 的相对误差 $\Delta\pi$ 为

$$\Delta\pi=\pi^*-\pi=2.8265\times 10^{-4}$$

则
$$Ph_m = K\pi m = \frac{\pi Ph_j i_{倍}}{4}$$

$$m = \frac{Ph_j i_{倍}}{4K}$$

蜗杆齿距误差 $\Delta Ph_m = \Delta\pi m = 2.8265m \times 10^{-4}$，且误差方向一致，因此采用齿数为64、97的交换齿轮只能车削蜗杆或导程不大的低精度模数丝杠。

米制螺纹正常导程传动路线可车削 $m = 1 \sim 3$mm 的单头蜗杆；米制螺纹扩大导程传动路线可车削 $m = 3.5 \sim 48$mm 的单头蜗杆。

4. 模数丝杠车削

用齿数为64、97的交换齿轮加工1m长的模数丝杠时，齿距总累积误差为

$$\Delta Ph_{1000} = \frac{1000}{\pi m} \times 0.282645m\mu m = 90\mu m$$

根据JB/T 2886—2008可知：8级精度1m长的丝杠螺距累积误差为55μm，即用齿数为64、97的交换齿轮加工1m长的模数丝杠将达不到8级精度。因此应用专用交换齿轮获得更精确的π值。

工程中准确的π值计算为 $71/113 = \pi^*/5$，$\pi^* = 3.1415929$，$\Delta\pi = \pi^* - \pi = 2.6677 \times 10^{-7}$。π的精度提高1060倍。采用齿数为71、113的专用交换齿轮，可加工几米长的7级精度的模数丝杠。

在保证运动平衡式不变的前提下，确定Ⅻ轴交换齿轮齿数 z_b、z_c 为

$$\frac{71}{z_b} \times \frac{z_c}{113} \times \frac{25}{36} = \frac{7\pi}{48} \qquad \frac{z_c}{z_b} \approx \frac{7\pi}{48} \times \frac{36}{25} \times \frac{5}{\pi} = \frac{21}{20} = \frac{84}{80}$$

故交换齿轮箱各齿轮副的齿数比分别为71/80、84/113。

5. 寸制螺纹车削

寸制螺纹以每英寸（1in = 25.39999918mm）长度上的螺纹牙数 a 表示，因此螺纹的导程为

$$Ph_a = \frac{1}{a}\text{in} = \frac{25.4}{a}\text{mm}$$

a 的标准值也是按分段等差数列排列的，所以寸制螺纹的导程是分段调和数列（分母是等差数列）。另外传动链中须产生特殊数字25.4。产生调和数列的方式是：将米制螺纹进给链基本组的主、从动轴交换，即运动经倒置的米制螺纹基本组后，输出转速 n_{out} 与输入转速 n_{in} 的关系为

$$n_{out} = 7n_{in}/Ph_j$$

齿轮离合器M3接合，进给链的运动由交换齿轮箱的ⅩⅢ轴输出，直接传递到ⅩⅤ轴，然后传递到ⅩⅣ轴，即齿轮离合器M3的作用是实现米制螺纹和寸制螺纹的转换。

通用交换齿轮齿数63、100、75与ⅩⅣ、ⅩⅥ轴间的传动齿轮副（齿数比36/25）产生因子25.4，即

$$\frac{63}{100} \times \frac{100}{75} \times \frac{36}{25} = \frac{25.4^*}{21}$$

式中，$25.4^* = 25.4016$，相对1in的误差为 1.6×10^{-3}mm。寸制螺纹的螺距误差 ΔPh_a 为

$$\Delta Ph_{\mathrm{a}}=(1.6/a)\times10^{-3}\mathrm{mm}=(1.6/a)\mu\mathrm{m}$$

寸制螺纹的传动路线为

$$\text{主轴 VI}-\left\{\begin{array}{c}58/58\\ \dfrac{58}{26}-\text{V}-\dfrac{80}{20}-\text{IV}-\begin{bmatrix}80/20\\50/50\end{bmatrix}-\text{III}-\dfrac{44}{44}-\text{VIII}-\dfrac{26}{58}\end{array}\right\}-\text{IX}-$$

$$\left\{\begin{array}{l}\dfrac{33}{33}(\text{右螺纹})\\ \dfrac{33}{25}-\text{X}-\dfrac{25}{33}(\text{左螺纹})\end{array}\right\}-\text{XI}-\frac{63}{100}\times\frac{100}{75}-\text{XIII}-\text{M3}-\text{XV}-$$

$$\frac{7}{Ph_{\mathrm{j}}}-\text{XIV}-\frac{36}{25}-\text{XVI}-i_{\text{倍}}-\text{XVIII}-\text{XIX}(\text{丝杠导程 12mm})-\text{刀架}$$

右旋寸制螺纹正常导程进给运动平衡式为

$$Ph_{\mathrm{a}}=\frac{25.4}{a}=1\times\frac{58}{58}\times\frac{33}{33}\times\frac{63}{100}\times\frac{100}{75}\times\frac{7}{Ph_{\mathrm{j}}}\times\frac{36}{25}\times i_{\text{倍}}\times12=25.4\times4\times\frac{i_{\text{倍}}}{Ph_{\mathrm{j}}}$$

$$a=\frac{Ph_{\mathrm{j}}}{4i_{\text{倍}}}$$

改变 Ph_{j} 和 $i_{\text{倍}}$ 就可车削各种规格的寸制螺纹。CA6140 卧式车床加工的寸制螺纹见表 2-3。

表 2-3　CA6140 卧式车床加工的寸制螺纹

Ph_{j}/mm ＼ a/牙 · in^{-1} ＼ $i_{\text{倍}}$	6.5	7	8	9	9.5	10	11	12
1/8	13	14	16	18	19	20		24
1/4	—	7	8	9	—	10	11	12
1/2	—	3.5	4	4.5	—	5	5.5	6
1	—	—	2	2.25	—	2.5	2.75	3

采用寸制螺纹扩大导程传动路线，可车削 $a=6\sim0.125$ 牙/in 的寸制螺纹。

用齿数为 63、75 的通用交换齿轮也存在较大的累积误差，如车削 1m 长的寸制丝杠螺距累积误差为

$$\Delta Ph_{\mathrm{a1000}}=\frac{1000a}{25.4}\times\frac{1.6}{a}\mu\mathrm{m}=63\mu\mathrm{m}$$

螺距累积误差已超过 8 级丝杠允许值。

采用齿数为 127 的专用交换齿轮可减小螺距累积误差。由于 $127=25.4\times5$，25.4mm 相对 1in 的误差为 8.2×10^{-7}mm，此时车削 1m 长的寸制丝杠螺距累积误差为

$$\Delta P_{\mathrm{a1000}}=\frac{1000a}{25.4}\times\frac{8.2}{a}\times10^{-4}\mu\mathrm{m}=0.032\mu\mathrm{m}$$

由 JB/T 2886—2008 可知，7 级精度的丝杠螺纹螺距累积误差为 28μm。

在保证运动平衡式不变的前提下，确定其他交换齿轮齿数为

$$\frac{127}{z_b}\times\frac{z_c}{z_d}\times\frac{36}{25}=\frac{25.4}{21} \qquad \frac{1}{z_b}\times\frac{z_c}{z_d}=\frac{1}{21}\times\frac{5}{36}=\frac{1}{72}\times\frac{40}{84}$$

故交换齿轮箱各齿轮副的齿数比分别为127/72、40/84。

6. 特殊螺纹和非标准螺纹车削

当需要车削特殊螺纹（如模数 $m=3.15$mm 的蜗杆）、非标准螺纹时，螺纹进给链的基本组和增倍组无法实现主轴和车刀特殊的传动联系，因而螺纹进给传动利用齿轮离合器 M3、M4 接合，使运动经由 XIII—M3—XV—M4—XVIII—M5—XIX 轴，不经基本组和增倍组，仅利用交换齿轮获得所需的螺纹导程，交换齿轮的齿数分别用 z_a、z_b、z_c、z_d 表示，则特殊螺纹和非标准螺纹导程进给运动平衡式为

$$Ph=1\times\frac{58}{58}\times\frac{33}{33}\times\frac{z_a}{z_b}\times\frac{z_c}{z_d}\times12\text{mm}$$

则 z_a、z_b、z_c、z_d 计算式为

$$\frac{z_a}{z_b}\times\frac{z_c}{z_d}=\frac{Ph}{12\text{mm}}$$

也可采用专用交换齿轮修正相应标准螺纹的方式车削特殊螺纹，如蜗杆蜗轮模数的第一系列按等比分布，公比 $\varphi=1.26$；车削 $m=3.15$mm 蜗杆时，采用车削模数 $m=3$mm 的螺纹传动路线，传动平衡式为

$$m=\frac{Ph_j i_{倍}}{4} \qquad Ph_j=12\text{mm} \qquad i_{倍}=1$$

则交换齿轮 z_b、z_c 齿数为

$$\frac{64}{z_b}\times\frac{z_c}{97}=\frac{64}{3}\times\frac{3.15}{97}=\frac{64}{60}\times\frac{63}{97}$$

确定交换齿轮齿数时，应考虑 X—XIII 轴的轴距，避免 XII 轴的齿轮齿顶圆与 X、XIII 轴的轴套干涉；同时应保证 X—XII 轴与 XII—XIII 轴中心距之和大于 X—XIII 轴中心距。

因此，离合器 M4 是标准螺纹与特殊螺纹的转换离合器，也可以说交换齿轮箱的输出轴、螺纹基本组中的一条传动轴、增倍组的输出轴同轴线的目的是为了车削特殊螺纹。

7. 法向模数为标准数列的蜗杆车削

模数丝杠、蜗杆的模数为轴向模数，齿轮滚刀的螺旋线的模数为法向模数 m_n（m_n 为分段等差、段与段之间等比的数列）。齿轮滚刀螺旋线的螺旋升角为 ω（一般 $\omega<5°$），则导程 $Ph_{gt}=\pi m_n/\cos\omega$。$Ph_{gt}$ 有两个无理数，且 $(1/\cos\omega)_{max}=1/\cos5°=1.0038$，利用交换齿轮无法实现这样精确的传动比，因此只能将 $\pi/\cos\omega$ 作为一个整体考虑，利用辗转除法进行专用交换齿轮计算，即

$$\frac{z_a}{z_b}\times\frac{z_c}{z_d}\times\frac{25}{36}=\frac{7\pi}{48\cos\omega} \qquad \frac{z_a}{z_b}\times\frac{z_c}{z_d}=\frac{21}{100}\times\frac{\pi}{\cos\omega}$$

以法向模数 $m_n=4$mm、齿顶圆直径为 $\phi112$mm、分度圆螺旋升角 $\omega=2°14'51''$ 的齿轮滚刀为例，该齿轮滚刀分度圆导程为

$$Ph=\frac{4\pi}{\cos2°14'51''}\text{mm}=12.5760445\text{mm}$$

米制螺纹正常导程传动路线可车削模数 $m=1\sim3\text{mm}$ 的蜗杆，车削模数 $m=4\text{mm}$ 的螺纹只能采用扩大导程路线。当主轴转速为 $n_7\sim n_{12}$ 时，由 $m=K_{扩}\ Ph_j i_{倍}/4$ 可知，$K_{扩}=4$，$Ph_j=8\text{mm}$，$i_{倍}=1/2$；当主轴转速为 $n_1\sim n_6$ 时，$K_{扩}=16$，$Ph_j=8\text{mm}$，$i_{倍}=1/8$。

交换齿轮的平衡式为

$$\frac{z_a}{z_b}\times\frac{z_c}{z_d}=\frac{21}{100}\times\frac{\pi}{\cos\omega}\approx 0.66024=\frac{8253}{12500}$$

利用辗转除法将 0.66024 划为连分式，即

$$0.66024=\cfrac{1}{1+\cfrac{1}{1+\cfrac{1}{1+\cfrac{1}{16+\cfrac{1}{1+\cfrac{1}{1+\cfrac{1}{1+\cfrac{1}{1+\cfrac{1}{1+\cfrac{1}{5+\cdots}}}}}}}}}}$$

		8253	0
1	12500	0	
	−8253	8253	1
1	4247	−4247	
	−4006	4006	16
1	241	−3856	
	−150	150	1
1	91	−91	
	−59	59	1
1	32	−32	
	−27	27	5
2	5	−25	
	4	2	2
	1	−2	
		0	

简记为：0.66024 = (0，1，1，1，16，1，1，1，1，1，5，2，2)，共13层。

由于第7层

$$1+\cfrac{1}{1+\cfrac{1}{1+\cfrac{1}{1+\cfrac{1}{5+\cfrac{1}{2+\cfrac{1}{2}}}}}}\approx 2$$

第6层为 $1+1/2=3/2$

第5层为 $16+2/3=50/3$

第4层为 $1+3/50=53/50$

第3层为 $1+50/53=103/53$

第2层为 $1+53/103=156/103$

第1层为 $103/156$

故齿轮导程的误差 ΔPh_{gt} 为

$$\frac{103}{156}\times\frac{25}{36}\times\frac{48}{7}\approx 3.144078144$$

$$\frac{\pi}{\cos 2°14'51''}\approx 3.144011124$$

$$\Delta Ph_{gt}=4\times(3.144078144-3.144011124)\text{mm}=2.6808028\times 10^{-4}\text{mm}$$

交换齿轮 z_a、z_b、z_c、z_d 的齿数分别为103、100、50、78。采用车削模数 $m=2$mm 的传动路线时，交换齿轮 z_a、z_b、z_c、z_d 齿数调整为103、100、100、78，减少一个交换齿轮。

（二）机动进给链

螺纹进给链能使车刀纵向移动，但最小移动量 $f_{纵}=\frac{6.5}{8}\text{mm/r}=0.8125\text{mm/r}$，进给量大，且没有横向进给，因此，在螺纹进给链增倍组输出轴上设置M5齿轮离合器，M5接合时车削螺纹，M5分离时机动进给，即M5离合器的功能是实现螺纹车削与机动进给的互换。机动进给由XⅧ轴—M5—进给传动轴XX（光杠）进入溜板箱。溜板箱中的传动系统将螺纹进给链的螺纹导程减小，在开合螺母处于分离状态时，驱动刀架纵向或横向移动。

机动进给传动路线表达式为

$$\cdots \text{XVIII}—28/56—\text{XX}—36/32—\text{XXI}—32/56—\text{XXII}—4/29—\text{XXIII}—$$

$$\left[\begin{array}{l}\begin{pmatrix}40/48 & M6\uparrow\\ \frac{40}{30}\times\frac{30}{48} & M7\downarrow\end{pmatrix}—\text{XXIV}—\frac{28}{80}\text{XXV}—齿轮齿条(z=12,\ m=2.5\text{mm})\\ \begin{pmatrix}40/48 & M7\uparrow\\ \frac{40}{30}\times\frac{30}{48} & M6\downarrow\end{pmatrix}—\text{XXVIII}—\frac{48}{48}—\text{XXIX}—\frac{59}{18}—横向丝杠\ \text{XXX}\end{array}\right.$$

1. 纵向机动进给量

（1）正常进给量　机动纵向进给利用米制螺纹正常导程传动路线时，可获得正常进给量。此时的运动平衡式为

$$f_{纵}=\frac{Ph_j i_{倍}}{12}\times\frac{28}{56}\times\frac{36}{32}\times\frac{32}{56}\times\frac{4}{29}\times\frac{40}{48}\times\frac{28}{80}\times 12\times 2.5\pi$$

$$=\frac{Ph_j i_{倍}}{12}\times\frac{45\pi}{116}=0.10156 Ph_j i_{倍}$$

改变 Ph_j 和 $i_{倍}$ 就可获得0.08～1.22mm/r的32种正常进给量。

（2）较大进给量　机动纵向进给利用寸制螺纹正常导程传动路线时，可获得较大进给量。此时的运动平衡式为

$$f_{纵}=4\times 25.4\times\frac{i_{倍}}{12Ph_j}\times\frac{28}{56}\times\frac{36}{32}\times\frac{32}{56}\times\frac{4}{29}\times\frac{40}{48}\times\frac{28}{80}\times 12\times 2.5\pi$$

$$=25.4\times\frac{i_{倍}}{3Ph_j}\times\frac{45\pi}{116}=\frac{10.3185 i_{倍}}{Ph_j}$$

$i_{倍}=1$，$f_{纵}=0.86\sim1.59\text{mm/r}$；$i_{倍}=1/2$，$f_{纵}=0.43\sim0.794\text{mm/r}$；$i_{倍}=1/4$，$f_{纵}=0.215$

$\sim 0.397\text{mm/r}$；$i_{倍}=1/8$，$f_{纵}=0.107\sim0.198\text{mm/r}$。由上述可知，只有 $i_{倍}=1$ 时，纵向进给量的部分大于正常进给量，故将 $i_{倍}=1$，寸制螺纹正常导程传动路线作为较大进给量，8 种较大进给量 $f_{纵}=\dfrac{10.3185}{Ph_j}$。

（3）细小进给量　当运动由高速分支传动路线传递给主轴时，机动进给运动可由Ⅵ轴直接到Ⅲ轴，然后经Ⅷ到Ⅸ轴，再经正常进给传动路线形成细小进给量传动链。细小进给量传动路线表达式为

Ⅵ—50/63—Ⅲ—44/44—Ⅷ—26/58—Ⅸ—正常进给传动路线

细小进给量运动平衡式为

$$f_{纵}=\frac{50}{63}\times\frac{44}{44}\times\frac{26}{58}\times\frac{Ph_j i_{倍}}{12}\times\frac{45\pi}{116}=0.03613Ph_j i_{倍}$$

当 $i_{倍}=1/8$ 时，可获得 8 种细小进给量，$f_{纵}=0.004516Ph_j=0.029\sim0.054\text{mm/r}$。

（4）大进给量　当主运动由低速分支传递到主轴，且主轴处于最低的 12 级转速时，进给运动利用扩大导程寸制螺纹传动路线，可实现大进给量。利用扩大导程寸制螺纹的进给运动平衡式为

$$f_{纵}=\frac{10.3185 i_{倍}\, i_{扩}}{Ph_j}=\frac{10.3185 i_{倍}}{Ph_j}\times\begin{Bmatrix}4\\16\end{Bmatrix}$$

当 $i_{扩}=4$，主轴为次低的 6 级转速，且 $i_{倍}=1/4$ 或 1/8 时，$f_{纵}=0.43\sim1.59\text{mm/r}$，与较大进给量相同。由于较大进给量可由主轴的全部转速产生，因而主轴处于次低的 6 级转速，且 $i_{倍}=1/4$ 或 1/8 时，扩大导程寸制螺纹传动路线无任何意义；但当 $i_{倍}=1$ 或 1/2 时，可获得 $f_{纵}=1.72\sim6.35\text{mm/r}$ 的 16 种大进给量。

虽然扩大螺纹导程米制螺纹传动路线也可产生大进给量，但 $i_{倍}=1$ 或 1/2 时，获得的大进给量 $f_{纵}=1.32\sim4.87\text{mm/r}$ 部分与较大进给量重复，且小于扩大导程寸制螺纹传动路线，故 16 种大进给量采用扩大导程寸制螺纹传动路线。

当 $i_{扩}=16$，主轴为最低的 6 级转速，$i_{倍}=1/4$ 或 1/8 时，$f_{纵}=1.72\sim6.35\text{mm/r}$；当 $i_{倍}=1$ 或 1/2 时，可获得 $f_{纵}=6.88\sim25.40\text{mm/r}$ 的 16 种大进给量。但由于：①大进给量车削时，车刀切削刃宽应大于进给量，否则车削出的刀痕为矩形螺纹；②宽刃车刀切削刃应平行于进给方向，一旦有误差，车削出的刀痕为三角形螺纹；③车刀切削刃宽度达到一定值时，会导致车削自激振动。因此，CA6140 卧式车床主轴处于最低的 6 级转速时，扩大导程寸制螺纹传动路线，利用 $i_{倍}=1/4$ 或 1/8 可获得 $f_{纵}=1.72\sim6.35\text{mm/r}$ 的 16 种大进给量。值得注意的是，$f_{纵}=6.88\sim25.40\text{mm/r}$ 的 16 种进给量只是在进给量选择表（位于进给箱上面）上没有标注，即不推荐使用而已，并没有结构限制。如果操作故意，能够产生 $f_{纵}=6.88\sim25.40\text{mm/r}$ 的进给量。

总之，CA6140 卧式车床全部主轴转速可产生 32 种正常进给量和 8 种较大进给量，高速分支的 6 级主轴转速可产生 8 种细小进给量，最低的 12 级主轴转速可产生 16 种大进给量，共 64 种进给量。

为防止利用左旋螺纹的传动路线车削工件，造成纵向进给方向混乱，在传动路线中设置单向超越离合器，使左旋螺纹传动路线不产生机动进给。

2. 横向机动进给量

横向进给运动平衡式为

$$f_{横}=\frac{f_{纵}}{12\times2.5\pi}\times\frac{80}{28}\times\frac{48}{40}\times\frac{40}{48}\times\frac{48}{48}\times\frac{59}{18}\times5=0.50f_{纵}$$

即横向进给量约为纵向进给量的一半。这是因为：①横向进给运动行程较小，最大理论行程为200mm；②随着刀具的横向移动，切削速度随之变化，车刀越接近工件轴心，切削速度变化越大，无法机动进给车削，导致可机动进给横向切削的行程更小，因而横向机动进给量较小；③纵向机动进给量是横向进给量的两倍，便于换算。

3. 纵向进给显示传动链

纵向进给显示刻度盘用于记载刀架的纵向移动量。纵向进给显示传动链（图2-7中未示出）也是内联系传动链，起始于齿轮齿条副。也可认为齿轮轴（即XXV轴）为间接动力源，运动经惰轮带动内齿轮转动，内齿轮外侧套有刻度盘。运动平衡式为

$$n_{度}=\frac{1}{12\times2.5\pi}\times\frac{33}{39}\times\frac{39}{105}\text{r/mm}=\frac{1}{300}\text{r/mm}$$

刻度盘上均匀分布300道刻线（分为30大格），相邻两道刻线所夹圆心角为1.2°，刀架移动1mm，刻度盘旋转一格刻线；刀架向左移动时，刻度盘逆时针旋转。为方便观察纵向进给量，内齿轮与刻度盘的圆周位置可调整，即每次进给前，刻度盘0刻线对准固定刻度盘的基准刻线。如果固定刻度盘以基准刻线为起始刻线，在圆心角为10.8°的刻度盘外圆表面上均布11道刻线（两大格），即固定刻度盘相邻刻线显示移动量为0.9mm。这样可提高纵向移动量的显示精度。

（三）手动进给

1. 纵向手动进给

纵向手动进给运动起始于XXVI轴上的大手轮带动轴齿轮转动，与XXV轴齿数为80的齿轮啮合传动，驱动齿数为12的齿轮在齿条上滚动，带动溜板箱纵向移动。手柄顺时针旋转时，溜板箱带动车刀向右移动。纵向手动进给运动平衡式为

$$f_{纵手}=1\times\frac{17}{80}\times12\times2.5\pi\ \text{mm/r}=20\text{mm/r}$$

2. 横向手动进给

横向手动进给运动直接由XXX轴端的手柄驱动丝杠螺母，带动车刀横向移动，手柄旋转一转，车刀移动一个螺纹导程；手柄顺时针旋转时，车刀向工件轴心处（远离操纵者方向）移动，即横向进给丝杠为左旋螺纹。横向手动进给运动平衡式为

$$f_{横手}=5\text{mm/r}$$

XXX轴上安装有均布100道刻线的刻度盘，刻度盘每转一道刻线，即手柄旋转1/100转，车刀移动量为0.05mm。横向进给精度高的原因是：车削工件的旋转表面时，横向进给量为背吃刀量，只要背吃刀量精确，就能车削出精度较高的圆周尺寸；工件旋转表面的尺寸是直径，背吃刀量是工件的单边加工余量，即半径的变化量Δr，引起直径的变化量$\Delta d=2\Delta r$，而背吃刀量的基本单位是0.05mm，直径的最小变化量为0.1mm，便于换算调整。例

如：将 ϕ50mm 轴类零件车削为 ϕ45mm，双边加工余量为 5mm，手动横向进给，刻度盘转过的刻线数为 50 道（5 大格）。

（四）快速移动

刀架快速移动是使车刀快速退离或接近加工部位，以减轻工人劳动强度和缩短辅助时间。

CA6140 卧式车床的快速移动电动机是三相交流短时运转异步电动机，型号为 YSS5634，额定功率为 0.25kW，最大转矩、额定转矩比为 2.7，额定转速为 1400r/min，最长连续工作时间处 5min。快速运动经齿轮传动副 18/24 到蜗杆轴，使 XXII 轴高速转动，单向超越离合器处于分离状态，快速运动经蜗杆副传递到纵向或横向移动传动机构，使刀架快速纵向或横向移动。快速运动平衡式为

$$f_{快纵} = 1400 \times \frac{18}{24} \times \frac{4}{29} \times \frac{40}{48} \times \frac{28}{80} \times 12 \times 2.5\pi \text{ mm/min} = 3981\text{mm/min} \approx 4\text{m/min}$$

由于刀架快速移动时间短，故采用按钮控制。按钮安装在机动进给操纵手柄内，便于点动工作。

第三节 CA6140 卧式车床的主要结构

一、主轴箱

CA6140 卧式车床主轴箱展开图如图 2-8 所示。图 2-9 和图 2-10 所示分别为 CA6140 卧式车床主轴箱外形图和主轴箱剖视图。

（一）第一变速组及双向摩擦离合器

CA6140 卧式车床为实现主轴 12 级反向等比数列转速，第一变速组为双速变速组，其级比等于公比，即主轴正转传动链的基本组。从结构上考虑，双向摩擦离合器轴向尺寸较大，第一变速组采用双速变速组可减小 Ⅰ 轴的轴向长度，提高 Ⅰ 轴的强度。

双向摩擦离合器结构简图如图 2-11 所示，由内摩擦片 3、外摩擦片 2、止推片 10 及 11、压块 8、空套齿轮及齿轮离合器体 1 等组成。离合器左右两部分结构是相同的。左离合器传动主轴正转，实现切削加工，传递转矩大，所以离合器摩擦片数量较多；右离合器传动主轴反转，实现退刀，摩擦片数较少。当左右离合器都处于分离状态（压块在中间位置）时，主轴停转，并且安装于Ⅳ轴上的带式制动器制动，如图 2-8 和图 2-11c 所示。

图 2-11a 所示为左离合器，内摩擦片带有花键孔，与 Ⅰ 轴花键配合，并由 Ⅰ 轴带动旋转；外摩擦片内孔直径略大于花键大径，而外圆表面为花键，并嵌入带有齿轮的离合器体的花键孔槽中。内、外摩擦片相间安装。当拉杆轴 7 通过销 5 带动压块 8 向左移动压紧内、外摩擦片时，Ⅰ 轴的转矩经内摩擦片，通过摩擦片间的摩擦力矩传递给外摩擦片，外摩擦片驱动带有齿轮的摩擦离合器体旋转，使主轴正转。

左右离合器的接合或脱开由压块的位置决定。压块由手柄 18 来操纵（图 2-11b）。手柄 18 向上扳时，拉杆 20 拉动扇形齿轮 17 顺时针转动，使齿条轴 22 右移，齿条轴 22 左端的拨叉拨动滑套 12 右移，使元宝销（两个动力臂的杠杆）6 顺时针转动，由于元宝销的支点设在 Ⅰ 轴上，另一端插入 Ⅰ 轴中心孔内的拉杆轴 7 中，这样拉杆轴 7 相对于 Ⅰ 轴左移，经销 5 驱动压块 8 左移，当滑套 12 的内孔表面与元宝销 6 接触时，元宝销停止转动并自锁，压块 8

压紧左摩擦片，实现主轴正转。当手柄 18 向下扳时，右离合器接合，主轴反转。当手柄 18 处于水平位置时，摩擦离合器分离，主轴停转并制动。若想在正转时紧急停车，可将手柄 18 迅速向下扳至反转位置，进行反转制动，然后迅速扳至水平位置，停车制动。为操纵方便，在主轴转向操纵轴 19 上安装两个操纵手柄 18，一个轴向固定于进给箱右侧，另一个在溜板箱右侧，并随溜板箱一起移动，即主轴转向操纵轴上有导向键槽，键槽长度为溜板箱长度与第二主参数之和，手柄 18 上安装导向键。按照人机工程理念，手柄扳动方向应与所控制零件的运动方向一致，但主轴工作旋向是唯一的，且空载起动，误操作不会产生不良后果，而由于操纵手柄高度低（图 2-11），为便于操作，故设置为手柄 18 向上扳左摩擦离合器接合，主轴为正转的操作机构。

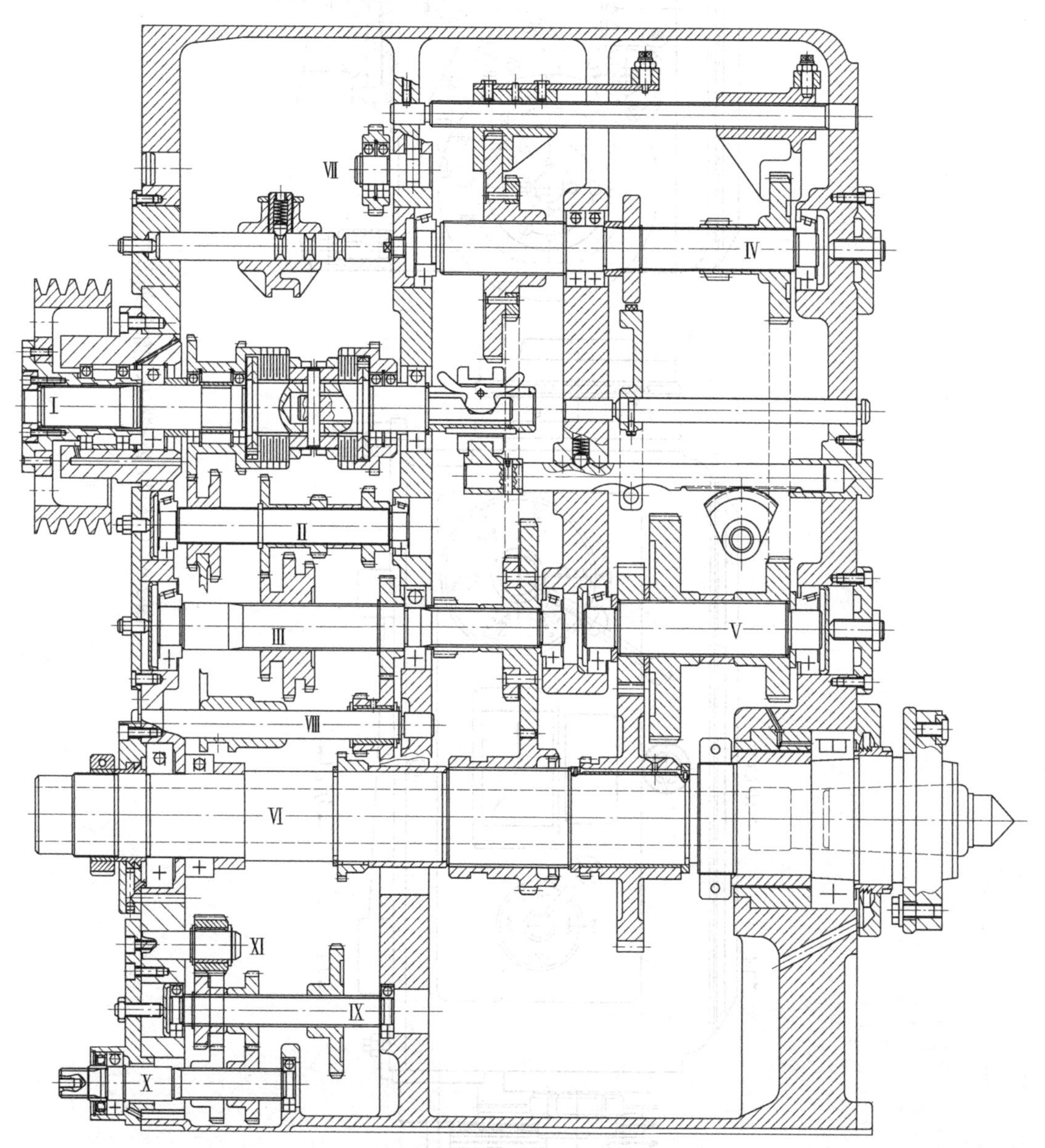

图 2-8　CA6140 卧式车床主轴箱展开图

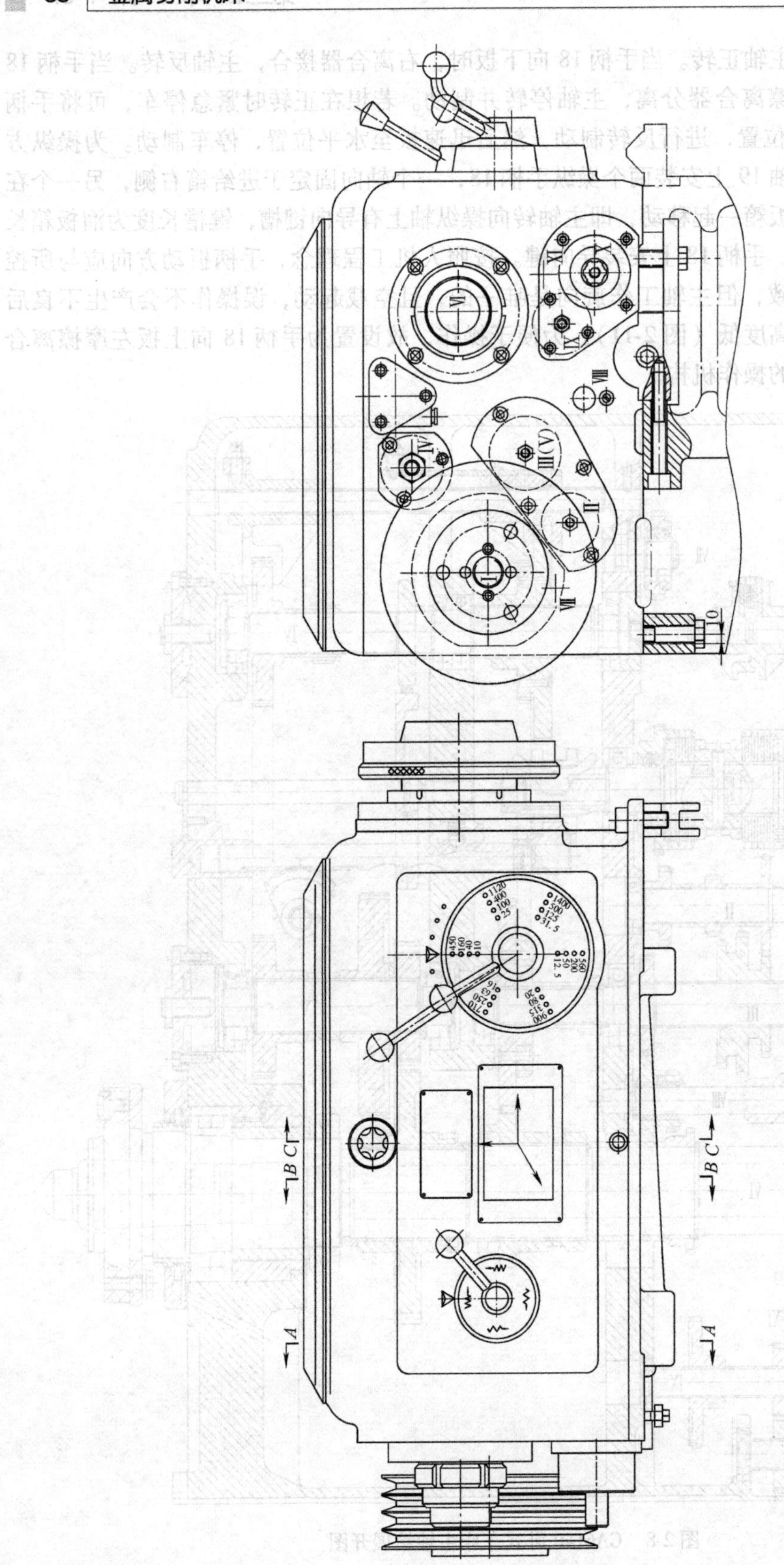

图 2-9 CA6140 卧式车床主轴箱外形图

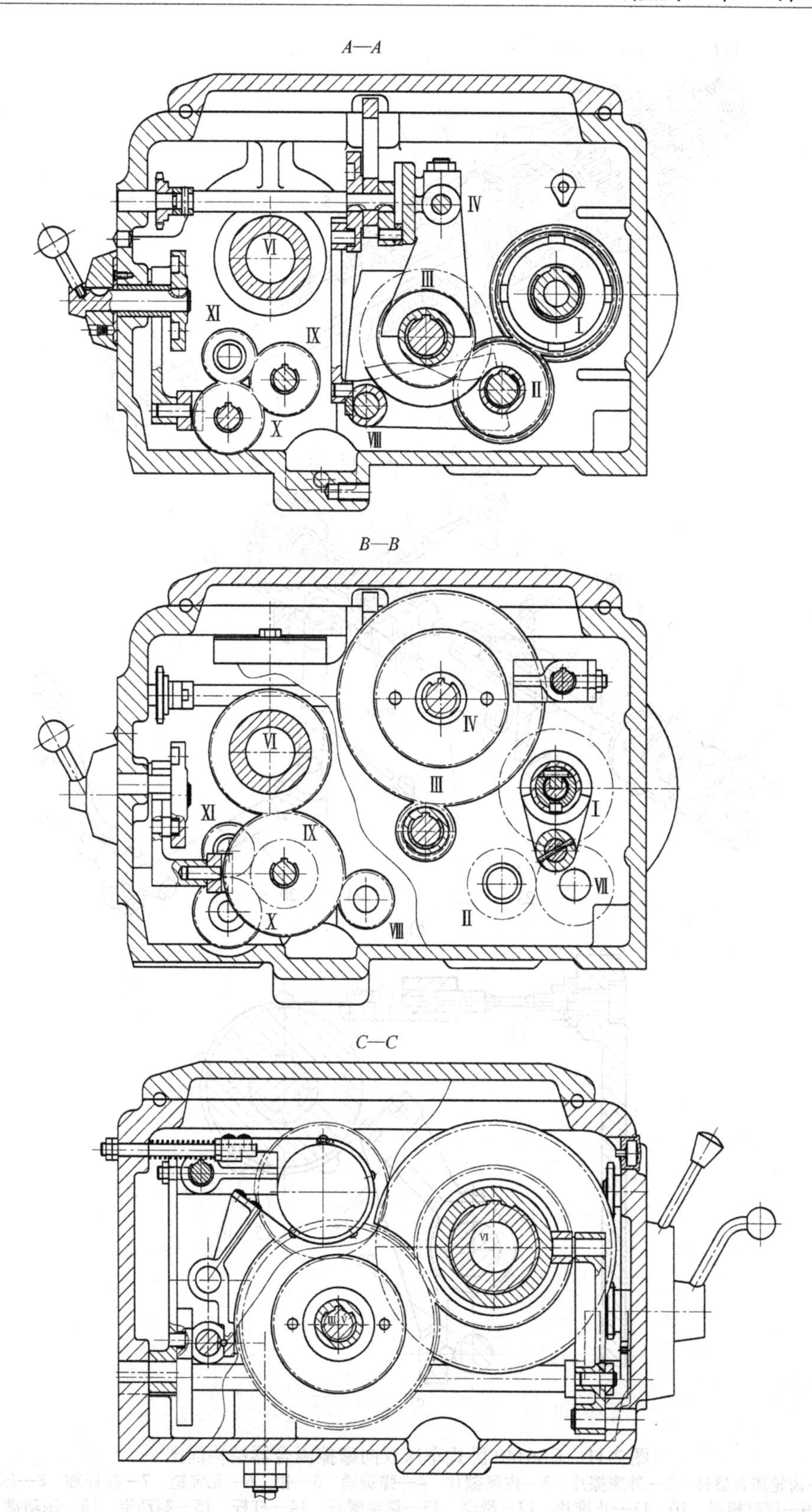

图2-10　CA6140卧式车床主轴箱A—A、B—B、C—C剖视图

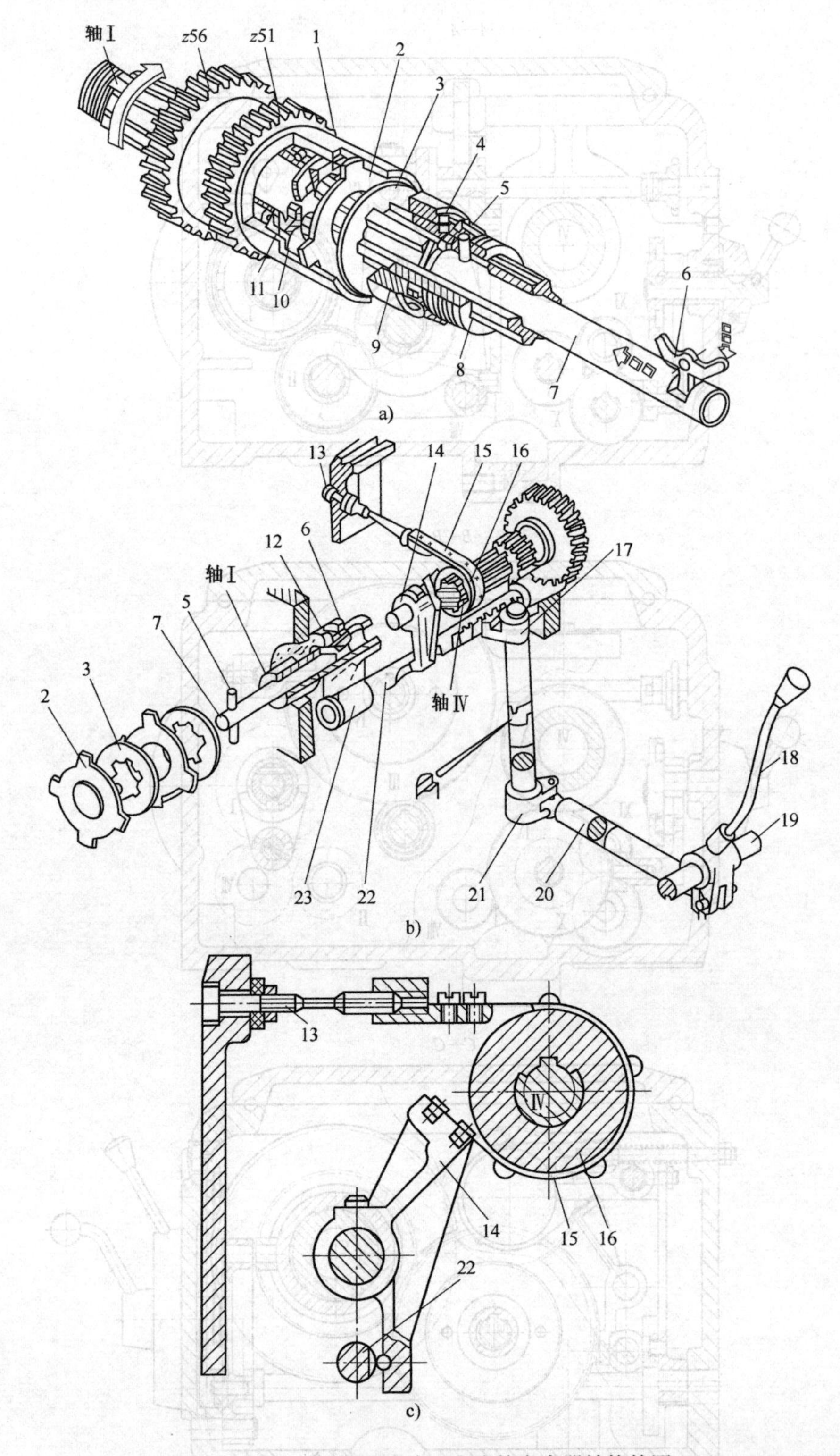

图 2-11 CA6140 卧式车床双向摩擦离合器结构简图

1—齿轮离合器体 2—外摩擦片 3—内摩擦片 4—弹簧销 5—销 6—元宝销 7—拉杆轴 8—压块 9—调整螺母 10、11—止推片 12—滑套 13—调整螺杆 14—杠杆 15—制动带 16—制动盘 17—扇形齿轮 18—手柄 19—主轴转向操纵轴 20—拉杆 21—杠杆 22—齿条轴 23—拨叉

摩擦离合器还有过载保护功能。当负载转矩增加时，内、外摩擦片将相对滑动，避免损坏主运动链。摩擦片间的压紧力是根据离合器所传递的额定转矩确定的。摩擦片磨损后，压紧力减小，因此压块长度应能调整，这样在压块行程不变的情况下，通过改变压块长度来改变压紧力。滑块为具有花键孔的细牙螺纹轴套，在螺纹轴套外圆表面上加工一不通孔安装弹性锁紧销（锁紧销内有压缩弹簧），调整螺母为开槽圆螺母（16 个槽），压下锁紧销，可旋转调整螺母，调整完毕，锁紧销卡入调整螺母槽中止动。

双向摩擦离合器共用一个压块实现双向离合，因而摩擦离合器须从Ⅰ轴两端装入。为方便安装，保证摩擦离合器的装配精度，Ⅰ轴组件装配完毕后，整体装入主轴箱中。由于摩擦离合器传递转矩的大小与施加到摩擦片上的压力成正比，因此随着摩擦片的磨损和负载的变化，离合器摩擦片的压力应能精确调节。Ⅰ轴组件应位于主轴箱的上面，以便于调节压力。这样Ⅱ轴位于Ⅰ轴右下方。装配时须安装Ⅱ轴组件后才能装入Ⅰ轴组件。为避免Ⅱ轴上的齿轮齿顶圆与离合器体相碰，Ⅰ轴上离合器左侧最小齿轮的分度圆直径 $d_{min}=109\text{mm}+2m$（m 为模数），且Ⅰ轴尺寸从左到右依次减小。为减小第一变速组的中心距，只能减小第一变速组的从动齿轮尺寸，采用升速传动。受极限传动比的限制，Ⅰ轴传动副最小传动比 i_{a1} 的最大值为

$$i_{a1max}=2/1.26=1.58$$

当然，Ⅰ轴传动副最小传动比 i_{a1} 的从动齿轮应为Ⅱ轴上最大的齿轮，否则Ⅱ轴上的齿轮与离合器体会产生干涉。但是，CA6140 卧式车床最小转速一定时，Ⅰ、Ⅱ轴变速组传动比越大，后面变速组的传动比就越小。另外，经实践证明，齿轮的线速度增加一倍，噪声增加 6dB。

电动机的动力经 V 带传至Ⅰ轴，V 带有较好的减振作用，并有过载保护功能。由于Ⅰ轴外伸端较细，为避免直径较大的 V 带轮在 V 带拉力和自身重力的作用下造成Ⅰ轴外伸端弯曲变形，应采用卸荷带轮结构，即将带轮支承在轴承座上，这样带轮自身重力和 V 带拉力都由轴承座承受。带轮轮毂的花键孔与Ⅰ轴端部花键配合，仅将运动传递给Ⅰ轴。

（二）停车制动机构

停车制动器为带式制动器，其功能是停止主轴转动的同时制动主轴，以缩短辅助时间。为减小制动转矩，通常将制动器安装在转速较高的传动轴上。CA6140 卧式车床制动器安装的理想位置在Ⅱ轴上，但带式制动器的制动力需调整，且干摩擦因数大于油润滑时的摩擦因数。Ⅱ轴位于主轴箱下方，不便于制动力调整，且Ⅱ轴上的零件有良好的润滑，制动力矩小，因此 CA6140 卧式车床停车制动器安装在主轴箱上部的Ⅳ轴上，其最低转速为 90r/min。主轴为最低的 6 级时，制动器轴（Ⅳ轴）转速数列为：90，112，…，280；主轴为次低的 6 级转速、低速分支最高的 6 级主轴转速、高速分支 6 级主轴转速时，制动器轴的转速数列都是相同的，皆为 355，450，…，1120。

停车制动器的制动带缠绕在制动盘上，制动带的一端固定在操纵杠杆上，另一端通过可调弹簧固定在箱体上。在停车位置，操纵杠杆逆时针转动，制动带被拉紧在制动盘上，在摩擦力作用下制动制动盘。为增加摩擦力，制动带内层为酚醛石棉带。为保证操纵杠杆下端与操纵件之间存有间隙时制动带与制动盘分离，制动带外层采用弹簧钢带。为防止酚醛石棉层磨损后制动力不足，制动带通过可调螺栓调节。为保证“停车制动”的功能，防止误操作，停车制动器与双向摩擦离合器共用一套操作机构。由于 CA6140 卧式车床主轴处于高速分支

传动时，低速分支的传动比 $i=1$，即Ⅳ轴是转动的，因而不论主轴转速多高，停车制动都起作用。齿条轴 22 在中间位置时，齿条轴上的凸起与杠杆 14 下端接触，推动杠杆 14 逆时针摆动，拉紧制动带。凸起的两侧皆为凹槽，所以当齿条轴向左（或右）移动，使左（或右）离合器接合时，杠杆 14 下端处于齿条轴的凹槽位置，在制动带弹力的作用下，杠杆 14 顺时针摆动，制动带松开制动盘，主轴旋转。

（三）主轴组件

主轴是主运动链的末端执行件，其功能是安装卡盘或安装顶尖拨盘，带动工件旋转进行车削加工。主轴的旋转精度及主轴组件的刚度直接影响加工质量。安装固定卡盘，决定了主轴必然是外伸梁。

为减短主轴的悬伸量（外伸部分长度），提高主轴静刚度，主轴前端为 1:4 锥度的短锥体，用以定位卡盘的连接座。短锥体后面有法兰盘，用来安装固定卡盘。为提高顶尖或心轴的定位精度，主轴外伸端具有莫氏 6 号锥孔。为便于长圆钢加工，CA6140 卧式车床主轴具有 ϕ48mm 中心通孔。为方便安装，车床主轴为台阶轴，即主轴从前端装入。

主轴前端结构型式如图 2-12 所示。安装卡盘时，先将卡盘固定在卡盘座上，然后将双头螺柱 5 旋紧在卡盘连接座 4 上并旋入螺母 6，但螺母右端面至卡盘座端面距离须大于主轴法兰 3 的厚度与锁紧盘 2 的厚度之和，调整锁紧盘的大孔圆心与主轴法兰上的圆柱孔轴线重合，再将卡盘座上的双头螺柱及螺母穿过主轴法兰及锁紧盘的大孔，最后将锁紧盘转过一定角度，拧紧螺母及锁紧盘锁紧螺栓。因此，主轴法兰和锁紧盘上的大孔直径须略大于六角螺母外接圆直径，锁紧盘的环槽宽度应略大于螺柱直径。另外，主轴法兰右端面上有一圆柱拨销（图 2-8），用于传动转矩。

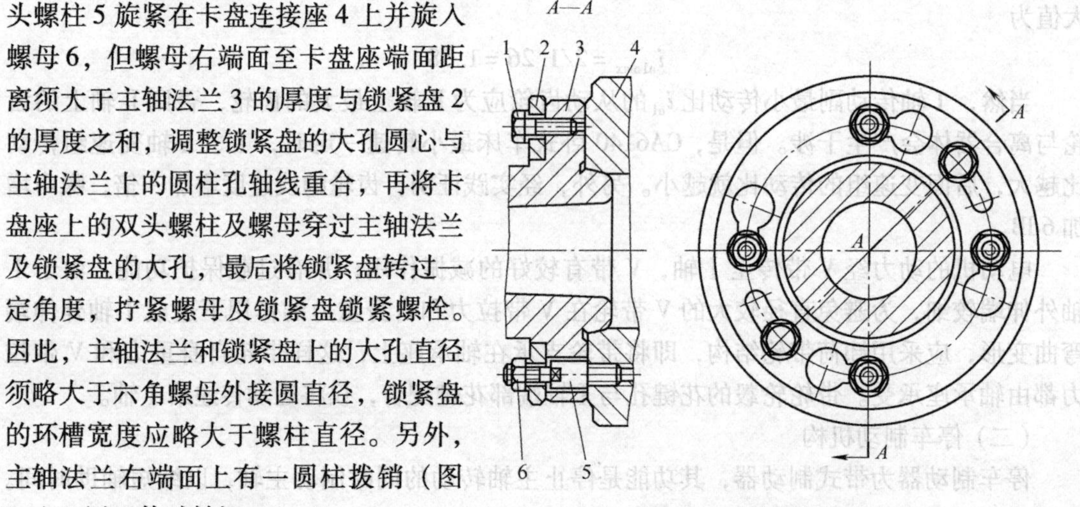

图 2-12 主轴前端结构型式

1—锁紧盘锁紧螺栓 2—锁紧盘 3—主轴法兰 4—卡盘连接座 5—双头螺柱 6—螺母

为提高主轴的旋转精度，主轴轴颈等重要表面尺寸公差等级为 IT5，$Ra\leqslant 0.4\mu m$，非配合表面 $Ra\leqslant 1.6\mu m$，主轴组件需做动平衡。

CA6140 卧式车床主轴为简支梁，前支承为活动简支座，轴承型号为双列圆柱滚子轴承 NN3021K/P5；后支承为固定简支座，采用角接触球轴承 7215AC/P5 和推力球轴承 51215/P5。可通过轴承分组装配法或误差定向法提高主轴的旋转精度。

CA6140 卧式车床主轴上有两个主运动齿轮，运动速度皆小于 15m/s，故为 6 级精度硬齿面齿轮。由于前支承刚度高，为减小主轴组件变形，低速传动齿轮靠近前支承。

有的 CA6140 卧式车床的主轴采用三支承，前支承为 NN3021K/P5 型双列圆柱滚子轴承，后支承为 NN3015K/P6 圆柱滚子轴承，中间支承为 NU3016/P65 内圈无挡边单列大游隙圆柱滚子轴承；两个 51120/P5 型推力球轴承位于前支承内侧承受双向推力。

（四）主运动的控制机构

CA6140 卧式车床主运动传动链有五个滑移齿轮，按滑移齿轮所处的位置，组成两套顺序集中变速操纵机构。为简化变速操作过程和缩短辅助时间，将分支传动滑移齿轮变速操纵机构的手柄轴做成空心轴，并套装于Ⅱ、Ⅲ轴滑移齿轮变速机构的手柄轴上。为方便操作，分支传动变速机构的操纵手柄稍长，Ⅱ、Ⅲ轴滑移齿轮变速机构的手柄向远离分支传动变速机构操纵手柄的方向弯曲。

集中变速操纵机构是指一个操纵件控制两个以上变速件的变速操作机构；顺序集中变速操纵机构是指各级转速的变换按一定顺序进行，从某一级转速转换到按变速顺序不相邻的另一级转速时，滑移齿轮必须按顺序经过中间各级转速的齿轮啮合位置。

1. Ⅱ、Ⅲ轴滑移齿轮变速机构

Ⅱ、Ⅲ轴滑移齿轮变速机构简图如图 2-13 所示。拨叉 1 的导向轴轴线与Ⅳ轴重合。拨叉 6 的导向轴为Ⅷ轴。操纵轴 4 在主轴上方，其轴线与拨叉 1 的导向轴轴线垂直相交，且位于Ⅱ轴 22 齿的固定齿轮齿宽的对称线剖面上。操纵轴一端支承在主轴箱体的前壁上（参见图 2-8 和图 2-10*A*—*A* 剖视图），另一端支承在位于曲柄 2 和凸轮 3 之间的隔板上（图 2-13 中未示出）。Ⅱ轴上的滑移齿轮有两种啮合位置，Ⅲ轴上的滑移齿轮有三种啮合位置，共产生 6 级级比为 1.26 的等比数列转速。通过改变变速顺序，使各滑移齿轮具有简单的位置变化规律。Ⅱ、Ⅲ轴滑移齿轮位置组合及对应的主轴转速输出见表 2-4。变速手柄产生的控制运动经链传动（传动比等于 1）至操纵轴，手柄每转动 60°，两滑移齿轮中有一个变换啮合位置。Ⅲ轴滑移齿轮由曲柄滑块机构控制。操纵轴 4 悬伸端的曲柄半径 $R = l/\sin 60°$（l 为滑移齿轮的滑移行程）。曲柄 2 端部的拨销嵌入拨叉 1 的长槽中（槽长度略大于 $2R$）。当曲柄 2 随操纵轴 4 转动时，拨销带动拨叉 1 移动，使Ⅲ轴上的滑移齿轮实现左、中、右三种不同位置。曲柄 2 的拨销位于最下方（或最上方）时，三联滑移齿轮处于中间位置，齿数为 22 的固定齿轮与齿数为 58 的滑移齿轮啮合。Ⅱ轴滑移齿轮由凸轮杠杆机构控制。凸轮 3 上有

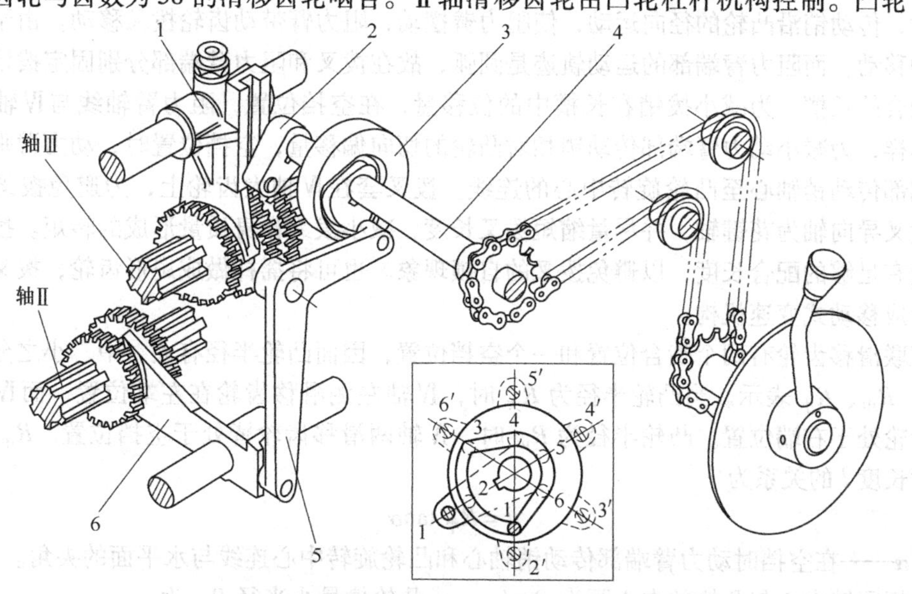

图 2-13 Ⅱ、Ⅲ轴滑移齿轮变速机构简图

1、6—拨叉 2—曲柄 3—凸轮 4—操纵轴 5—杠杆

封闭的曲线槽，它是由两段半径不同的圆弧槽（每段圆弧槽对应的圆心角为120°）和直线所组成的。凸轮上的两段圆弧槽对应双联滑移齿轮的两个位置。杠杆动力臂的滚子嵌入凸轮曲线槽中且处于操纵轴4的下方，杠杆阻力臂的拨销带动拨叉6轴向移动；当杠杆动力臂的滚子处于凸轮长半径圆弧槽时，杠杆绕支点顺时针转动，Ⅱ轴双联滑移齿轮处于左端位置，齿数为56的齿轮与齿数为38的齿轮啮合。

表2-4　Ⅱ、Ⅲ轴滑移齿轮位置组合及对应的主轴转速输出

Ⅱ轴滑移齿轮位置			右	右	右	左	左	左
Ⅲ轴滑移齿轮位置			左	中	右	右	中	左
主轴转速/(r/min)	高速分支	$i=1.26$	1120	450	710	900	560	1400
	低速分支	$i\approx1$	400	160	250	315	200	500
		$i=1/4$	100	40	63	80	50	125
		$i=1/16$	25	10	16	20	12.5	31.5

手柄轴上须安装刻度盘，手柄可转动360°的6速变速机构的刻度盘圆周端面上须均匀分布6条射线，每一条射线表示一个滑移齿轮啮合位置组合。由于Ⅱ、Ⅲ轴滑移齿轮产生的一级转速经分支传动扩大后变为四级主轴转速，为便于变速操作，将蓝、黄、黑、红四个圆点代替射线，并按凸轮变速顺序将主轴转速值依次标注在圆点旁，转速值小的转速在内层，标注顺序为顺时针方向。刻度盘的安装条件为：圆点旁标有25、100、400、1120的“射线”转到圆周最上方与固定标记对齐时，Ⅱ、Ⅲ轴滑移齿轮分别处于右、左端啮合位置。

2. 分支传动变速操作机构

低速分支的滑移齿轮由凸轮摇杆机构控制。摇杆的支点位于凸轮旋转中心所在的水平面中，动力臂（与阻力臂制作成一体）为摇杆支点至嵌入凸轮槽中的传动销轴心连线，凸轮转动时，传动销沿凸轮的径向运动，使阻力臂摆动，阻力臂带动齿轮拨叉移动。由于拨叉沿导向轴移动，而阻力臂端部的运动轨迹是圆弧，故在拨叉和阻力臂端部分别固定拨销和加工与之配合的长槽。为减小拨销在长槽中的位移量，在空挡位置，阻力臂轴线与Ⅳ轴异面垂直。同样，为减小动力臂端部传动销相对凸轮的切向偏移量，空挡位置时，动力臂垂直于动力臂端部传动销轴心至凸轮旋转中心的连线。拨叉套在Ⅳ轴大齿轮上，为避免拨叉整体转动，拨叉导向轴为花键轴，并尽量缩短拨叉长度，减小拨叉自身质量形成的转矩。拨叉与导向轴应有足够的配合长度，以避免拨叉的自锁现象。也可将摇杆做成扇形齿轮，拨叉上设置齿条形成移动式变速机构。

双联滑移齿轮有两个啮合位置和一个空挡位置，因而凸轮半径有大、中、小之分，分别用$R_{大}$、$R_{中}$、$R_{小}$表示。当凸轮半径为$R_{大}$时，Ⅳ轴左侧滑移齿轮在左端位置，而Ⅳ轴右侧滑移齿轮处于右端位置。凸轮半径为$R_{中}$时，Ⅳ轴两滑移齿轮皆处于空挡位置。$R_{中}$与杠杆动力臂长度l的关系为

$$l=R_{中}\tan\alpha$$

式中　α——在空挡时动力臂端部传动销轴心和凸轮旋转中心连线与水平面的夹角。

摇杆回转中心与凸轮的中心距为$R_{中}/\cos\alpha$，凸轮槽最小半径$R_{小}$为

$$R_{小}=R_{中}\sqrt{1+2\tan^2\alpha-2\tan\alpha\frac{\sin(\alpha+\beta)}{\cos\alpha}}\qquad\alpha+\beta<90°$$

式中　β——拨动左滑移齿轮移动的动力臂由空挡位置到右端齿轮啮合位置所转过的角度。

凸轮槽最大半径 $R_{大}$ 为

$$R_{大}=R_{中}\sqrt{1+2\tan^2\alpha-2\tan\alpha\frac{\sin(\alpha-\beta)}{\cos\alpha}}\qquad\alpha>\beta$$

显然，α 越小，凸轮槽的升程越大。按照由高到低的主轴转速顺序形成表 2-5 所示的凸轮半径组合。由表 2-5 可知，Ⅳ轴左滑移齿轮控制凸轮槽的末端位置半径与Ⅳ轴右滑移齿轮控制凸轮槽的初始位置半径都为 $R_{大}$，控制凸轮的总行程角 $<180°$时，Ⅳ轴的滑移齿轮可共用一个凸轮控制。两动力臂传动销相对于凸轮旋转中心所在的铅垂面对称，凸轮的总行程角 $\theta=180°-2\alpha$。CA6140 卧式车床分支传动滑移齿轮变速机构中，$\alpha=45°$，$\theta=90°$，凸轮每转动 30°，主轴转速变换一次，即 CA6140 卧式车床分支传动滑移齿轮变速机构为手柄摆动式顺序集中变速机构。为符合人们从左到右依次增大的视觉习惯，手柄轴的运动经一对等比齿轮副传动至凸轮轴。随手柄转动的刻度盘圆柱外表面上设置一个转速标记，在刻度盘上方的箱体壁上，从左到右环形均匀布置蓝、白、黄、白、黑、白、红色七个转速标记（与Ⅱ、Ⅲ轴滑移齿轮顺序变速机构刻度盘上的转速标记颜色一致），白色标记皆为空挡标记，黄、黑色转速标记间的白色空挡标记位于手柄轴线所在的铅垂面中，并与Ⅱ、Ⅲ轴滑移齿轮顺序变速机构的固定转速标记重合。分支传动变速操纵机构如图 2-14 所示。

表 2-5　分支传动变速机构的凸轮半径组合

主轴转速/(r/min)	450～1400	空　挡	160～500	空　挡	40～125	空　挡	10～31.5
$G_{Ⅵ}$位置及凸轮半径	左、$R_{大}$	中、$R_{中}$	右、$R_{小}$	右、$R_{小}$	右、$R_{小}$	右、$R_{小}$	右、$R_{小}$
$G_{Ⅳ左}$位置及凸轮半径	右、$R_{小}$	右、$R_{小}$	右、$R_{小}$	右、$R_{小}$	右、$R_{小}$	中、$R_{中}$	左、$R_{大}$
$G_{Ⅳ右}$位置及凸轮半径	右、$R_{大}$	右、$R_{大}$	右、$R_{大}$	中、$R_{中}$	左、$R_{小}$	左、$R_{小}$	左、$R_{小}$

注：$G_{Ⅳ左}$—Ⅳ轴左滑移齿轮；$G_{Ⅳ右}$—Ⅳ轴右滑移齿轮；$G_{Ⅵ}$—Ⅵ轴滑移齿轮。

高低速转换，即离合器 M2 的位置，由凸轮摇杆机构控制。当凸轮槽半径为 $R_{大}$ 时，摇杆向左摆动，摇杆端部的滑块拨动Ⅵ轴的滑移齿轮（离合器 M2）处于左端位置，接通高速分支；当凸轮槽半径为 $R_{小}$ 时，摇杆向右摆动，Ⅵ轴的滑移齿轮（离合器 M2）处于右端位置，接通低速分支；当凸轮槽半径为 $R_{中}$ 时，离合器 M2 在空挡位置，摇杆轴线处于铅垂横剖面中，即对称布置。摇杆摆动时，杆端的滑块运动轨迹是圆弧，滑块的总行程 l 是该圆弧的弦长，$l=2R\sin\beta$，R 为摇杆半径，β 为摇杆由空挡位置到高速（或低速）啮合位置所转过的角度；滑块高度方向的偏移量 $a=R-\sqrt{R^2-\frac{l^2}{4}}\approx\frac{l^2}{8R^2}$。为减小操纵时的操纵力，避免滑块脱离齿轮环槽，可适当增加摇杆半径，并将偏移量相对于滑移齿轮轴线对称布置，即滑移齿轮轴线相对于摇杆摆动中心的高度为 $R-a/2$。为保证凸轮拨销的准确位置和运动方向，须设置凸轮拨销导向槽或采用平行四边形双摇杆机构。主轴由高速分支驱动时，Ⅳ轴左滑移齿轮在右端位置，Ⅲ轴上齿数为 50 的齿轮与Ⅳ轴上齿数为 50 的齿轮啮合，Ⅳ轴相对处于高速，停车制动能力大；Ⅳ轴右端滑移齿轮也处于右端位置，Ⅳ轴上齿数为 51 的齿轮与Ⅴ轴上齿数为 50 的齿轮啮合，主轴上空套的斜齿圆柱齿轮转速相对较高，由于该齿轮尺寸大，惯量较大，转速较高时储存能量大，有利于切削稳定。

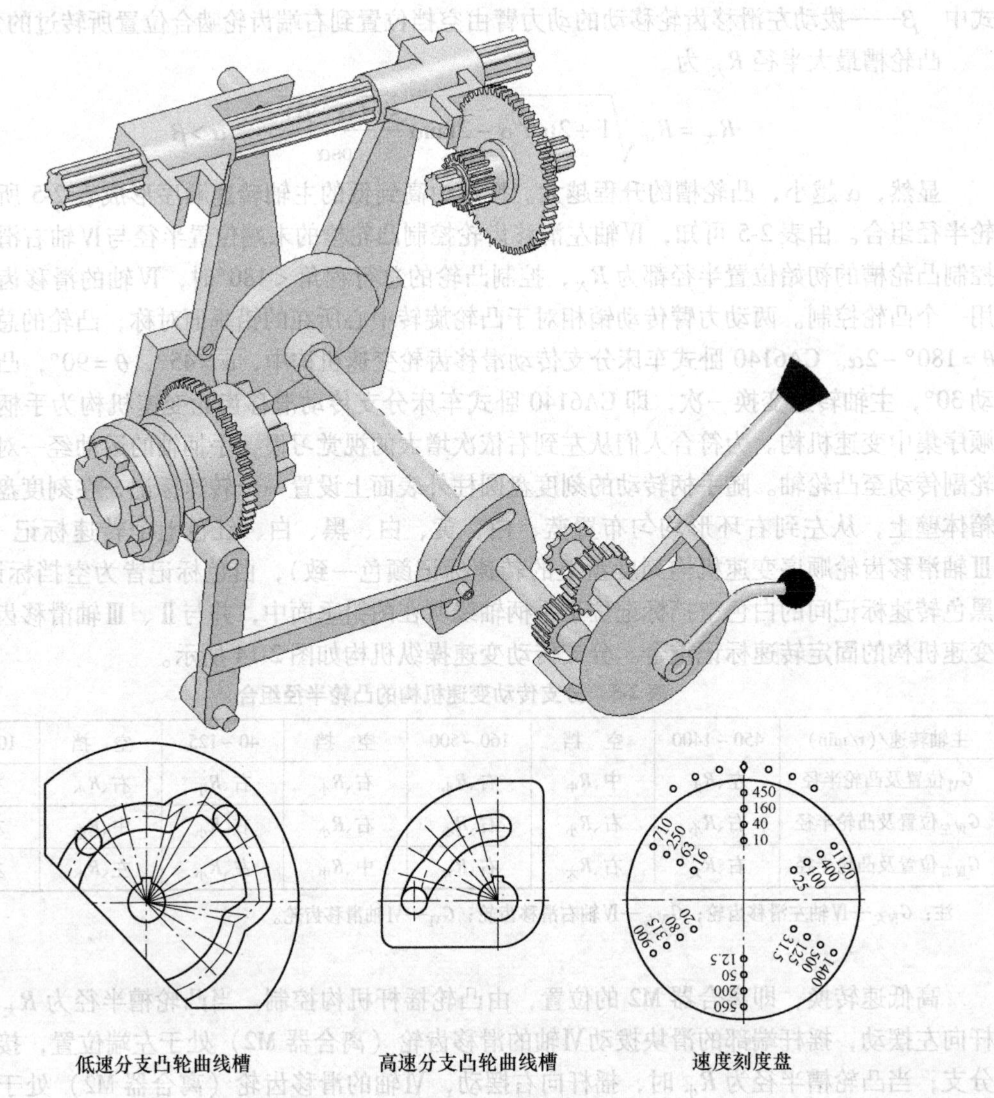

图 2-14　分支传动变速操纵机构

分支传动变速机构在每次变速时，三个滑移齿轮中仅有一个变换啮合位置，操纵力小。

（五）CA6140 卧式车床主运动的润滑系统

CA6140 卧式车床的主运动转速高，消耗的功率大，产生的摩擦热较大，因而主运动传动链必须有润滑系统。主运动传动链 I 轴为单向恒速转动，转速较高，适合做润滑油泵的驱动轴。但 I 轴结构复杂，右端为正反转控制机构和制动器，没有安装润滑油泵的空间。除 I 轴外，其他传动轴转速是变化的，且为双向旋转，不能作为润滑泵驱动轴。因此，CA6140 卧式车床主轴箱的润滑油箱只能位于左床腿的左前方，主运动电动机经 V 带直接驱动油泵，油箱中的油液经粗过滤器被吸入油泵，压力油经油管至位于主轴箱左侧的精过滤器，然后经分油器的油孔或油管对传动件、轴承、摩擦离合器及操纵机构进行润滑。润滑油在重力作用下落在主轴箱底部，然后经箱底的集油槽、回油管（位于主轴箱左侧）流回油箱，形成循环。

二、进给箱

进给箱由螺纹进给传动链的基本组、增倍组以及螺纹导程变换操纵机构、螺纹和机动进给转换机构组成。CA6140 卧式车床进给箱如图 2-15 所示。XIII、XV、XVIII、XIX轴在一条直线上，且XIII轴一端支承于XV轴端部的内齿轮中，而XVIII轴左端支承在XV轴右端的内齿轮中，右端支承在XIX轴左端的内齿轮中。装配时须首先按照从左到右的顺序安装XV轴组件，XIX轴左端内齿轮从箱体孔中装入，装配时轴向定位复杂。为方便螺纹导程变换操纵机构，减小进给箱厚度，XIV轴、XVII轴轴线位于一条直线上，XVI与XVII轴、XVII与XVIII轴中心距相等，且三轴位于一个垂直面中。进给箱中的齿轮通过箱体上方的小孔渗油润滑。

（一）螺纹导程基本组变换操纵机构

基本组的导程变换采用双轴公用齿轮变换机构，杠杆的阻力臂拨动滑移齿轮，由一个手轮控制四个杠杆的动力臂传动销，保证只有一个齿轮处于啮合位置，其余三个滑移齿轮皆处于非啮合（中间）位置。公用滑移齿轮可减少导程变换机构的轴向长度，正常状态下滑移齿轮处于中间位置，变换到啮合位置滑移行程短（仅有一个齿宽的距离）。四个滑移齿轮处于中间位置时，四个杠杆动力臂的传动销均布在同一圆周上，相对以该圆圆心为原点的平面坐标系，用极坐标表示动力臂传动销的位置从右到左依次是 $R_{中}\angle 315°$、$R_{中}\angle 45°$、$R_{中}\angle 135°$、$R_{中}\angle 225°$，杠杆的动力臂长度相等，且处于传动销分布圆周的切向方向。手轮上有半径为 $R_{中}$ 的圆环槽，圆环槽的宽度为 $2r$（r 为传动销半径），环形槽中有两个相距 45°的孔，孔中分别安装具有圆锥过渡的阶梯圆弧面的圆柱塞块，A—A 剖面塞块的圆弧槽半径为 $R_{中}+r$、$R_{中}+r-l$，B—B 剖面塞块圆弧槽半径为 $R_{中}-r$、$R_{中}-r+l$，l 为传动销升程。手轮上的限位螺钉确定手轮拉出位置。手轮轴上均布 8 条导向槽，对应基本组的 8 个啮合位置。手轮上的定位钢球确定手轮推入位置。当改变基本组导程时，先将手轮向外拉，使手轮的定位螺钉处于导向槽端部的圆环槽中，4 个传动销处于手轮封闭的圆环槽中，因而手轮可自由旋转，旋转角度为 45°的整倍数，选择需要的基本导程。选择所需的基本导程后，推入手轮，手轮中圆柱塞块的圆锥面将推动一个传动销径向移动，驱动杠杆动力臂摆动，阻力臂拨动滑移齿轮变换螺纹基本导程，其余三个传动销皆处于手轮的圆环槽中，所控制的滑移齿轮处于中间位置。CA6140 卧式车床进给箱及导程变换操纵机构如图 2-16 和图 2-17 所示。

（二）螺纹导程增倍组变速操纵机构

增倍组产生 1、1/2、1/4 和 1/8 四级等比数列传动比，CA6140 卧式车床能够车削导程为 1～12mm 的螺纹和线数较多的寸制螺纹。增倍组变速操纵机构如图 2-16 所示，不仅产生上述四级传动比，XVIII轴上齿数为 28 的滑移齿轮还是齿轮离合器 M4 的接合子。XVIII轴滑移齿轮移到左端位置时，M4 接合，车削非标螺纹，因而XVIII滑移齿轮有三个啮合位置；但齿轮离合器 M4 接合时所有的齿全部啮合，所需的啮合宽度小，所以 M4 的内齿轮接合子齿宽狭窄，M4 接合时所需的滑移行程小，且 M4 使用概率极小。增倍组的滑移齿轮共用一个手柄 A（图 2-16）控制，增倍组滑移机构原理相同，皆为曲柄结构，区别在于XVIII轴滑移齿轮滑移行程不等，且曲柄可旋转 360°，行程角为 60°。由于 M4 接合位置在左端，为缩短增倍组轴向总长度，拨叉槽右侧加工成 D 形（矩形槽与 ±60°环形槽组合），若曲柄旋转半径为 r_1，曲柄半径为 r_0，则环形槽半径 r_{h1}、r_{h2} 为

$$r_{h1}=r_1+r_0 \qquad r_{h2}=r_1-r_0$$

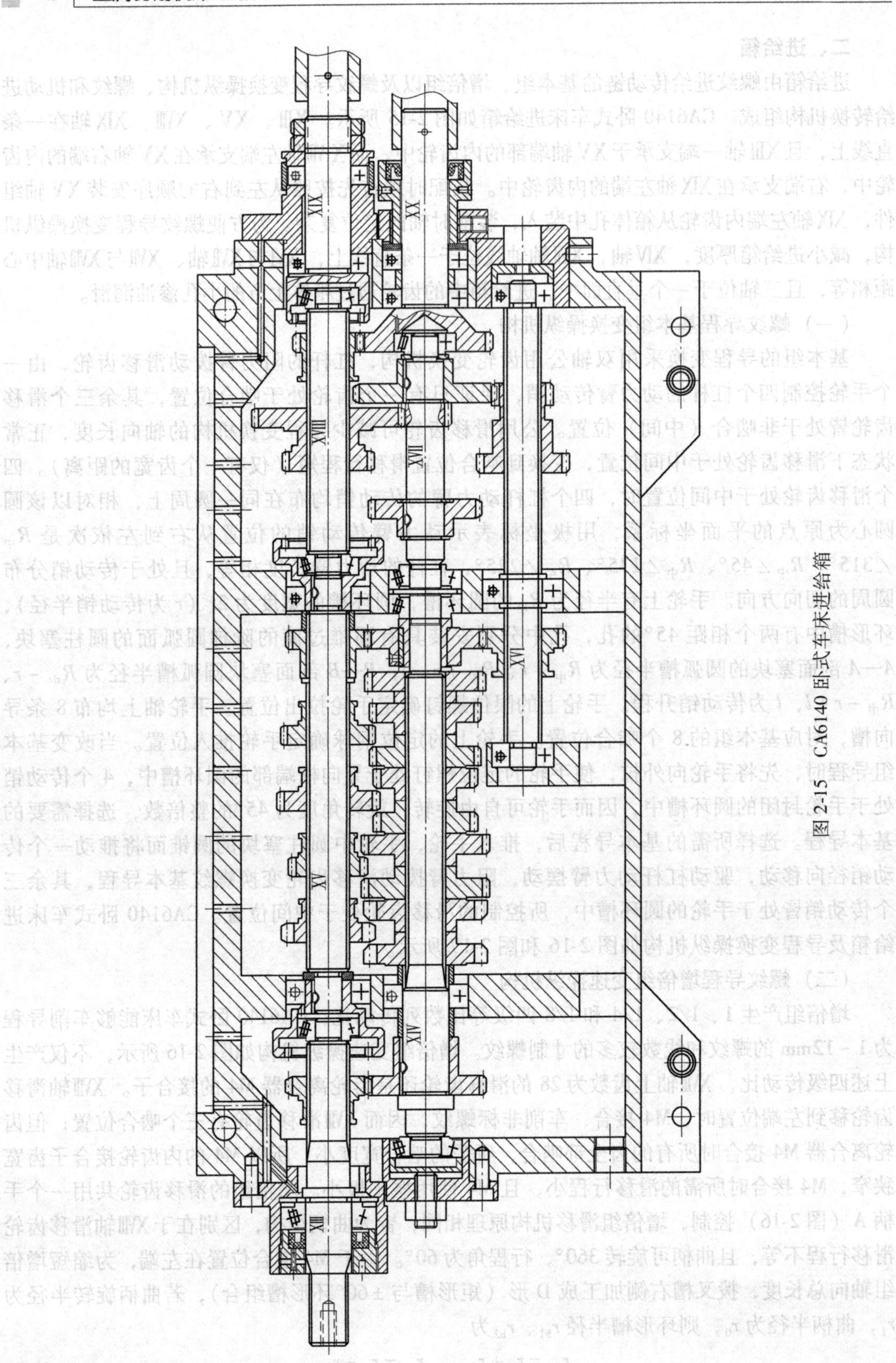

图 2-15 CA6140 卧式车床进给箱

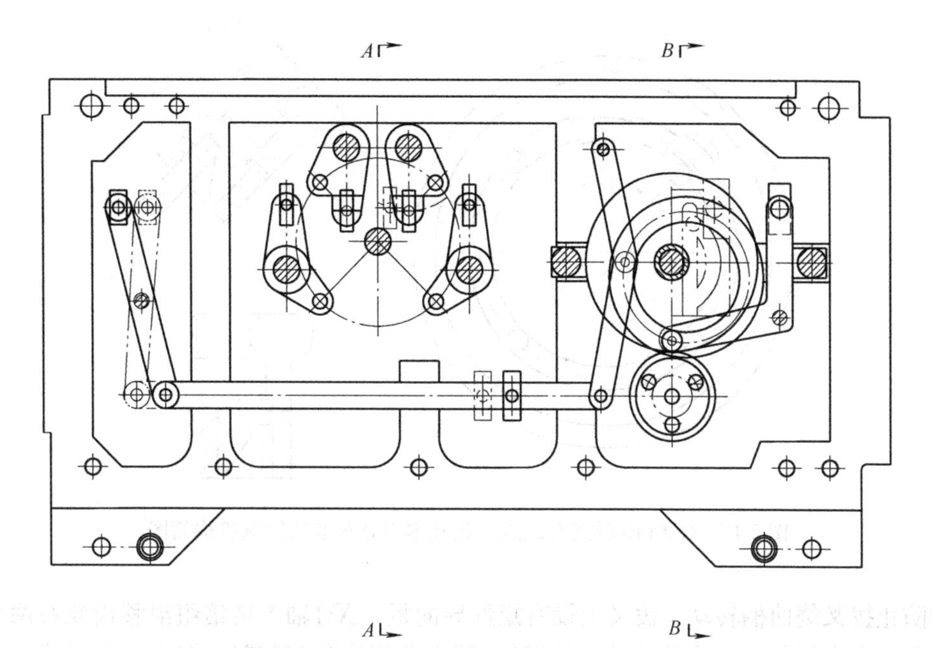

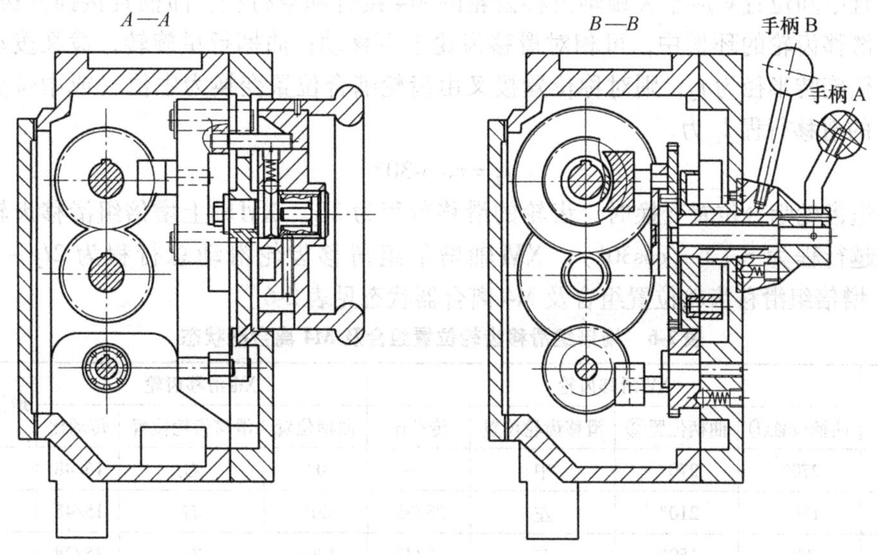

图 2-16 CA6140 卧式车床进给箱操纵机构简图

如图 2-16 中虚线所示，从而使曲柄位于右端位置（0°）时，XⅧ轴滑移齿轮停留在右端啮合位置，即曲柄从 300°转至 0°（或从 0°转至 60°）时，滑移齿轮位置不变，曲柄有空行程。该结构的优点是：手柄旋转 360°，产生六个对称位置，M4 接合位置与空行程对称。曲柄转过相邻行程角拨叉移动的距离 $l_{左}$ 为

$$l_{左} = r_1(1 - \cos 60°) = r_1/2$$

增倍组齿轮啮合位置变换时，齿轮滑移行程 $l_{右}$ 为

$$l_{右} = r_1$$

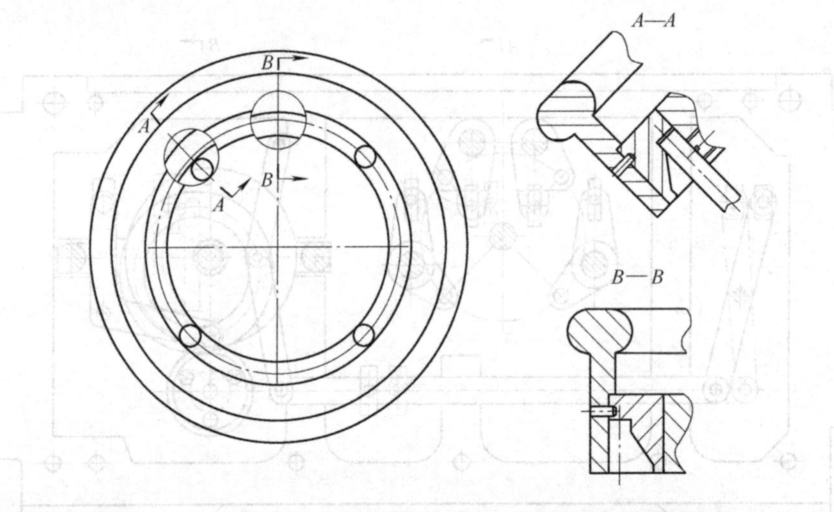

图 2-17　CA6140 卧式车床进给箱基本组导程变换操纵机构简图

为防止拨叉绕曲柄转动，拨叉上设有矩形导向板。XⅥ轴上增倍组滑移齿轮有两个啮合位置，若考虑中间位置（齿轮非啮合位置），可在曲柄旋转360°时，产生三个（或六个）对称位置，且中间位置对应于XⅧ轴滑移齿轮的 M4 接合和空行程。曲柄直接插入拨叉孔中，拨叉套在滑移齿轮的环槽中，可相对滑移齿轮上下移动；曲柄行星旋转，拨叉拨动齿轮滑移。若曲柄旋转半径为 r_2，则对称位置拨叉由齿轮啮合位置变换为中位（或中位变换为啮合位置）的滑移行程 l_2 为

$$l_2 = r_2 \cos 30°$$

增倍组齿轮啮合位置变换时，齿轮的滑移行程为 $2l_2$。XⅥ轴上增倍组滑移齿轮有超越行程，超越行程为 $r_2(1-\cos 30°)$；XⅥ轴增倍组滑移齿轮滑动总行程为 $2l_2 + 2r_2(1-\cos 30°)$。增倍组滑移齿轮位置组合及 M4 离合器状态见表 2-6。

表 2-6　增倍组滑移齿轮位置组合及 M4 离合器状态

手柄转角	XⅥ滑移齿轮				XⅧ滑移齿轮			增倍组传动比
	曲柄位置①	曲柄位置②	滑移齿轮位置	传动比	曲柄位置	滑移齿轮位置	传动比	
0°	270°	270°	中	——	0°	右	15/48	—
60°	150°	210°	左	28/35	60°	右	15/48	1/4
120°	30°	150°	左	18/45	120°	左	35/28	1/2
180°	270°	90°	中	—	180°	M4 接合	1	—
240°	150°	30°	右	28/35	240°	左	35/28	1
300°	30°	330°	右	18/45	300°	右	15/48	1/8

注：曲柄位置①为驱动 XⅥ轴滑移齿轮的曲柄行程角 120°，两曲柄轮盘传动比为 2；曲柄位置②为驱动 XⅥ滑移齿轮的曲柄行程角 60°，两曲柄轮盘传动比为 1。

由于XⅧ轴上齿数为 28 的滑移齿轮还是齿轮离合器 M4 的接合子，当 M4 接合时，增倍组齿轮必然处于非啮合状态，因此XⅥ轴上增倍组滑移齿轮可不考虑中间位置，表 2-6 中曲柄位置①相应为 60°、300°、180°（曲柄位置呈“◁”形）或 240°、120°、0°（曲柄位置呈

“▷”形)，曲柄行程角为120°。与三位滑移齿轮曲柄机构的区别在于，两位滑移齿轮单侧有较大的超越行程，超越行程为$r_2/2$，超越行程略大于滑移齿轮宽度，因而滑移齿轮两侧的齿形需倒角。

增倍组滑移齿轮操纵机构也可用封闭的凸轮曲线槽代替曲柄，拨叉上固定传动销，传动销插入凸轮槽中，凸轮槽可旋转360°，行程角为72°，产生五个齿轮啮合位置，不仅能保证M4接合位置与XVI轴上增倍组滑移齿轮的中间位置对应，而且没有空行程。

如果通过专用交换齿轮修正标准螺纹的方法获得非标准螺纹，则离合器M4可去掉，变速操作机构可简化，XVIII轴组件的制造精度、装配精度也可提高。

（三）米制、寸制螺纹变换及丝杠、光杠传动操纵机构

米制、寸制螺纹变换及丝杠、光杠传动操纵机构如图2-18所示。杠杆滚子位置组合及实现的功能见表2-7。手柄带动偏心圆环槽转动，滚子在圆环a、b处的作用尺寸为l，在圆环c、d处的作用尺寸为L，则圆环的偏心距e为

$$e=\frac{\sqrt{2}}{2}(L-l)$$

圆环的半径r为

$$r=\sqrt{\frac{L^2+l^2}{2}}=\sqrt{e^2+Ll}$$

因为$l>r-e$，$r+e>L$，故偏心圆环行程的操纵机构有超越行程。

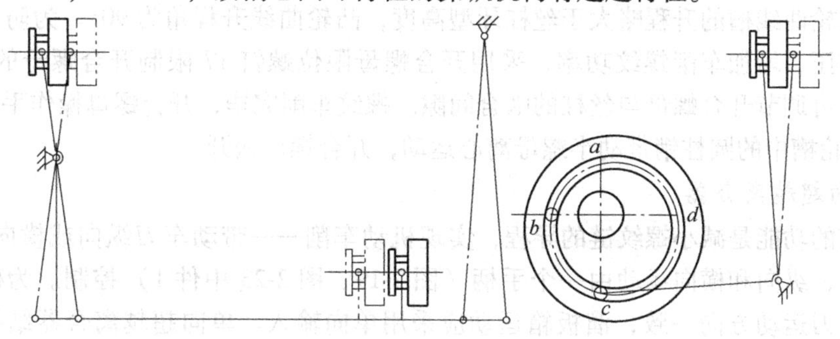

图2-18　米制、寸制螺纹变换及丝杠、光杠传动操纵机构

表2-7　杠杆滚子位置组合及实现的功能

滚子位置	XIII轴齿轮位置	XVI轴左齿轮位置	滚子位置	XVIII轴右齿轮位置	功　能
a	左	右	b	右	米制螺纹
d	右	左	a	右	寸制螺纹
c	右	左	d	左	较大进给量
b	左	右	c	左	正常进给量

若分别以l、L为凸轮半径r_{min}、r_{max}，且r_{min}、r_{max}圆弧的圆心角皆为90°时，可替代偏心圆环，且无超越行程，但凸轮的制作成本比偏心圆环高。

三、溜板箱

床鞍具有滑动导轨面，限制五个自由度，沿床身导轨移动。为防止粘着磨损，提高低速运动的平稳性能，移动的导轨面上粘贴聚四氟乙烯导轨软带。床鞍上方设有丝杠螺母驱动的

横向滑板。横向滑板上安装有可手动进给、可绕铅垂轴线旋转的小滑板。小滑板上安装可转位的方刀架，刀架可同时安装四把车刀。

溜板箱悬挂在床鞍下方、床身导轨之前。溜板箱有三个运动输入。为防止运动干涉，螺纹进给链的末端件是开合螺母，机动车削时开合螺母分离。机动车削时，运动由光杠（XXI轴）传入，光杠上的齿轮支承在溜板箱上，随溜板箱移动。光杠上有与最大加工工件长度相等的导向键槽。快速运动电动机安装在溜板箱右侧，经一对齿轮副传动，运动传递到主减速器的蜗杆（XXII轴）上，在蜗杆轴上设有单向超越离合器，在不切断机动进给链的情况下，可同时接通快速移动电动机。由于设置了单向超越离合器，导致光杠反转时无机动进给运动。纵向机动车削时，进给链的末端件为齿轮齿条，齿条固定在床身导轨下面，齿轮在齿条上滚动带动溜板箱移动。刀架带动车刀移动，刀架为进给运动的执行件。溜板箱结构简图如图 2-19 ~ 图 2-21 所示。

1. 开合螺母机构

开合螺母的功能是接通或切断与丝杠的传动联系，是旋转运动转变为直线运动的离合器。

开合螺母的结构简图如图 2-19 和图 2-20 所示，由下半螺母 18 和上半螺母 19 组成，上下半螺母沿溜板箱中的燕尾形导轨相向移动。安装在半螺母上的圆柱销 20 分别插入固定于开合螺母操纵轴 4 上的操纵凸轮 21 的两阿基米德曲线槽中，车削螺纹时，开合螺母操纵手柄 15 顺时针转动，使两圆柱销带动半螺母沿燕尾形导轨向凸轮轮心移动，两半螺母与丝杠啮合，即凸轮曲线槽的升程略大于丝杠牙型高度，凸轮曲线升程角为 90°。为防止半螺母与丝杠螺纹挤压，增加车削螺纹功率，采用开合螺母限位螺钉 17 限制开合螺母的啮合位置，转动该螺钉可调节开合螺母与丝杠的啮合间隙。螺纹车削完毕，开合螺母操作手柄逆时针转动 90°，凸轮槽中的圆柱销带动半螺母离心运动，开合螺母松开。

2. 单向超越离合器

溜板箱的功能是减小螺纹链的导程，实现机动车削——带动车刀纵向或横向往复运动。为便于操纵，纵向和横向运动由一个手柄（图 2-19、图 2-23 中件 1）控制。为确保手柄扳动方向与车刀运动方向一致，溜板箱运动应采用单向输入。单向超越离合器结构简图如图 2-22 所示，滚子（件 29）在弹簧（件 33）弹性力作用下与离合器外环（件 27）和星形体（件 26）接触。当外环相对于星形体按图示逆时针转动时，带动三个滚子在星形体的平面上作纯滚动，楔紧在外环和星形体之间，外环通过滚子带动星形体轴逆时针转动，单向超越离合器接合。当外环相对星形体顺时针转动，或星形体转速高于外环时，外环带动滚子通过圆柱销（件 33）克服弹簧压力，向楔形槽的宽敞处滚动，当外环施加在滚子上的摩擦力与弹簧力大小相等时，滚子相对星形体静止，外环在三个滚子形成的包络圆柱上转动，单向超越离合器分离。此时星形体轴的转速高于外环，即星形体呈转速超越状态。因此单向超越离合器外环为机动进给运动的输入元件，星形体轴既是单向离合器的输出元件，又是快速移动运动的输入元件，可在不切断机动进给运动的前提下，接通快速移动。但是，若超越离合器星形体轴与快速移动电动机之间没有超越离合器，则机动进给时，快速移动电动机作为负载，由离合器星形体轴驱动快速移动电动机转动。

CA6140 卧式车床的单向超越离合器安装在溜板箱中 XXII轴（蜗杆轴）左侧，快速移动电动机的运动经一对齿轮传动至蜗杆轴右端。

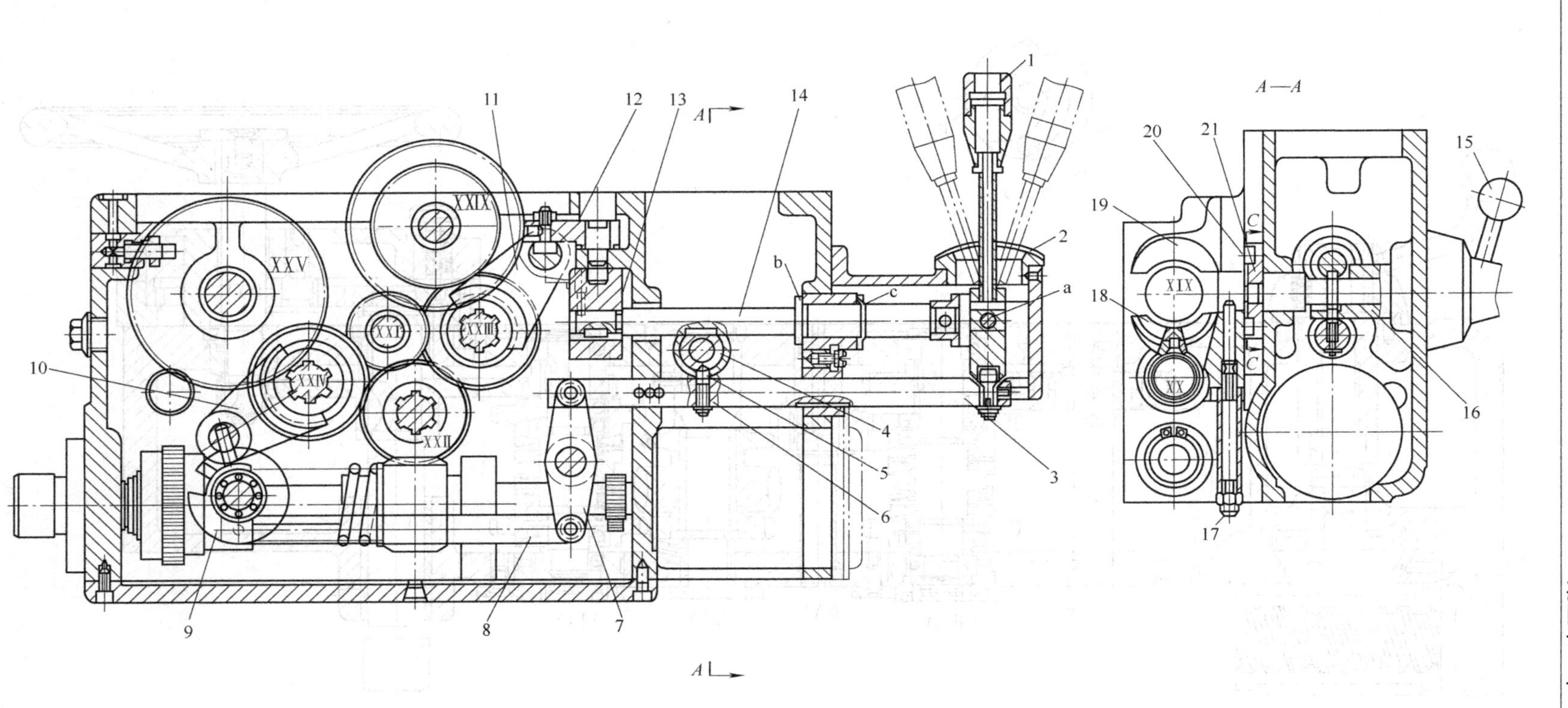

图 2-19 CA6140 卧式车床溜板箱结构简图

1—手柄 2—护罩盖板 3—纵向进给操纵轴 4—开合螺母操纵轴 5—互锁销 6—弹性销 7、12—杠杆 8—拉杆 9—纵向进给圆柱凸轮 10、11—拨叉 13—横向进给圆柱凸轮 14—横向进给操纵轴 15—开合螺母操纵手柄 16—互锁销固定套 17—开合螺母限位螺钉 18—下半螺母 19—上半螺母 20—圆柱销 21—开合螺母操纵凸轮

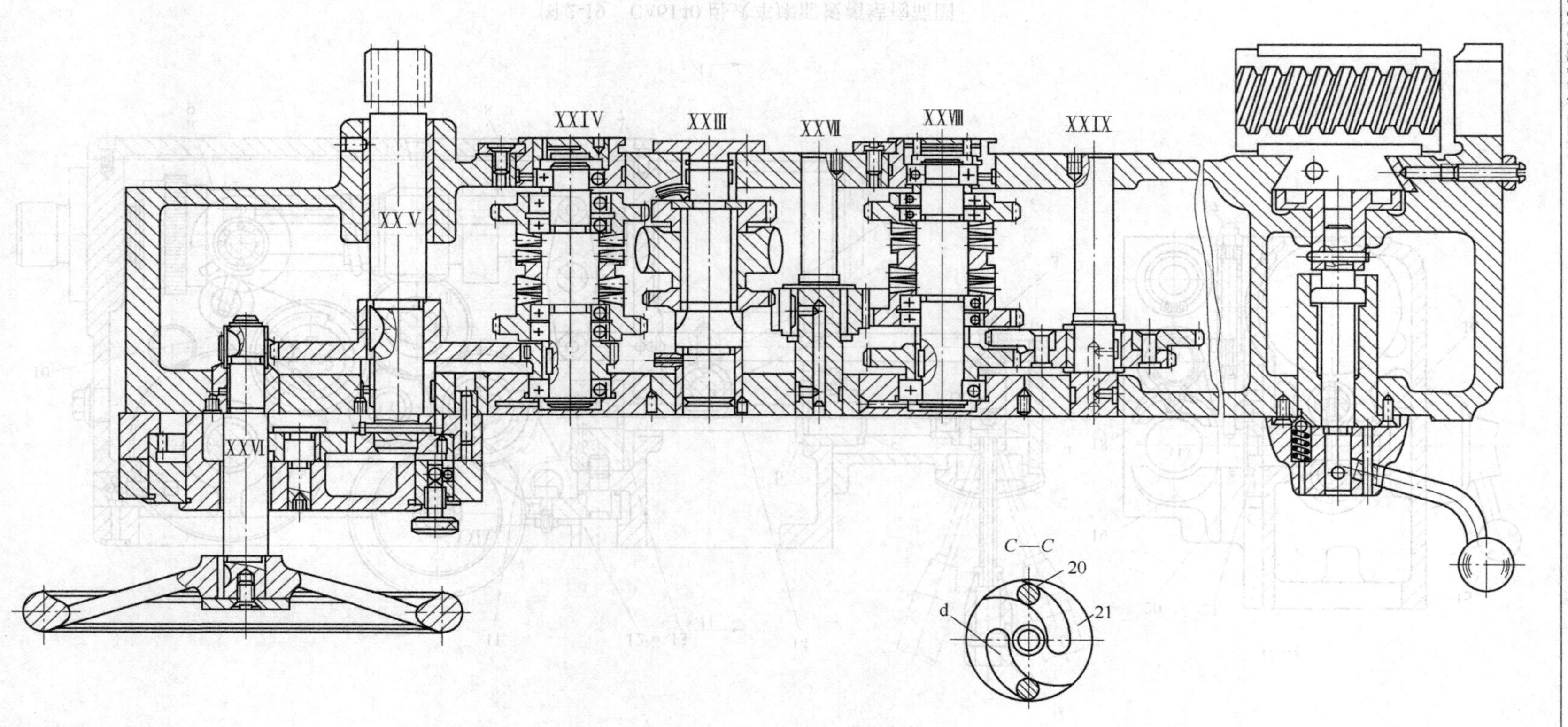

图 2-20 CA6140 卧式车床溜板箱展开图（一）

20—圆柱销 21—开合螺母操纵凸轮

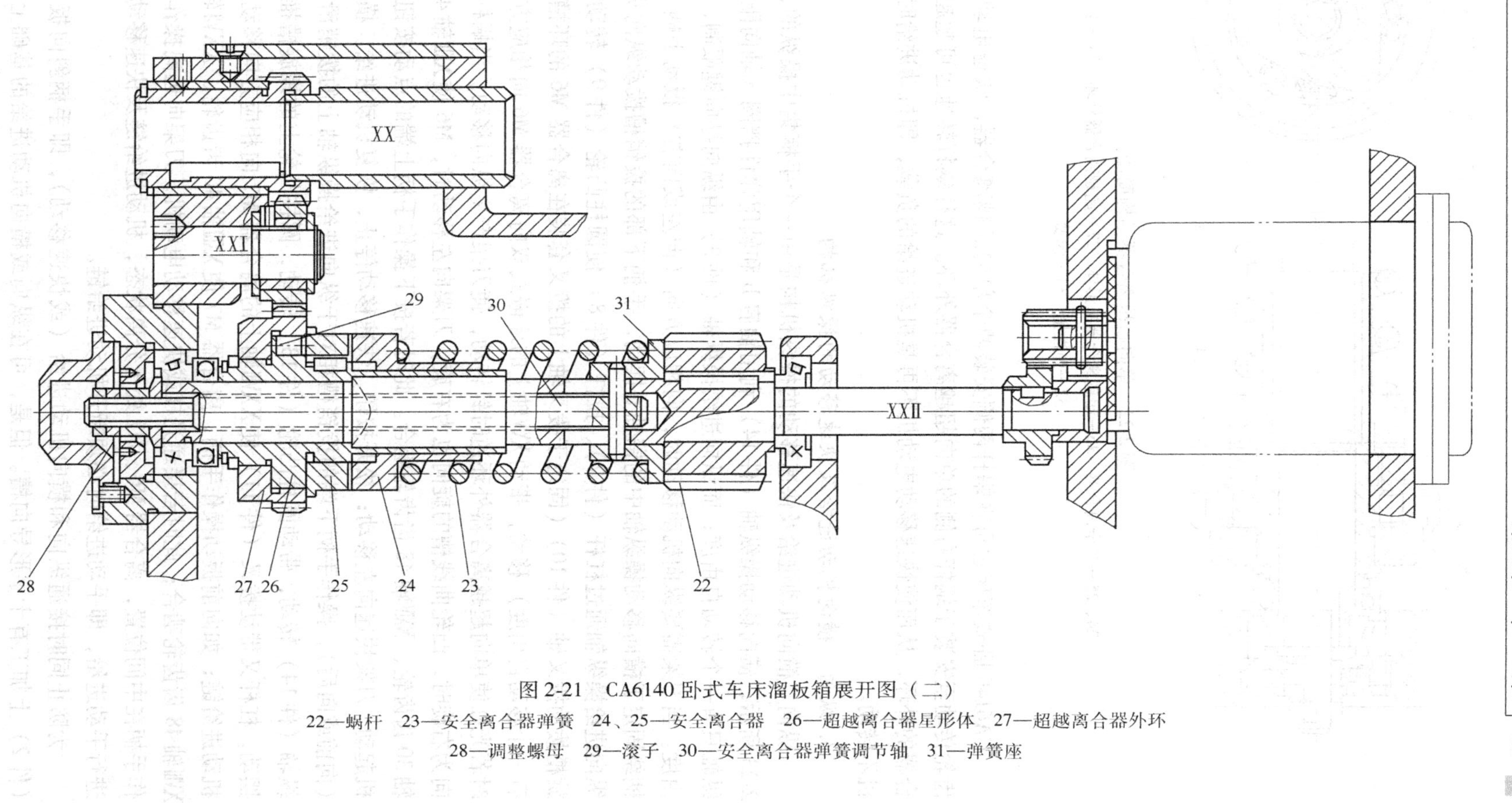

图 2-21 CA6140 卧式车床溜板箱展开图（二）

22—蜗杆 23—安全离合器弹簧 24、25—安全离合器 26—超越离合器星形体 27—超越离合器外环

28—调整螺母 29—滚子 30—安全离合器弹簧调节轴 31—弹簧座

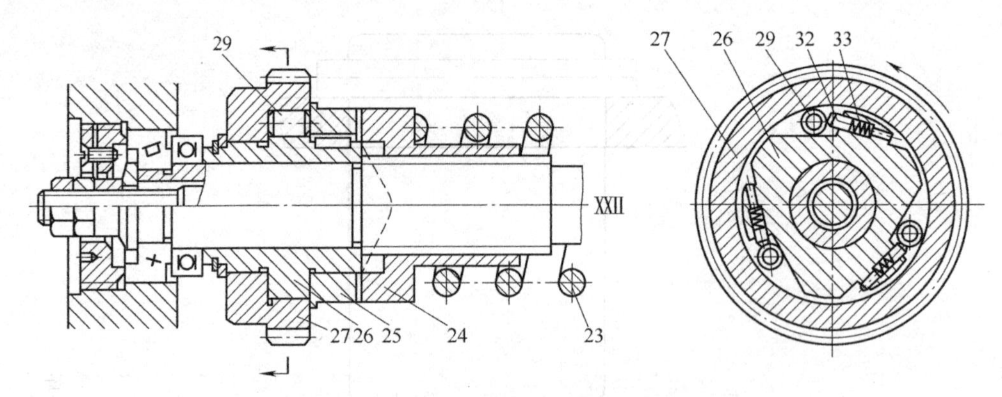

图 2-22 单向超越离合器结构简图

24、25—安全离合器 26—超越离合器星形体 27—超越离合器外环 29—滚子
32—弹性销 33—弹簧

CA6140 卧式车床也可在蜗杆两侧安装两个单向超越离合器，快速电动机产生的动力经齿轮传动至安装于蜗杆右侧的单向超越离合器外环。这样蜗杆转速也可超越右端单向超越离合器的外环，从而使快速移动电动机不再是机动进给的负载，即机动进给时，快速移动电动机不转动。

3. 纵向、横向机动进给及快速移动的操纵机构

纵向、横向机动进给及快速移动的操纵机构是由一个手柄集中操纵的，如图 2-19 和图 2-23 所示，横向移动操纵轴（件 14）利用轴肩 b 和轴用弹性挡圈 c 轴向限位，横向移动操纵轴只有一个转动自由度；而纵向进给操纵轴（件 3）由纵向导向键限制，只有一个移动自由度。当刀架需要纵向机动移动时，向相应方向（向左或向右）扳动手柄（件 1），操作手柄绕固定于横向移动操纵轴中的销轴 a 摆动，手柄下部的拨销槽拨动纵向进给操纵轴移动；纵向进给操纵轴通过杠杆（件 7）、拉杆（件 8）使圆柱凸轮（件 9）转动，圆柱凸轮上螺旋槽拨动拨叉轴（件 10）（固定于拨叉轴上的拨叉套装在离合器 M6 的环槽中并使拨叉轴只有一个移动自由度）移动，带动XXIV轴上的牙嵌式双向离合器 M6 向相应方向滑移啮合。此时若光杠使单向超越离合器外环逆时针转动，使刀架产生纵向移动。当蜗杆蜗轮副的螺旋方向为右旋时，凸轮曲线槽的旋向也为右旋，刀架向左移动时，M6 使XXIII轴 40 齿齿轮、XXVII轴 30 齿齿轮、XXIV轴 48 齿齿轮啮合。此时若按下操作手柄上端的点动按钮，快速移动电动机起动，刀架快速向左移动；松开按钮，快速移动停止，恢复机动进给。横向扳动操作手柄（向前或向后），操作手柄下端的拨销槽相对于纵向进给操纵轴上的拨销滑动，横向进给操纵轴（件 14）转动，带动圆柱凸轮（件 13）转动，圆柱凸轮上的螺旋槽推动杠杆（件 12）摆动，杠杆又带动拨叉（件 11）使XXVIII轴上的离合器 M7 向相应方向移动啮合，接通横向机动进给链；如向前扳动操作手柄，离合器 M7 使XXIII轴 40 齿齿轮、XXVII轴 30 齿齿轮、XXVIII轴 48 齿齿轮啮合；此时若接通光杠或快速移动电动机，刀架向远离操作者方向移动。操作手柄在中间位置，离合器 M6、M7 处于分离状态，机动进给链及快速移动被切断，此时可进行手动进给，即手动进给时必须断开机动进给链。

为防止同时接通纵向和横向机动进给（或快速移动），即手柄斜向扳动，在护罩盖板（件 2）上加工有十字形导向槽。但是，可在纵向或横向机动进给的基础上，施加横向或纵

向手动进给，以车削精度不高的锥体。精度较高的锥体，可将小滑板旋转一定角度，旋转小滑板上的手柄手动进给车削。

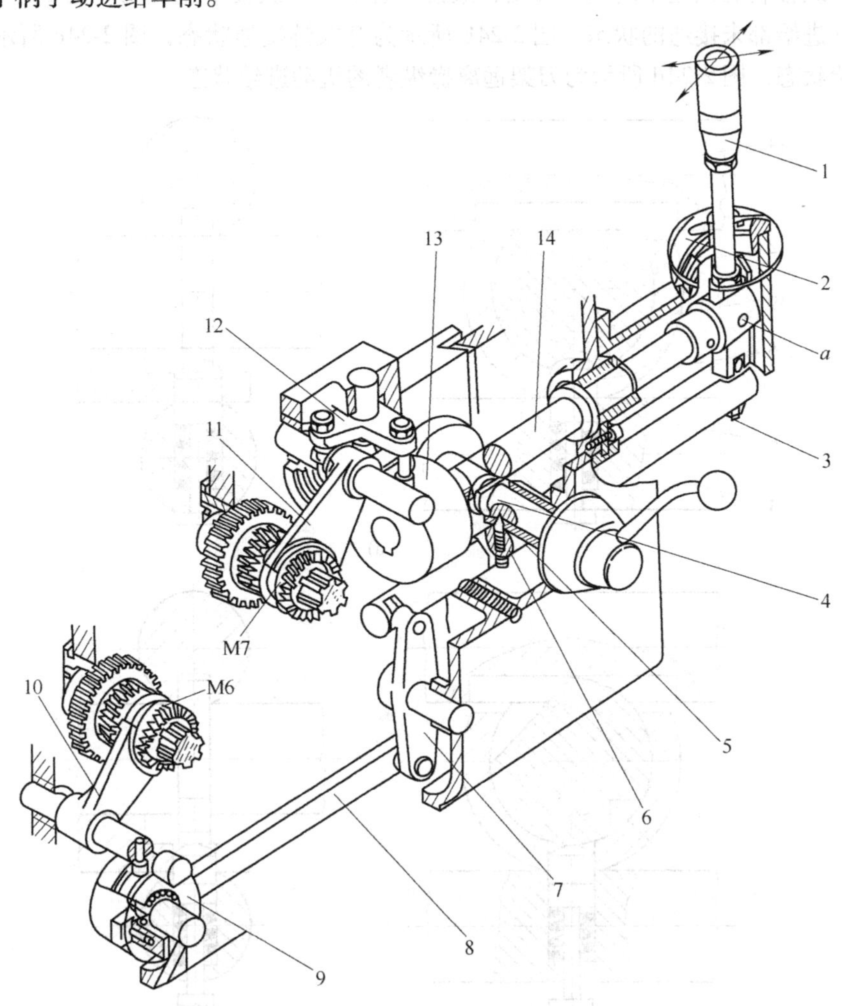

图 2-23　CA6140 卧式车床溜板箱操纵机构简图

1—手柄　2—护罩盖板　3—纵向进给操纵轴　4—开合螺母操纵轴　5—互锁销　6—弹性销　7—杠杆　8—拉杆　9—纵向进给圆柱凸轮　10、11—拨叉　12—杠杆　13—横向进给圆柱凸轮　14—横向进给操纵轴

4. 互锁机构

机动进给或快速移动链和螺纹传动链不能同时接通，以防止运动干涉损坏车床机构。CA6140 卧式车床螺纹链与机动进给的互锁机构及其工作原理如图 2-19 和图 2-24 所示。开合螺母操纵轴与纵、横向机动进给操纵轴异面垂直相交，开合螺母操纵轴上的轴环与横向机动进给操纵轴相交，两轴将相交部分去掉，两轴中任意一轴可转动一定角度，将其完整表面转到初始位置，其完整表面就会限制另一轴转动。为保证互锁所需的横向机动进给操纵轴的最小旋转角度，减小开合螺母操纵轴轴环宽度，横向机动进给操纵轴去掉的部分为圆弧槽。与开合螺母操纵轴同轴的互锁销固定套（件 16）固定于溜板箱前壁上。开合螺母操纵轴上有 90°锥孔，互锁销的球面在安装于纵向机动进给操纵轴上的弹性销（件 6）的作用下与开合螺母操纵轴锥孔接触；若开合螺母操纵轴转动，锥孔就会将互锁销部分压入纵向进给操纵轴

中，使之不能移动；若纵向机动进给操纵轴移动，其轴上的弹性销随之移动，互锁销被纵向机动进给操纵轴表面顶住不能上下移动，致使开合螺母操纵轴不能转动。图 2-24a 所示为螺纹链与机动进给都未接通的状态；图 2-24b 所示为螺纹链接通状态；图 2-24c 所示为刀架向左机动进给状态，图 2-24d 所示为刀架远离操纵者的机动进给状态。

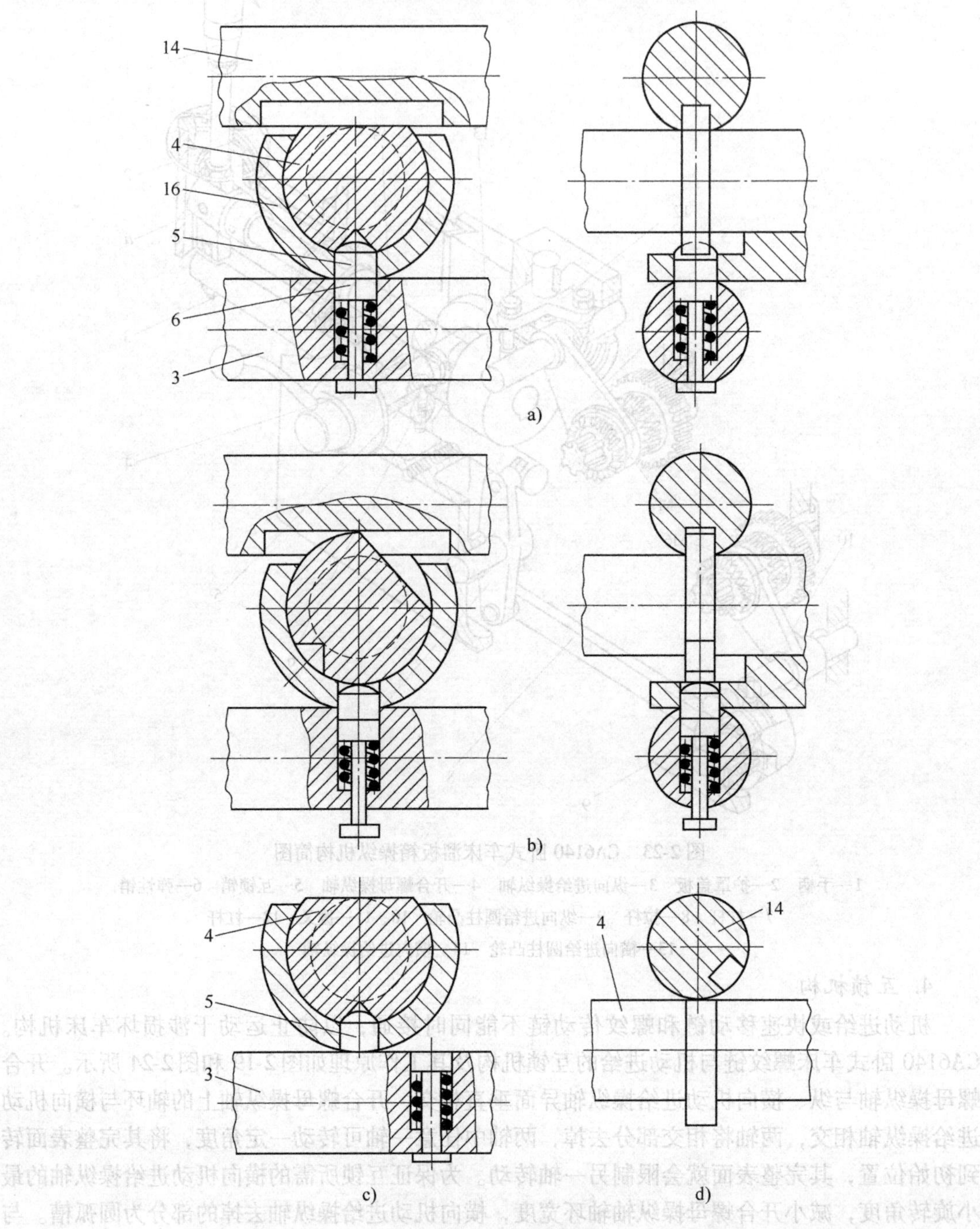

图 2-24 互锁机构原理图

3—纵向进给操纵轴 4—开合螺母操纵轴 5—互锁销 6—弹性销
14—横向进给操纵轴 16—互锁销固定套

5. 安全离合器

为防止刀架移动受阻损坏进给传动链，在XXII轴安装有过载保护装置。单向超越离合器星形体轴空套在XXII轴左侧，左安全离合器体（件25）与星形体轴为固定键连接，右安全离合器体与XXII轴为滑动键连接，弹簧座（件31）固定于XXII轴上（图2-21），弹簧将左、右安全离合器体压紧，为增加安全离合体间的摩擦力，安全离合器体为带有螺旋推程的圆柱凸轮。CA6140卧式车床的安全离合器体具有两个推程，且推程和回程对应的圆心角相等（图2-22）。

安全离合器的工作原理如图2-25所示。正常进给时，左离合器体的螺旋面产生的轴向分力小于弹簧压力，弹簧的弹力保持左、右离合器体啮合，如图2-25a所示。当刀架受阻碍、使机床过载时，安全离合器须传递较大转矩，致使左安全离合器体产生的轴向分力大于弹簧压力，右安全离合器体相对XXII轴移动压缩弹簧，左右离合器逐渐分离，如图2-25b所示，这时左离合器体继续旋转，而右离合器体不能转动，左、右离合器体之间出现打滑现象，如图2-25c所示。

安全离合器的许用转矩或过载系数取决于凸轮螺旋面推程的大小（弹簧的压缩量）或弹簧的预压缩量（弹簧的总压缩量）。制造安装后的安全离合器，凸轮推程一定，只能通过调整弹簧预压缩量调整许用转矩。CA6140卧式车床刀架许用进给力通过安全离合器弹簧调节轴（图2-21中件30）用螺母（件28）调节。

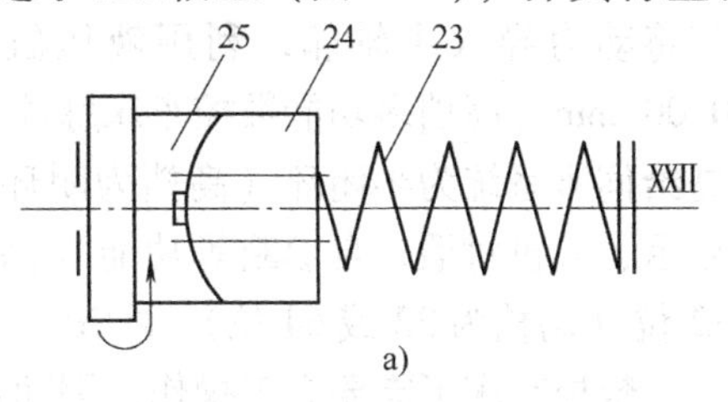

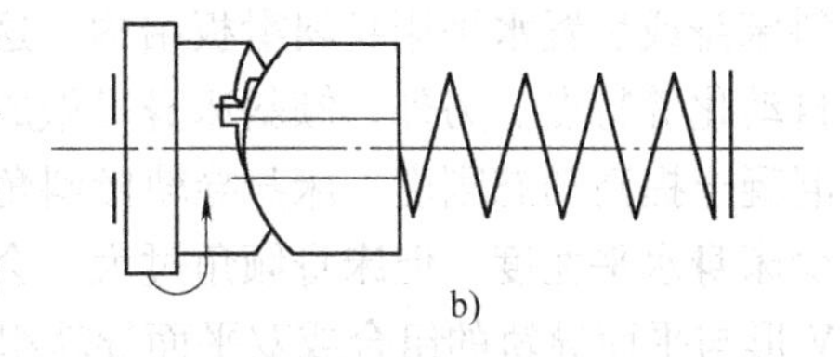

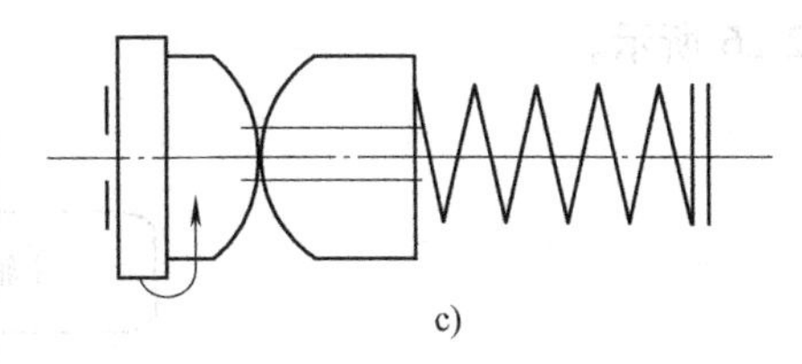

图2-25　CA6140卧式车床安全离合器的工作原理
23—弹簧　24—右离合器体
25—左离合器体

当切削参数选择不当，如背吃刀量过大、进给量过大，产生巨大切削力引起车床过载时，安全离合器与主运动中的摩擦离合器、V带传动理论上都会产生打滑现象，起到过载保护作用，但实际上只用许用转矩较小的安全离合器发挥功能。而车削螺纹过载时，主运动中的摩擦离合器、V带传动都起过载保护作用，因为螺纹链是内联系传动链，传动链中不允许存在摩擦机构。

第四节　数控车床

数控车床是应用最广泛的数控机床之一。与普通车床相同，数控车床主要用于加工轴类、盘套类等回转体零件，能够通过程序控制自动完成内外圆柱面、锥面、圆弧、螺纹等工序的切削加工，并进行切槽、钻、扩、铰孔等工作，而近年来研制出的数控车削中心和数控车铣中心，使得在一次装夹中可以完成更多的加工工序，提高了加工质量和生产效率，因此特别适宜复杂形状的回转体零件的加工。与普通机床相比，数控车床加工精度高，精度稳定性好，适应性强，操作劳动强度低，特别适合形状复杂零件的加工或对加工精度要求高的中、小批量零件的加工。

数控车床按数控系统功能和机械构成可分为经济型数控车床和多功能数控车床。经济型数控车床的主运动传动链与普通卧式车床相同，仅有进给链为双坐标开环数控系统，脉冲当量为0.01~0.005mm，快进速度为4~10m/min，数码管或简易CRT显示，8位或16位主CPU。多功能数控车床又称为全功能数控车床，主电动机为直流或交流变频无级调速，多楔带将动力导入主轴箱，利用液压缸推动滑移齿轮实现齿轮变速，脉冲当量为0.005~0.001mm（高档多功能数控车床脉冲当量为0.001~0.0001mm），快进速度为15~24m/min，进给伺服系统为半闭环（高档为闭环）直流或交流伺服系统，CRT显示，具有字符和图形显示、人机对话、自诊断等功能（高档多功能数控车床还具有三维图形显示功能），16或32位（高档为32或64位）主CPU。

数控车床不需要人工操作，因而排屑通畅是一个重要问题。多数多功能数控车床采用倾斜床身或后置水平床身斜滑板结构。这种布局还便于加工观察、易于安装上下料机械手实现自动化等特点。另外，倾斜床身可做成封闭结构提高其静刚度，铸造床身可保留型芯或充入混凝土提高动态刚度。床身导轨倾斜角度常采用45°、60°、75°。增加床身导轨倾角，可减少床身水平宽度。但床身倾角过大，会影响床身导轨水平导向精度和受力状态。床身导轨为V形与平面导轨的组合或双平面导轨组合。滚珠丝杠位于两导轨之间。数控车床的组成如图2-26所示。

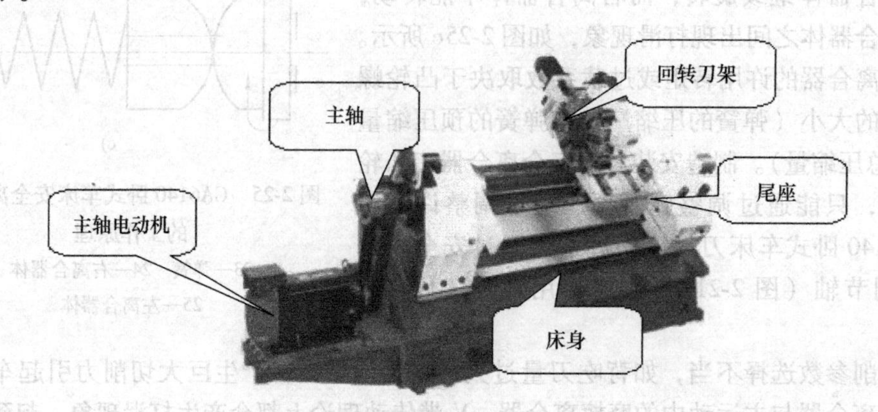

图2-26 数控车床的组成

一、CK3263B 数控车床

CK3263B数控车床是我国最先通过数控机床考核的数控转塔车床，在数控机床中具有一定的代表性。CK3263B型号含义为：CK—数控车床；3—回转、转塔车床组；2—棒料滑枕转塔车床系；63—主参数，最大加工棒料直径63mm（由主轴内孔决定）；B—第二次重大改进。CK3263B数控车床的主要技术参数为：床身上最大回转直径630mm，滑枕上最大回转直径320mm；主轴内孔直径72mm。

1. CK3263B 主运动传动链

主电动机功率37kW，直流无级调速；主电动机额定转速1150r/min，最高转速2660r/min，最低工作转速252r/min；恒功率变速范围2.31，恒转矩变速范围4.56。

CK3263B数控车床传动系统图如图2-27所示，主运动链由V带与两级双速滑移齿轮变速组串联而成。主运动传动链的公比$\varphi=1.933$，传动路线表达式为

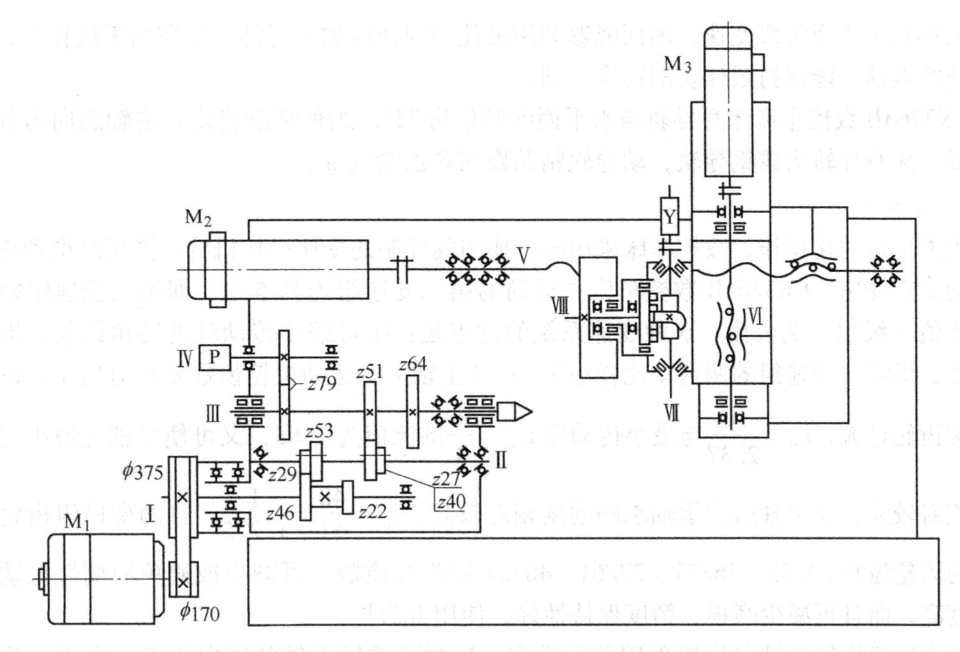

图 2-27 CK3263B 数控车床传动系统图

$$\begin{matrix}\text{主电动机 } M_1 \\ 37\text{kW} \\ 252 \sim 2660\text{r/min}\end{matrix} - \frac{\phi170}{\phi375} - \text{Ⅰ} - \begin{Bmatrix}\frac{46}{29} \\ \frac{22}{53}\end{Bmatrix} - \text{Ⅱ} - \begin{Bmatrix}\frac{40}{51} \\ \frac{27}{63}\end{Bmatrix} - \text{Ⅲ（主轴）}$$

主轴的最低工作转速为

$$n_{\min} = 252 \times \frac{170}{375} \times \frac{22}{53} \times \frac{27}{64}\text{r/min} = 20\text{r/min}$$

电动机转速为 252r/min 时，或在不考虑机械效率的前提下，主轴转速为 20r/min 时传递的功率为

$$P_{\text{mmin}} = 37 \times \frac{252}{1150}\text{kW} = 8.11\text{kW}$$

电动机为额定转速时产生的主轴最低转速 $n_{\min}$ 为

$$n_{\min} = 1150 \times \frac{170}{375} \times \frac{22}{53} \times \frac{27}{64}\text{r/min} = 90\text{r/min}$$

电动机为额定转速经滑移齿轮变速组产生的转速数列为

90　170　350(335)　650

主轴的恒转矩变速范围为 20 ~ 90r/min，主轴传递的理论功率为 8.11 ~ 37kW。电动机恒功率变速范围 $\varphi_m = 2.31$，主轴相应产生 4 段恒功率变速范围，它们分别为

$r_{p1} = 90 \sim 210\text{r/min}$　　$r_{p2} = 170 \sim 395\text{r/min}$

$r_{p3} = 350 \sim 810\text{r/min}$　　$r_{p4} = 650 \sim 1500\text{r/min}$

由于第一变速组的级比 $\left(\frac{46}{29}\Big/\frac{22}{53}\right)$ 比理论值大，故第三段恒功率变速范围 r_{p3} 的最低转速大于理论值 335r/min。

电动机可实现无级变速，因而能够利用最佳切削速度加工工件，且在加工过程中，电动机可连续调速，能保持最佳切削速度切削。

CK3263B 数控车床床身导轨与水平面的倾角为 75°。为使切削稳定，主轴旋向与普通机床相反。床身导轨为镶钢导轨，动导轨粘贴聚四氟乙烯软带。

2. 主轴箱

为方便自动化操作，数控车床采用电磁换向阀控制的变速操作机构，液压缸推动滑移齿轮移动实现变速。CK3263B 数控车床主运动的第二变速组为基本组，即第二变速组两传动比的比值（级比）为公比。这种变速系统的优点是：①可缩小传动件的转角误差，提高传动精度，即第二变速组的两传动比皆小于 1；②主轴上主运动齿轮齿数差相对较小，既可避免主轴齿轮过大，$i_{b1}=\frac{1}{2.37}$与最小传动比 $i_{min}=\frac{1}{4}$的比值为 1.68，又可使主轴上最小主运动齿轮相对较大，使主轴后支承轴承的刚度相对较高，$i_{b2}=\frac{40}{51}=\frac{1}{1.275}$，且两变速组齿轮传动副的两齿轮齿数 22/53、46/29、27/64、40/51 皆为互质数，可减少或避免周期性振动，传动精度高，而且可减少磨损，精度保持性好，使用寿命长。

两变速组齿轮的轴向位置采用并行排列，这样可减短Ⅰ轴的轴向长度。由于带轮直径大，Ⅰ轴悬伸部分长度大于支承跨距，为避免带轮的径向拉力导致Ⅰ轴弯曲变形，采用了卸荷带轮机构。为提高主运动链的传动精度，Ⅱ轴右端采用两角接触球轴承同向组合安装，增加支承刚度，且Ⅱ轴轴承精度为 P5 级。第二变速组的主动齿轮精度为 6 级，从动齿轮的精度为 5 级。CK3263B 数控车床主轴箱展开图如图 2-28 所示。

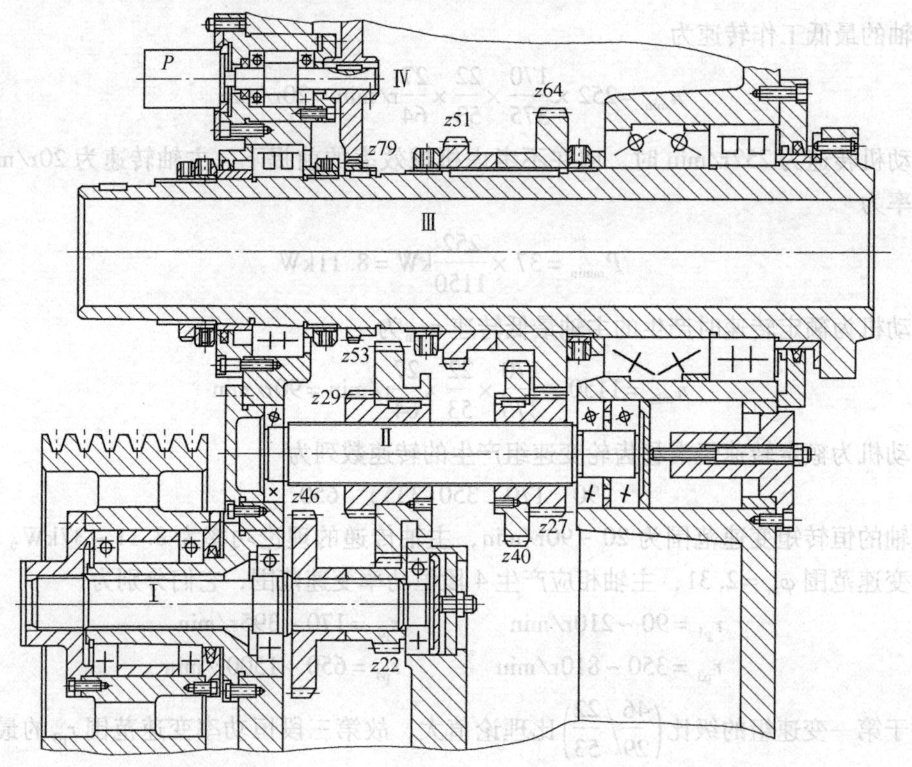

图 2-28　CK3263B 数控车床主轴箱展开图

3. 进给传动链

主轴经齿数皆为79的齿轮副将运动传给旋转光电编码器，使光电编码器与主轴同步。光电编码器每转产生两组脉冲信号：一组为计数脉冲，每转送出1024个脉冲；另一组为同步脉冲，每转送出一个脉冲。计数脉冲用作进给控制，同步脉冲用作螺纹车削控制。

纵向进给由直流伺服电动机 M_2 驱动，滚珠丝杠螺母带动床鞍及转塔刀架纵向运动。床鞍上的直流伺服电动机 M_3 驱动转塔刀架横向运动。纵向进给伺服电动机的转速为

$$n=\frac{60P}{1024}\frac{f_{纵}}{Ph}=\frac{15P}{256}\frac{f_{纵}}{Ph}$$

式中 P——每秒钟主轴产生的脉冲数量；

$f_{纵}$——进给量（mm/r）；

Ph——纵向进给丝杠的导程（mm）。

4. 转塔刀架

CK3263B数控车床八工位转塔刀架结构简图如图2-29所示。外管轴（件13）固定在底座上，活塞（件15）则由螺母固定在外管轴上，因而当液压缸上腔通入压力油时，液压缸体（件4）上移，推动盖盘（件3），带动转塔头（件6）及上鼠齿盘（件7）上移，上、下鼠齿盘脱开；液压缸下腔进油，液压缸体带动转塔头及上鼠齿盘下移，上、下鼠齿盘啮合锁紧。

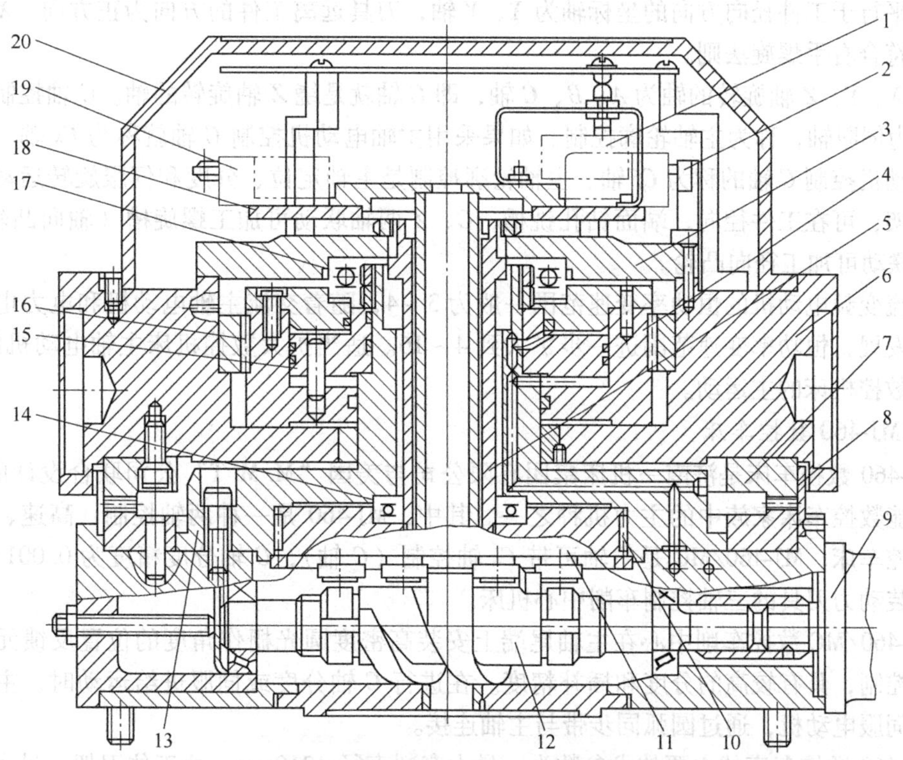

图2-29 CK3263B数控车床八工位转塔刀架结构简图

1—转塔抬起锁紧开关 2—拨块 3—盖盘 4—液压缸体 5—转塔驱动轴 6—转塔头 7—上鼠齿盘 8—下鼠齿盘 9—液压马达 10、16—滚针 11—柱销齿蜗轮 12—圆柱凸轮 13—外管轴 14、17—推力球轴承 15—活塞 18—行程开关固定盘 19—滚轮式行程开关 20—罩壳

转塔驱动轴（件5）套装在外管轴内，下端与柱销齿蜗轮（件11）的花键孔滑动联接，上端与盖盘（件3）的花键孔固定联接，因而液压缸带动盖盘及转塔头抬起后，液压马达（件9）旋转，驱动圆柱凸轮（件12）转动，拨动柱销齿蜗轮（件11）旋转，带动转塔头驱动轴（件5）、盖盘（件3）转动，从而使转塔头转位。

在行程开关固定盘（件18）的圆周上均布8个滚轮式行程开关（件19），罩壳（件20）上安装有一个行程挡铁，转塔头每转1/8转，触动一个行程开关，发出转塔头的位置信号。在行程开关固定盘上还设置了一个转塔头抬起（锁紧）开关，由固定在转塔头上的行程挡铁盘控制，当转塔头抬起、上下鼠齿盘脱离啮合后，盘形行程挡铁松开行程开关，其动断触点闭合，发出转位信号。为减小转塔头转位时行程挡铁盘与行程开关撞头的摩擦，在盘形行程挡铁上均布8个球面挡块。转塔头转位结束后，液压缸下腔通入压力油，罩壳随转塔头下降，上、下鼠齿盘锁紧后，盘形行程挡铁上的球面挡块触动转塔头锁紧松开行程开关，其动合触点闭合，发出锁紧结束信号。

柱销齿蜗轮经推力球轴承支承在座体上（图中未示出）。盘形行程挡铁与芯管固定，芯管下端也固定于座体上，以保证盘形行程挡铁位置不变。芯管内通过行程开关的电线（图中未示出）。

二、变频调速数控车床

数控车床坐标系的 Z 轴垂直于工件装卡面，即平行于主轴，刀具远离工件的方向为正方向。平行于工件径向方向的坐标轴为 X、Y 轴，刀具远离工件的方向为正方向。X、Y、Z 轴方向符合右手螺旋法则。

绕 X、Y、Z 轴旋转的轴为 A、B、C 轴，即 C 轴就是绕 Z 轴旋转的轴。C 轴控制是指把 C 轴作为伺服轴，称为主轴轮廓控制。如果采用主轴电动机控制 C 轴就称为 Cs 轴，而采用进给电动机控制 C 轴的称为 Cf 轴。主轴轮廓控制是主轴定位、分度和伺服旋转运动，装上动力刀架，可在工件径向、端面钻孔铣槽，C、Z 两轴联动可加工螺旋槽（轴向凸轮），C、X 两轴联动可加工径向凸轮。

交流变频电动机的恒功率变速范围一般为3～4，随着交流主轴电动机和电力电子调速技术的发展，恒功率变速范围进一步扩大到4～16。适当扩大数控机床主轴电动机的功率，可简化数控机床的主运动。

1. MJ-460数控车床

MJ-460数控车床是济南一机床集团有限公司与美国“M. M. T”公司联合设计的MJ系列全功能数控车床家族中的主力机种之一。其中，MJ-460是一种两轴控制、高速、精密通用性数控车床。MJ-460/MC是主轴可带 Cs 轴控制（C 轴），C 轴分度精度为0.001°，刀架上可安装动力刀具的三轴控制车削中心机床。

MJ-460/MC数控车削中心在主轴尾端上安装高密度圆光栅作角度的位置反馈元件并构成闭环控制，具有较高的分度和插补精度。在进行 C 轴分度或伺服进给运动时，主轴电动机变为伺服电动机，通过圆弧同步带与主轴连接。

MJ-460数控车床的主要技术参数为：最大车削直径 ϕ310mm，八工位刀架；最大加工长度为300mm、650mm、1145mm；主轴电动机型号为FANUC β12/7000i，连续功率为11kW，30min功率为15kW；主轴转速35～3500r/min。

MJ-460数控车床主运动链的特点为：主运动链的最小传动比 i_{a1}（z_1/z_2）能满足工件粗

车和半精车的转速需求，传动比 i_{a2}（z_3/z_4）产生的转速仅用于数控车床的精车，从而可简化数控车床的变速操作过程，即大部分工作时间主轴转速由 i_{a1} 产生，不需要机械变速。MJ-460 数控车床传动系统如图 2-30 所示。

MJ-460 数控车床采用 45°倾斜式床身，床身导轨为直线滚动导轨。X、Z 轴伺服电动机通过弹性联轴器与滚珠丝杠相连，螺母直接带动八工位卧式回轮式机械分度液压锁紧刀架移动。

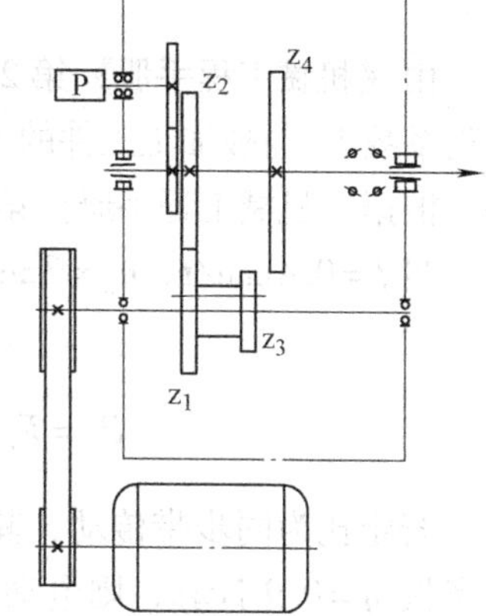

图 2-30　MJ-460 数控车床传动系统

2. HTC3250 数控车床

HTC3250 数控车床是沈阳机床股份有限公司生产的高速精密卧式车削中心（Horizontal Turning Center），是借鉴德国先进技术开发的产品。

HTC3250 数控车床最大加工直径 320mm，最大车削长度 500mm，主轴的转速范围 45～4000r/min，主轴电动机型号 SIEMENS 1PH7131-2NF00-0BJ0 或 FANUC β12/7000i，连续功率 11kW，30min 功率 15kW；八工位转塔刀架的定位精度 ±4″，重复定位精度 ±6″，能够对回转体零件的圆柱面及端面、圆弧面、圆锥面、螺纹等进行批量、高效、高精度的自动车削加工；加工尺寸公差等级 IT6，表面粗糙度 $Ra0.8\mu m$；X 轴定位精度、重复定位精度为 0.010mm、0.006mm，Z 轴定位精度、重复定位精度为 0.012mm、0.008mm。

HTC3250 数控车床有以下特点：

1）车床采用有限元法设计，关键部件如床身、床鞍及主轴的扭转刚度与传统车床相比有较大幅度提高；热变形小、主轴温升低，振动小；轮廓算术平均偏差小。

2）整体封闭式铸造床身，且床身向后倾斜 45°，床身下部保留型芯，提高床身静刚度和抗振性能。

3）床身导轨和滑鞍导轨采用日本 THK 直线滚动导轨，使机床受静载和动载的能力提高，运动平稳，速度快，保证加工工件几何精度和表面质量的同时，提高了生产效率。

4）无齿轮主运动传动链，如图 2-31 所示。主运动仅有一级同步带或多楔带减速传动，机械效率高，工作平稳。

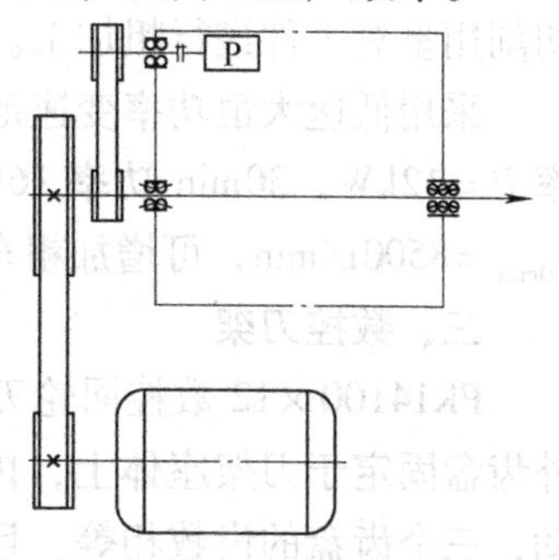

图 2-31　HTC3250 数控车床传动系统

虽然 HTC3250 数控车床主轴的变速范围靠主轴电动机的电流频率实现，切削速度高，适合对工件进行半精加工和精加工，但 HTC3250 数控车床仍有一定的粗加工能力。

如用主偏角 75°、前角 10°、使用寿命 60min 的硬质合金车刀车削材质为 45 钢的 ϕ160mm × 500mm（经济最大尺寸）的圆柱体，由《机械工程手册》第 2 版机械制造工艺及设备（二）第 2 篇切削加工 P2-10 可知，320mm 车床硬质合金车刀粗车时切削用量为

$$v_c = 80 \sim 110\text{m/min},\ f = 0.6 \sim 0.3\text{mm/r},\ a_p = 3 \sim 5\text{mm}$$

由于 HTC3250 数控车床为高速车削机床，取 $v_c = 110\text{m/min}$，则粗车工件时最低转速为

$$n_c = \frac{110}{0.16\pi}\text{r/min} \approx 219\text{r/min}$$

由《机械工程手册》第2版机械制造工艺及设备（二）第1篇机械加工工艺基础P1-33可知，主切削力的经验计算公式为

$$F_c = C_{Fc} a_p^{x_{Fc}} f^{y_{Fc}} v_c^{n_{Fc}} K_{Fc}$$

由《机械工程手册》第2版表1.2-2可知，$C_{Fc}=2650$，$x_{Fc}=1$，$y_{Fc}=0.75$，$n_{Fc}=-0.15$；修正系数K_{Fc}与被加工工件的力学性能、前角、主偏角、刃倾角、刀具圆弧半径、刀具寿命有关，根据《机械工程手册》第2版表1.2-3和表1.2-4并计算修正系数$K_{Fc}=0.87$。

当$f=0.4\text{mm/r}$、$a_p=3\text{mm}$、$v_c=110\text{m/min}$时，主切削力及理论主切削功率为

$$F_c = 1719\text{N}$$

$$P_c = F_c v_c \times 10^{-3} = 1719 \times \frac{110}{60} \times 10^{-3}\text{kW} = 3.15\text{kW}$$

若定比为同步带传动，其机械效率为0.96～0.98；为留有一定安全余量，主运动机械效率按$\eta=0.9$计算，则电动机应输出的功率为

$$P_{\text{mcmin}} = \frac{P_c}{\eta} = \frac{3.15}{0.9}\text{kW} = 3.5\text{kW}$$

长度500mm的工件粗车外圆时间为

$$t = \frac{l}{n_c f} = \frac{500}{219 \times 0.3}\text{min} = 7.61\text{min} < 30\text{min}$$

FANUC β12/7000i电动机的额定转速为1500r/min，连续最高转速为7000r/min，主轴最高转速转速为4000r/min，因而带的传动比为

$$i = \frac{4000}{7000} = \frac{1}{1.75}$$

主轴转速为219r/min时电动机输出的连续功率为

$$P_{\text{mmin}} = 15 \times \frac{219 \times 1.75}{1500}\text{kW} = 3.83\text{kW} > 3.5\text{kW}$$

由上述内容可知，HTC3250数控车床可采用$f=0.4\text{mm/r}$、$a_p=3\text{mm}$，$v_c=110\text{m/min}$的切削用量对工件进行粗加工。

采用低速大恒功率变速范围的主轴电动机，如1PH7133-2ND02-0L主轴电动机，额定功率$P=12\text{kW}$，30min功率16kW，S6-60%功率15kW，额定转速$n_0=1000\text{r/min}$，连续转速$n_{0\max}=8500\text{r/min}$，可增加粗车的切削用量，$f=0.5\text{mm/r}$，$a_p=5\text{mm}$。

三、数控刀架

PK14100×12数控回轮刀架结构简图如图2-32所示。该刀架采用三个齿盘锁紧定位，外齿盘固定于刀架座体上，内齿盘随主轴转动，动齿盘受止动销（件5）限制仅能轴向移动，三个齿盘的齿数相等，且齿数为12的整倍数，外齿盘的小端模数等于内齿盘的大端模数。杯形动齿盘的端面为凸轮，滚轮架上的滚轮处于凸轮顶面时，动齿盘和内外齿盘锁紧。滚轮位于动齿盘端面凹处时，动齿盘内的弹簧推动动齿盘轴向移动，动齿盘和内外齿盘脱开，同时动齿盘端面的棘齿（件7）进入滚轮架的凹槽中，由于动齿盘受止动销限制不能转动，从而棘齿限制了滚轮架一个旋向的运动。行星齿轮（件12）、行星轮架（支承在行星架齿轮和左太阳齿轮上）、两个太阳轮（件11和件13）组成行星轮系，且两太阳轮轮流工作。即动齿盘与内外齿盘脱开过程中，齿盘啮合限制主轴（件4）及右太阳轮不能转动，左太阳

轮拨动滚轮架转动，使齿盘松开，右太阳轮旋转限制解除；同时动齿盘的棘齿进入滚轮架的凹槽中，使滚轮架停止转动，导致左太阳轮转动停止。主轴端部蝶形弹簧维持行星轮架与滚轮架接触。

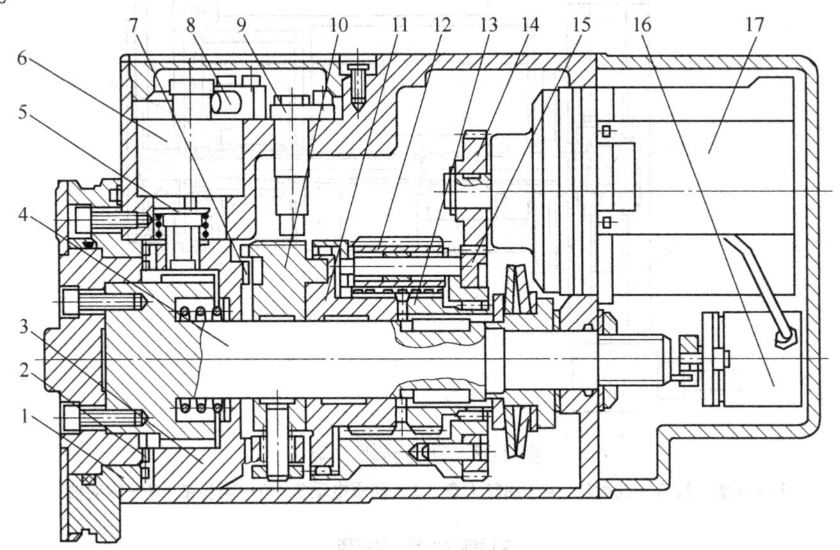

图 2-32 PK14100×12 数控回轮刀架结构简图

1—外齿盘 2—内齿盘 3—动齿盘 4—主轴 5—止动销 6—电磁铁 7—棘齿 8—主轴止动传感器 9—锁紧传感器 10—滚轮架 11—左太阳轮 12—行星齿轮 13—右太阳轮 14—齿轮 15—行星架齿轮 16—旋转编码器 17—伺服电动机

PK14100×12 数控回轮刀架有 12 个工位。转位过程为：数控系统发出转位指令后，伺服电动机的制动器松开，伺服电动机（件 17）转动，运动经齿轮（件 14、件 15），传给行星架齿轮（件 12），由于三个齿盘处于锁紧状态，主轴（件 4）及右太阳轮（件 13）不能转动，行星架的运动经行星齿轮、左太阳轮（件 11）拨动滚轮架（件 10）转动。当滚轮对应与动齿盘端面凸轮的凹处时，在弹簧作用下，动齿盘（件 3）与内外齿盘（件 2、件 1）脱离啮合，动齿盘端面的棘齿（件 7）进入滚轮架的凹槽中，滚轮架被迫停止转动。同时，由于动齿盘与内外齿盘脱离啮合，主轴及右太阳轮可转动；即行星架的旋转运动经行星齿轮、右太阳轮驱动主轴旋转，固定于主轴端部的回轮刀盘（图中未示出）转位。转到预定位置后，旋转编码器（件 16）发出回轮转位完毕信号，伺服电动机停转并制动，电磁铁通电，将止动销（件 5）推入主轴凹槽中（凹槽数与回轮工位数对应），限制了主轴及右太阳轮的转动。主轴止动完毕后，主轴止动传感器发出信号，伺服电动机反转，行星架的运动经行星齿轮、左太阳轮拨动滚轮架反转，当滚轮与动齿盘端面凸轮顶面接触时，动齿盘与内外齿盘被锁紧。动齿盘与内外齿盘锁紧后，锁紧传感器（件 9）发出信号，伺服电动机停转并处于制动状态，电磁铁断电，止动销回位。整个转位过程只有一个动力源。为使动齿盘平稳移动，动齿盘端面应均布三个凸轮，滚轮架上对应布置三个滚轮。

动力转塔刀架如图 2-33 所示。伺服电动机通过同步带将动力传递到传动轴，然后经锥齿轮副驱动回转刀具转动，对轴类零件进行钻削、铣削加工，从而使数控车床具有 *C* 轴功能。

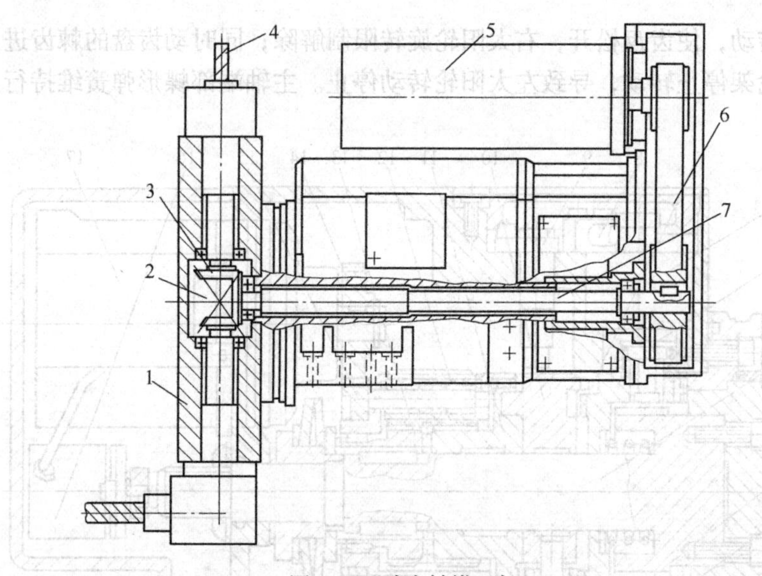

图 2-33 动力转塔刀架

1—刀盘 2、3—锥齿轮 4—回转刀盘 5—伺服电动机 6—同步带 7—传动轴

习题与思考题

2-1 简述 CA6140 卧式车床主传动链的传动原理。

2-2 试述 CA6140 卧式车床主传动链的特点。

2-3 CA6140 卧式车床主传动链中，Ⅳ-Ⅴ轴间变速组最大的主动齿轮齿数理论值是 50，但为什么采用 51 齿？

2-4 CA6140 卧式车床是如何避免采用$\frac{50}{51}\times\frac{80}{20}\approx4$ 的传动路线车削螺纹的？主运动链Ⅳ-Ⅴ轴间的传动比产生的主轴转速有哪几级？

2-5 CA6140 卧式车床处于高速分支工作时，是否具有停车制动功能？主轴由高速分支传动时，空套的 58 齿的斜齿圆柱齿轮是否转动？为什么？

2-6 CA6140 卧式车床车削米制螺纹的特点有哪些？

2-7 CA6140 卧式车床如何车削高精度寸制丝杠和模数丝杠？

2-8 CA6140 卧式车床进给箱中，M3、M4、M5 离合器有什么作用？如果去掉 M4 离合器，能否车削非标准螺纹？如何车削？

2-9 CA6140 卧式车床的主运动链是如何润滑的？

2-10 CA6140 卧式车床如何车削左旋螺纹？CA6140 卧式车床车削左旋螺纹时，主轴的旋向如何？车刀朝哪个方向移动？

2-11 CA6140 卧式车床全部 24 级主轴转速都能产生的进给量有多少级？最大、最小进给量是多少？

2-12 CA6140 卧式车床大进给量中，为何没有采用扩大导程米制螺纹传动路线产生的进给量？

2-13 CA6140 卧式车床进给链处于左旋螺纹传动路线且 M5 离合器分离（ⅩⅧ轴 28 齿齿轮与ⅩⅩ轴 56 齿齿轮啮合）时，主轴正向旋转，能否产生机动进给？

2-14 CA6140 卧式车床纵向进给量的显示精度是多少？能否提高？

2-15 CA6140 卧式车床横向显示精度为何远高于纵向显示精度？

2-16 CA6140 卧式车床能否在不切断机动进给链的同时接通快速运动？

2-17 CA6140 卧式车床能否车削圆锥螺纹？

2-18 CA6140 卧式车床车削螺纹时，在一次进给完成后，可否利用快速运动使车刀快速退回到螺纹起点？

2-19 CA6140 卧式车床机动车削时，快速运动电动机是否转动？为什么？

2-20 CA6140 卧式车床主运动链的Ⅰ轴组件为什么组装后整体装入主轴箱？

2-21 简述卸荷带轮的特点。

2-22 CA6140 卧式车床怎样防止同时接通横向、纵向进给运动？

2-23 CA6140 卧式车床是如何实现螺纹链与纵向进给运动、横向进给运动互锁的？

2-24 CA6140 卧式车床机动车削时，有哪些过载保护装置？

2-25 CA6140 卧式车床车削螺纹时，有哪些过载保护装置？

2-26 简述 CK3263B 数控车床主运动链的特点。

2-27 简述 CK3263B 数控车床的结构特点。

2-28 简述 CK3263B 转塔刀架的结构特点及其工作原理。

2-29 数控机床的坐标系是如何定义的？什么是 *C* 轴、*Cs* 轴、*Cf* 轴？

2-30 简述 MJ-460 数控车床的结构及主传动链的特点。

2-31 简述 HTC3250 数控车床的结构及主传动链的特点。

2-32 简述 PK14100×12 数控回轮刀架的结构及工作原理。

2-33 简述动力转塔刀架的结构及工作原理。

2-34 在图 2-33 所示的动力转塔刀架中，蝶形弹簧有何作用？

第三章　齿轮加工机床

渐开线齿轮副的瞬时传动比 i 为

$$i=\frac{d_{b1}}{d_{b2}}=\frac{z_1}{z_2}$$

式中　d_{b1}、d_{b2}——主、从动齿轮的基圆直径；

z_1、z_2——主、从动齿轮的齿数。

齿轮瞬时传动比恒定，传动平稳，承载能力高，因而是最常用的传动件。常用的齿轮分为：直齿、斜齿圆柱齿轮，直齿、弧齿锥齿轮，以及蜗杆蜗轮副。齿轮的尺寸大小、精度、加工效率不同，加工方式不同，齿轮加工机床的结构、精度就不同。因而分析齿轮加工机床须从齿轮的加工方法开始。

一、齿轮的加工方法

加工齿轮的方法主要是切削加工，按形成齿形的原理分为成形法和展成法。

1. *成形法*

成形法切削加工齿轮是用与被加工齿轮齿槽形状相同的成形铣刀铣削齿轮。一般在铣床上加工，铣刀旋转为主运动，移动齿坯产生进给运动形成齿宽，铣削完一个齿槽后，齿坯退回到起始点，利用分度头使齿坯旋转 $360°/z$（z 为欲在齿坯上加工的齿数），然后再铣削第二个齿槽。

基圆大小决定渐开线齿轮的齿廓形状。基圆直径 d_b 取决于齿轮的齿数 z、模数 m 及分度圆的压力角 α，$d_b=mz\cos\alpha$。由于所需的齿轮齿数是随机的，模数是系列化的，因此要实现每种模数、每种齿数的齿轮都制造一把刀具是不可能的；再者，手动分度精度低。成形法加工齿轮精度低，生产效率不高，仅用于对精度要求不高的大模数齿轮的修配。

2. *展成法*

展成法加工是利用齿轮的啮合原理。刀具是具有切削刃的齿轮，齿坯的切齿过程就是模拟齿轮副的啮合过程，刀具与齿坯作展成运动，刀具的渐开线切削刃的包络线形成齿坯的齿廓。

由于展成法加工齿轮的原理是齿轮啮合，因而只要齿轮模数相同，压力角相同，一把刀具可加工任意齿数的齿轮，而且加工精度和加工效率高，故一般齿轮加工都采用展成法。

二、齿轮加工机床的类型

齿轮加工机床分为圆柱齿轮加工机床和锥齿轮加工机床两大类。

圆柱齿轮加工机床主要是滚齿机和插齿机。滚齿机可加工直齿、斜齿圆柱齿轮和蜗杆，也可加工花键和链轮。普通滚齿机的加工精度为7～8级，$Ra=1.6\sim3.2\mu m$。插齿机能加工内外啮合的直齿圆柱齿轮，特别适用于双联、多联齿轮。普通插齿机的加工精度为7～8级。插齿时插齿刀沿齿全长连续切削，包络线数量也多，而滚齿时轮齿全长由滚刀多次连续切削，故插齿的齿面粗糙度值较小，$Ra=1.6\mu m$。

锥齿轮加工机床又分为直齿锥齿轮加工机床和弧齿锥齿轮加工机床。直齿锥齿轮加工机床包括刨齿机、铣齿机和拉齿机。弧齿锥齿轮加工机床是加工格里森（Gleason）制齿轮和加工奥利康（Oerlikon）制齿轮的铣齿机、拉齿机。高精度齿轮机床有剃齿机、研（珩）齿机和磨齿机。

三、插齿与滚齿的工艺特点比较

（1）运动精度　插齿机的传动链比滚齿机多了一个刀具蜗轮副，即多了一部分传动误差；且插齿刀的一个刀齿相应切削工件的一个齿槽，因此，插齿刀本身的齿距累积误差必然会反映到工件上。而滚齿时，因为工件的每一个齿槽都是由滚刀相同的2～3圈刀齿加工出来的，故滚刀的齿距累积误差不影响被加工齿轮的齿距精度。所以，滚齿的运动精度比插齿高。

（2）齿形精度　插齿的平稳性精度比滚齿高。平稳性精度主要是基节误差和齿形误差，影响齿形误差的原因是刀具的制造、刃磨和安装。滚齿时，形成齿形包络线的切线数量与滚刀容屑槽的数目和滚刀（蜗杆）的螺纹线数有关，不能通过改变加工条件而增减。但插齿时，形成齿形包络线的切线数量由圆周进给量的大小决定，并可以选择。此外，制造齿轮滚刀时是用近似造型的蜗杆来替代渐开线基本蜗杆，有造型误差。而插齿刀的齿形比较简单，可通过高精度磨齿获得精确的渐开线齿形。所以，插齿可以得到较高的齿形精度。

（3）接触精度　插齿的接触精度（齿向误差）比滚齿低。插齿时的齿向误差主要取决于插齿机主轴回转轴线与工作台回转轴线的平行度误差。由于插齿刀工作时往复运动的频率高，使得主轴与套筒之间的磨损大，工件轴线与刀架轴线的平行度误差大，因此插齿的齿向误差比滚齿大。

（4）齿面精度　滚齿时，滚刀在齿向方向上间断切削，齿面形成鱼鳞状波纹。而插齿时插齿刀在齿向方向上连续切削。所以，插齿时齿面精度高。

（5）生产率　加工模数较大的齿轮时，插齿速度要受插齿刀主轴往复运动惯性和机床刚性的制约，切削过程又有空程的时间损失，故生产率不如滚齿高。只有在加工小模数、多齿数并且齿宽较窄的齿轮时，插齿的生产率才比滚齿高。

所以，就加工精度来说，对运动精度要求不高的齿轮，可直接用插齿来进行齿形精加工，而对于运动精度要求较高的齿轮和剃前齿轮（剃齿不能提高运动精度），则用滚齿较为有利。

第一节　滚齿机的运动分析

圆柱齿轮的齿坯多数为具有内孔的圆盘类零件，滚切齿廓时由内孔定位。为提高定位精度，减少齿坯几何中心与定位轴线同轴度误差引起的制造误差，齿坯立式安装，即齿坯轴线为铅垂线，齿坯内孔两端倒圆定位。齿轮刀具（齿数 z_t）与齿坯（齿数 z_g）相向转动，转速比为 $i=\dfrac{z_t}{z_g}$，形成展成运动。如图3-1所示。齿轮刀具与齿坯的齿顶圆接触时，齿轮刀具齿顶圆运动速度为 v_t，齿坯齿顶圆的运动速度为 v_g，刀具相对齿坯的运动速度 $v=\vec{v}_t-\vec{v}_g$，刀具齿顶圆及齿廓对齿坯有推拉作用，在刀具齿坯连心线 o_t—o_g 上推拉力为零，距 o_t—o_g 越远推拉力越大，由于渐开线齿廓的的压力角是变化的，齿轮刀具渐开线齿廓上的每个点与齿坯齿廓是一一对应的，齿轮刀具渐开线齿廓上不可能制造出平行于刀具轴线的切削刃，因而展成运动无切削功能，仅有精确分度作用，故展成运动又称为分齿运动。齿轮加工须有刀具相对齿坯的切削运动，切削刃与齿轮刀具渐开线齿廓的法向剖面平行，切削刃相对与齿坯轴线往复运动，齿坯每转过一个齿，刀具多次切削。若齿轮刀具的展成运动和切齿运动由同一条传动链产生，即齿轮刀具能产生螺旋运动，且分解出的展成运动准确、切齿运动速度高，这种齿轮刀具则为在齿廓剖面上具有切削刃的蜗杆（法向模数为 m，螺旋升角为 ω，导程 $Ph=\pi m/\cos\omega$），习惯上称为齿轮滚刀，安装齿轮滚刀的机床称为滚齿机，滚刀轴轴线近似水平，便于滚刀装卸，即滚齿机为卧式机床。若切齿运动和展成运动由不同的传动链产生，齿轮刀具则为插齿刀，安装插齿刀的机床称为插齿机。

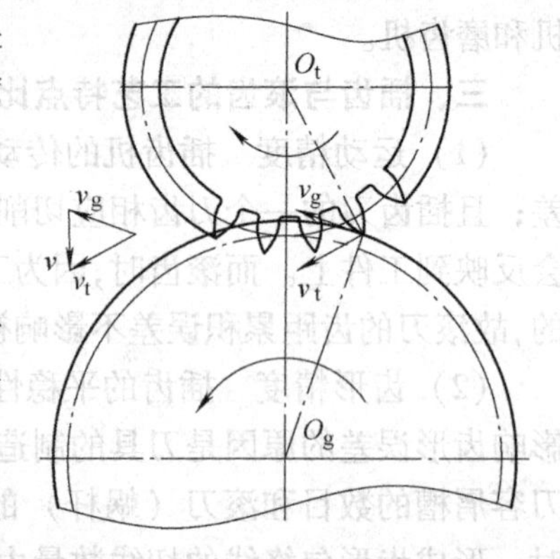

图 3-1　刀具与齿坯相对运动

蜗杆蜗轮为交错轴传动，蜗杆的螺旋升角为 ω，其螺旋角为 $90°-\omega$，蜗轮的螺旋角为 β，当 $\beta=\omega$ 时，两轴夹角 $\Sigma=90°-\omega+\beta=90°$。螺旋升角为 ω 的右旋单头滚刀滚切直齿圆柱齿轮时，即滚切螺旋角 $\beta=0$ 的齿轮时，滚刀轴与齿坯轴线的夹角为 $\Sigma=90°-\omega$，与水平面的夹角（滚刀安装角）为 $\lambda=\Sigma-90°=-\omega$，逆时针为正。滚刀旋转一圈，齿坯旋转一个齿距，形成展成运动，产生渐开线齿廓。滚刀的线速度远高于齿坯的线速度，因而滚刀的旋转运动为主运动。展成运动的平衡式为

$$C_x i_x=\frac{K}{z}$$

式中　C_x——固定传动比的乘积；

i_x——传动链的变速机构传动比；

K——滚刀头数，一般 $K=1$。

$$i_x=\frac{1}{C_x z}$$

展成运动形成的齿轮是螺旋角 $\beta=0$ 的蜗轮，切削刃的运动轨迹是圆弧，要形成直齿圆柱齿轮，须使滚刀相对齿坯作轴向移动，即滚刀的垂直进给运动。滚刀的垂直运动传动链以齿坯的旋转运动为间接动力源，滚刀的垂直进给量用 mm/$r_{工}$ 表示。滚齿机滚切直齿圆柱齿轮的传动原理如图 3-2 所示。采用右旋滚刀时，切削刃由上而下切削，齿坯逆时针（从上向下看）转动。

若齿坯是螺旋角为 β 的斜齿圆柱齿轮，则齿坯轴线与螺旋升角为 ω 的滚刀轴的夹角为 $\Sigma=90°-\omega+\beta$，滚刀的安装角 $\lambda=\beta-\omega$。滚刀须相对与齿坯斜向运动 v_r，而滚刀只能由上而下运动 v_a（绝对运动速度），因而齿坯有牵连运动 v_i，如图 3-3 所示，产生齿坯牵连运动的内联系传动链称为差动链。加工右旋圆柱齿轮时，齿坯的牵连运动方向与展成运动相同。由于斜齿圆柱齿轮的导程 T

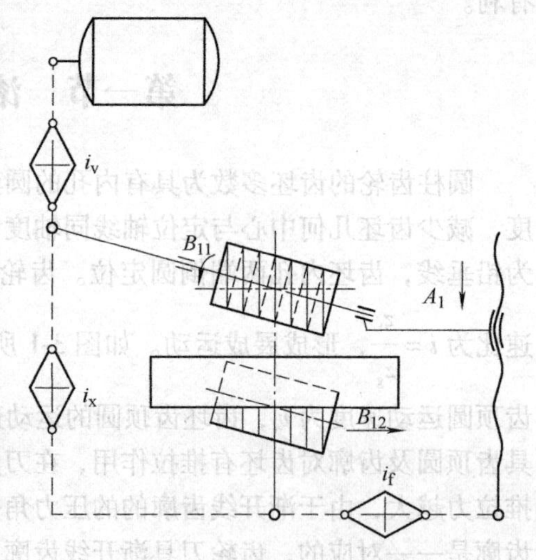

图 3-2　滚齿机滚切直齿圆柱齿轮的传动原理

$=\dfrac{\pi d}{\tan\beta}=\dfrac{\pi m_n z}{\sin\beta}$，$8°\leqslant\beta\leqslant12°$，分度圆直径和齿轮宽度远小于导程，$\dfrac{v_a}{v_i}=\dfrac{1}{\tan\beta}$，因而，差动链的间接动力源只能是滚刀架的垂直运动，不可能为齿坯的旋转。这样滚齿机滚切斜齿圆柱齿轮时，齿坯旋转为轴向进给运动传动链的间接动力源，刀架的垂直移动为轴向垂直进给运动传动链的末端执行件，刀架的垂直移动为外联系传动链。刀架的垂直移动为差动进给运动传动链的间接动力源，齿坯旋转为差动进给运动传动链的末端执行件，且为内联系传动链。滚齿机滚切斜齿圆柱齿轮的传动原理如图 3-4 所示。

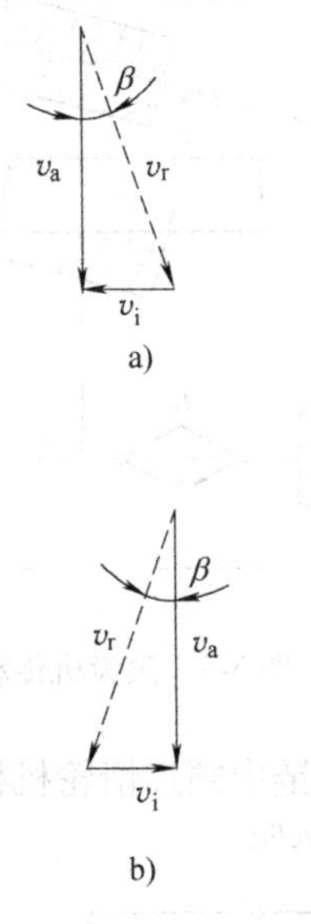

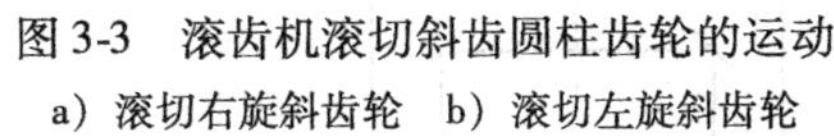

图 3-3　滚齿机滚切斜齿圆柱齿轮的运动
a）滚切右旋斜齿轮　b）滚切左旋斜齿轮

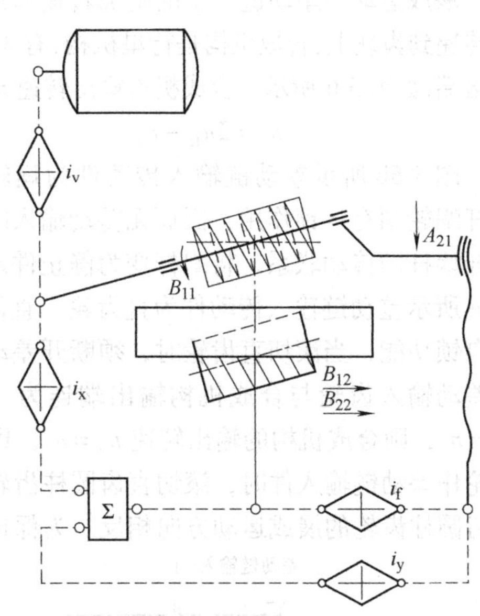

图 3-4　滚齿机滚切斜齿圆柱齿轮传动原理

由于斜齿圆柱齿轮的导程计算式中含有因子 π，无法实现严格的传动联系，因此必须消除 π 的影响。差动链中，滚刀刀架垂直移动齿轮导程 T 时，齿坯的附加转数为一转。滚刀刀架是由螺母带动的，螺母导程为 Ph，差动链运动平衡式为

$$\frac{T}{Ph}C_y i_y=1$$

式中　C_y——常数，为固定传动比的乘积；

i_y——差动链的变速机构的传动比。

由上式可知：只要驱动刀架垂直运动的丝杠螺母的导程含有因子 π，即丝杠螺母副采用模数制螺纹，可消除无理数 π 的影响。一般差动链中丝杠螺母的模数 $m=3$mm，导程为 3πmm。

由差动链平衡式可知

$$i_y=\frac{3\sin\beta}{C_y m_n z}$$

由于 i_y 计算式的分母中含有被加工齿轮的齿数，故对于加工齿数不等的斜齿圆柱齿轮副（模数相同，螺旋角相等，方向相反）时，因齿数不同须选择不同的 i_y。为简化加工斜齿圆

柱齿轮副的操作过程，应消除齿数的影响。由于展成传动链变速机构的传动比分母中也含有齿坯齿数，可将展成传动链的变速机构放在合成机构 Σ 之后，这样差动链中，i_x、i_y 串联，则差动链变速机构的传动比为

$$i_y = \frac{3\sin\beta}{C_y i_x m_n z} = \frac{3C_x \sin\beta}{C_y m_n}$$

滚齿机传动原理如图 3-5 所示。

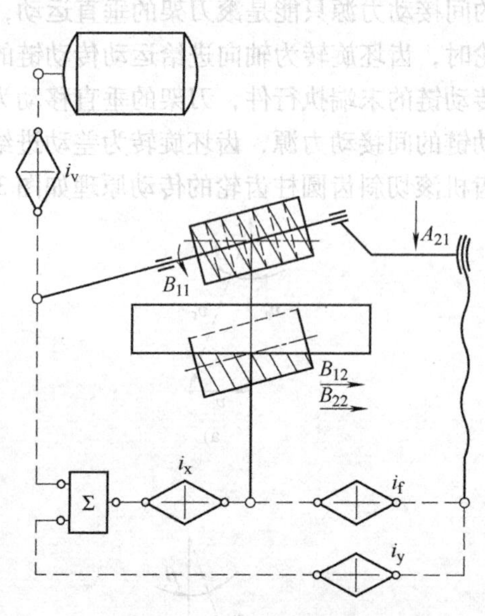

图 3-5　滚齿机传动原理

展成运动和差动链产生的附加转速通过合成机构传递到齿坯上，合成机构是行星机构，有 3 个输入/输出端，如图 3-6 所示。合成机构输出转速 n_o 为

$$n_o = 2n_H - n_x$$

图 3-6b 所示差动链输入传动件为蜗轮，由于蜗杆蜗轮副有自锁作用，因而无差动输入时，只要断开蜗杆的传动联系，将蜗杆变为静止件即可。图 3-6a 所示差动链输入传动件为直齿轮，直齿轮副没有自锁功能，当滚切直齿轮时，须断开差动链，且将差动输入齿轮与合成机构输出端连为一体，即 $n_H = n_o$，则合成机构的输出转速 $n_o = n_x$，即采用直齿轮作差动链输入件时，滚切直齿圆柱齿轮与滚切斜齿圆柱齿轮的展成运动方向相反。为保证展成运动，展成链中须加惰轮机构。

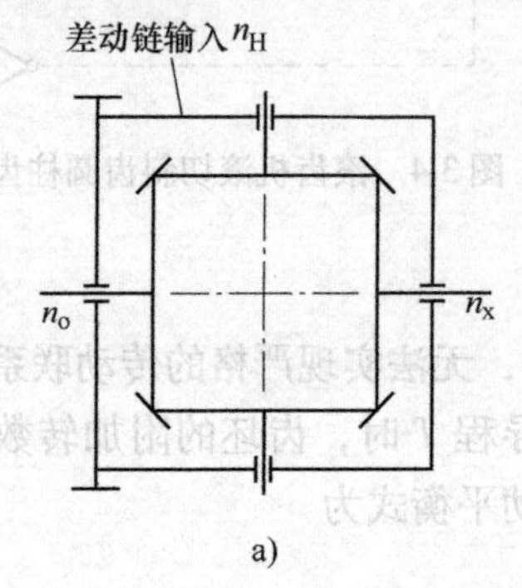

a)

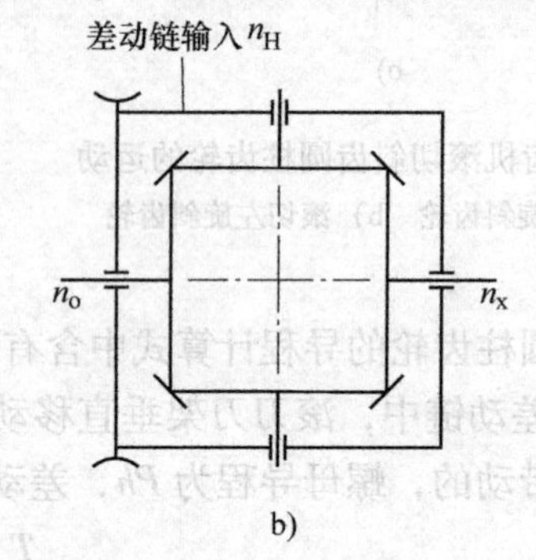

b)

图 3-6　合成机构简图

a）差动链直齿轮输入的合成机构　b）差动链蜗轮输入的合成机构

滚齿机滚切斜齿圆柱齿轮时，滚刀、齿坯和滚刀刀架垂直进给之间的联系如图 3-7 所示。滚刀旋转是展成运动间接动力源，齿坯旋转是滚刀刀架轴向进给间接动力源，滚刀刀架是差动链的间接动力源。齿坯的旋转量是展成运动与差动运动产生的齿坯附加转速之和。平衡式的判定条件为：齿坯旋转 1 圈，滚刀刀架轴向移动 f。此时，对于导程为 T 的斜齿圆柱齿轮，差动运动产生的齿坯附加转数 N_y 为

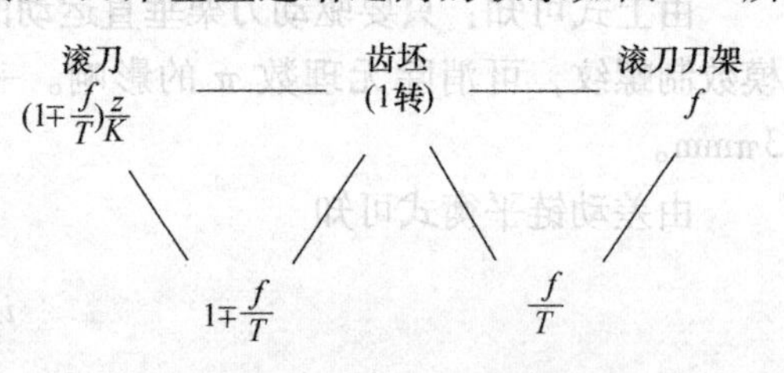

图 3-7　滚刀、齿坯和滚刀刀架垂直进给之间的联系

$$N_y = \frac{f}{T}$$

此时展成运动产生的齿坯转数 N_x 与差动运动产生的齿坯转数 N_y 之和为 1。即

$$N_x \pm N_y = 1$$

加工右旋斜齿圆柱齿轮时为“+”，左旋为“-”。

展成运动产生的齿坯转数为

$$N_x = 1 \mp \frac{f}{T}$$

螺纹线数为 K 的滚刀转过的转数 $N_{刀}$ 为

$$N_{刀} = \left(1 \mp \frac{f}{T}\right)\frac{z}{K}$$

若滚刀转速为 $n_{刀}$（r/min），则滚刀转过 $N_{刀}$ 转所消耗的时间 t（min）为

$$t = \frac{N_{刀}}{n_{刀}} = \left(1 \mp \frac{f}{T}\right)\frac{z}{Kn_{刀}}$$

齿坯旋转 1 圈所消耗的时间也是 t，因此齿坯的转速 $n_{工}$（r/min）为

$$n_{工} = \frac{1}{t} = \frac{T}{T \mp f}\frac{Kn_{刀}}{z}$$

滚齿机滚切斜齿圆柱齿轮时，齿坯以 $n_{工}$ 的转速恒定旋转，$n_{工}$ 是由展成运动和差动运动合成的。因此，滚刀和齿坯之间不仅是展成关系。当然，若由一条内联系传动链实现滚刀旋转 $\left(1 \mp \frac{f}{T}\right)\frac{z}{K}$ 转、齿坯旋转 1 圈的传动联系，则可省去差动传动链。

第二节　YW3150 滚齿机

YW3150 滚齿机的最大加工直径为 500mm，加工最大齿轮模数为 8mm，工作台面直径为 540mm，可加工直齿和斜齿圆柱齿轮及鼓形齿轮，加工最少齿数为 6；采用径向进给法加工蜗轮。YW3150 滚齿机传动系统如图 3-8 所示。

一、主运动传动链

滚齿机的主运动是滚刀的旋转运动，其传动路线表达式为

$$\begin{matrix}电动机\ M_1 \\ 5.5kW,\ 1440r/min\end{matrix} - \frac{90}{180} - \mathrm{I} - \begin{Bmatrix}24/48 \\ 28/44 \\ 32/40\end{Bmatrix} \times \begin{Bmatrix}24/48 \\ 36/36 \\ 48/24\end{Bmatrix} - \mathrm{III} - \frac{30}{36} - \mathrm{IV} - \frac{23}{23} - \mathrm{V} - \frac{23}{23} - \mathrm{VI} - \frac{23}{23} - \mathrm{VII} - \frac{27}{81} - \mathrm{VIII}（滚刀）$$

滚刀的最低转速为

$$n_{刀1} = 1440 \times \frac{90}{180} \times \frac{24}{48} \times \frac{24}{48} \times \frac{30}{36} \times \frac{23}{23} \times \frac{23}{23} \times \frac{23}{23} \times \frac{27}{81} r/min = 50r/min$$

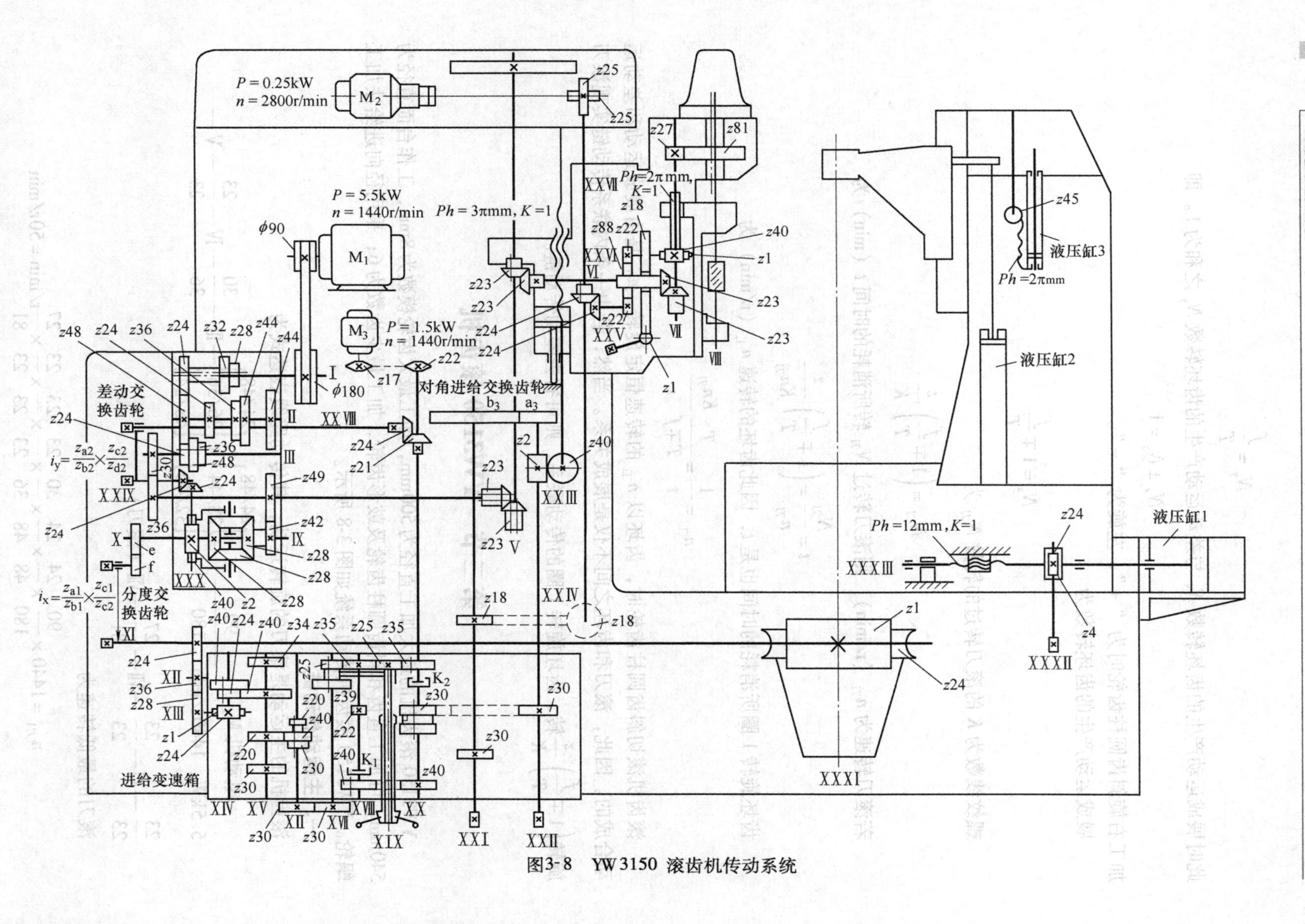

图3-8 YW3150 滚齿机传动系统

主运动传动链变速机构传动比 i_v 为

$$i_v=\begin{Bmatrix}24/48\\28/44\\32/40\end{Bmatrix}\times\begin{Bmatrix}24/48\\36/36\\48/24\end{Bmatrix}=\frac{1}{4}\times\begin{Bmatrix}1\\1.26\\\vdots\\1.26^8\end{Bmatrix}$$

YW3150 滚齿机主运动传动链是等比数列变速，公比 $\varphi=1.26$，滚刀的转速数列为

50　63　80　…　315

二、展成运动传动链

展成运动又称为分齿运动，传动链的间接动力源是滚刀，末端件是齿坯。滚刀螺纹线数为 K 时，两端件的传动联系为

$$\text{滚刀 1 转}\text{——————}\text{齿坯}\frac{K}{z}\text{转}$$

YW3150 滚齿机展成运动传动链的传动路线表达式为

$$\text{Ⅷ（滚刀）}-\frac{81}{27}-\text{Ⅶ}-\frac{23}{23}\times\frac{23}{23}\times\frac{23}{23}-\text{Ⅳ}-\frac{49}{42}-\text{Ⅸ}-\frac{28}{28}-\text{Ⅹ}-$$

$$-\frac{z_e}{z_f}\times\frac{z_{a1}}{z_{b1}}\times\frac{z_{c1}}{z_{d1}}-\text{Ⅺ}-\frac{1}{84}-\text{XXXI（齿坯）}$$

YW3150 滚齿机展成变速机构的传动比 i_x 为

$$i_x=\frac{z_{a1}}{z_{b1}}\times\frac{z_{c1}}{z_{d1}}=\frac{z_f}{z_e}\times\frac{27}{81}\times\frac{23}{23}\times\frac{23}{23}\times\frac{23}{23}\times\frac{42}{49}\times\frac{28}{28}\times\frac{84}{1}\times\frac{K}{z}=\frac{z_f}{z_e}\times\frac{24K}{z}$$

一般情况下，机械设备中传动齿轮的齿数为≥17 的正整数集合，即公差值为 1 的等差数列。等差数列不能分解为等比数列或等比数列与等差数列的乘积，只能作为一个变速组，为使结构简单，采用交换齿轮满足展成运动变速机构传动比的要求。

采用交换齿轮 e、f 调节 $\frac{24K}{z}$ 值的大小，防止 $\frac{24K}{z}$ 过小，造成从动齿轮过大，使交换齿轮架庞大。通常，滚刀螺纹线数 $K=1$，交换齿轮 e、f 根据被加工齿轮齿数选取：被加工齿轮的齿数 $8\leqslant z\leqslant 20$ 时，交换齿轮 $z_e=48$，$z_f=24$，$i_x=\frac{12K}{z}$；被加工齿轮的齿数 $21\leqslant z\leqslant 142$ 时，交换齿轮 $z_e=36$，$z_f=36$，$i_x=\frac{24K}{z}$；被加工的齿轮齿数 $z\geqslant 143$ 时，交换齿轮 $z_e=24$，$z_f=48$，$i_x=\frac{48K}{z}$。

三、垂直进给传动链

滚刀刀架垂直进给量的单位以 mm/r 表示，即间接动力源是齿坯，滚刀刀架为末端件。传动路线表达式为

$$\text{XXXI（齿坯）}-\frac{84}{1}-\text{Ⅺ}-\frac{24}{36}\times\frac{36}{28}-\text{XIII}-\frac{1}{24}-\text{XIV}-\begin{Bmatrix}34/40\\40/34\end{Bmatrix}\times\begin{Bmatrix}20/40\\30/30\\40/20\end{Bmatrix}-$$

$$\text{XVI}-\frac{30}{30}-\text{XVII}-\begin{Bmatrix}25/35\\39/22\end{Bmatrix}-\text{XVIII}-\begin{Bmatrix}\frac{35}{25}\times\frac{25}{35}\\40/40\end{Bmatrix}-\text{XX}-\frac{30}{30}-\text{XXII}-\frac{2}{40}-\text{XXIII}$$（螺母 $P=3\pi\text{mm}$）

滚刀刀架的垂直进给量 f_s 为

$$f_s=1\times\frac{84}{1}\times\frac{24}{36}\times\frac{36}{28}\times\frac{1}{24}\times i_f\times\frac{30}{30}\times\frac{35}{25}\times\frac{25}{35}\times\frac{30}{30}\times\frac{2}{40}\times3\pi\text{mm/r}=\frac{9\pi}{20}i_f\text{mm/r}$$

滚刀刀架的垂直进给传动链的传动比为

$$i_f=\begin{Bmatrix}34/40\\40/34\end{Bmatrix}\times\begin{Bmatrix}20/40\\30/30\\40/20\end{Bmatrix}\times\begin{Bmatrix}25/35\\39/22\end{Bmatrix}$$

垂直进给传动链是等比数列传动，由于第三变速组的级比比理论值小得多，形成部分重叠的 12 级进给量。传动比 25/35 产生的进给量为

0.43　0.59　0.86　1.19　1.73　2.38

传动比 39/22 产生的进给量为

1.07　1.47　2.13　2.95　4.26　5.90

四、差动进给传动链

差动进给链的间接动力源为滚刀架，末端件为齿坯。差动进给链为内联系传动链，传动联系为

T（滚刀刀架）———— ±1 转（齿坯）

差动进给链的传动路线表达式为

$$\text{XXIII}\left(\text{刀架丝杠},\frac{T}{Ph}\text{转}\right)-\frac{40}{2}-\text{XXII}-\frac{30}{30}-\text{XX}-\frac{21}{24}-\text{XXVIII}-\frac{z_{a2}}{z_{b2}}\times\frac{z_{c2}}{z_{d2}}-$$

$$\text{XXIX}-\frac{24}{24}-\text{XXX}-\frac{2}{40}\times i_{\Sigma}-\text{X}-\frac{z_e}{z_f}\times i_x-\text{XI}-\frac{1}{84}-\text{XXXI}(\text{齿坯},1\text{转})$$

差动进给链变速机构传动比 i_y 为

$$i_y=\frac{z_{a2}}{z_{b2}}\times\frac{z_{c2}}{z_{d2}}=1\times\frac{Ph}{T}\times\frac{2}{40}\times\frac{30}{30}\times\frac{24}{21}\times\frac{24}{24}\times\frac{40}{2}\times\frac{1}{i_{\Sigma}}\times\frac{z}{24K}\times\frac{84}{1}$$

$$=\frac{3\pi\sin\beta}{\pi m_n z}\times\frac{24}{21}\times\frac{1}{2}\times\frac{z}{24K}\times\frac{84}{1}=\frac{6\sin\beta}{m_n K}$$

由于 $\sin\beta$ 是无理数，故差动交换齿轮应根据齿轮螺旋角的精度要求，利用辗转除法形成的连分式近似计算。

例　在 YW3150 滚齿机上加工螺旋角 $\beta=10.5°$，法向模数 $m_n=4\text{mm}$ 的斜齿圆柱齿轮，试确定差动交换齿轮。

解　$i_y=\dfrac{6\sin\beta}{m_n}=\dfrac{6\sin 10.5°}{4}=\dfrac{2734}{10000}=\dfrac{1367}{5000}=0.273353$

$$i_y=\frac{1367}{5000}=\cfrac{1}{3+\cfrac{1}{1+\cfrac{1}{1+\cfrac{1}{1+\cfrac{1}{11+\cfrac{1}{1+\cfrac{1}{1+\cfrac{1}{1+\cfrac{1}{2}}}}}}}}}$$

		1367	
	5000	0	0
3	-4101	1367	
	899	-899	1
1	-468	468	
	431	-431	1
11	-407	37	
	24	-24	1
1	-13	13	
	11	-11	1
5	-10	2	
	1	-2	2
		0	

简记（0，3，1，1，1，11，1，1，1，5，2），共十层。

层数越多，连分式表示的数越精确。层数为偶数时，连分式表示的数小于 i_y；层数为奇数时，连分式表示的数大于 i_y。

前六层表示的数为

第六层　11　　　第五层　$1+\dfrac{1}{11}=\dfrac{12}{11}$　　　第四层　$1+\dfrac{11}{12}=\dfrac{23}{12}$

第三层　$1+\dfrac{12}{23}=\dfrac{35}{23}$　　　第二层　$3+\dfrac{23}{35}=\dfrac{128}{35}$　　　第一层　$\dfrac{35}{128}$

前六层表示的 i_y 为

$$i_{y6}=\frac{35}{128}=0.2734375=\frac{6\sin\beta'}{4}\qquad \beta'=10°30'11.78''$$

z_{a2}、z_{b2}、z_{c2}、z_{d2}可为35、64、35、70。

前七层表示的 i_y 为

$$i_{y7}=\frac{38}{139}=0.27338=\frac{6\sin\beta'}{4}\qquad \beta'=10°30'3.928''$$

前八层表示的 i_y 为

$$i_{y8}=\frac{73}{267}=0.273408=\frac{6\sin\beta'}{4}\qquad \beta'=10°30'7.69''$$

z_{a2}、z_{b2}、z_{c2}、z_{d2}可为73、89、29、87。

前九层表示的 i_y 为

$$i_{y9}=\frac{111}{406}=0.273399=\frac{6\sin\beta'}{4}\qquad \beta'=10°30'6.39''$$

z_{a2}、z_{b2}、z_{c2}、z_{d2}可为37、58、30、70。

由上述可知：i_{y7}精度最高，但由于139为质数，最大齿轮齿数多。组成i_{y6}、i_{y9}的交换齿轮齿数较为合理，但i_{y6}精度较低。综合考虑，选择组成i_{y9}的交换齿轮。

五、窜刀传动链

齿轮滚刀的轴向长度大于6圈，为充分利用滚刀的全部切削刃，每次垂直进给或一批工件加工后，滚刀应有一定轴向移动，该运动称为窜刀运动。

YW3150滚齿机的窜刀运动的动力源是电动机M_2，末端传动件驱动XXⅦ轴上的空心螺杆，空心螺杆驱动螺母带动滚刀主轴轴向移动。传动路线表达式为

$$\begin{matrix}\text{电动机 } M_2 \\ 2800\text{r/min, } 0.25\text{kW}\end{matrix} - \frac{25}{25} - \text{XXIV} - \frac{24}{24} - \text{XXV} - \frac{22}{88}\times\frac{88}{22} - \text{XXVI} - \frac{1}{40} - \text{XXVII空心螺杆}\ (Ph=2\pi\text{mm})$$

电动机旋转1圈、窜刀量（切向进给量）f_{ts}为

$$f_{ts}=1\times\frac{25}{25}\times\frac{24}{24}\times\frac{22}{88}\times\frac{88}{22}\times\frac{1}{40}\times2\pi\ \text{mm/r}=0.05\pi\ \text{mm/r}$$

电动机M_2的接通时间决定窜刀量的大小，一般用光电旋转编码器控制，也可用时间继电器控制窜刀量。普通滚齿机每次窜刀量为滚刀的一个齿距。若滚刀的模数为$m_{刀}$，滚刀的齿距为$\pi m_{刀}$，因而采用模数螺杆，使电动机M_2的转数N_{M2}为

$$N_{M2}=\frac{\pi m_{刀}}{0.05\pi}=20m_{刀}$$

为使滚刀的位置准确，方便调整，滚刀轴向移动一个齿距时，电动机M_2转数应为整数。在渐开线圆柱齿轮模数数列中，除1.25、1.75、2.25、2.75是0.05的整倍数外，其他模数皆为0.5的整数倍，故切向进给量的系数为0.05。

六、对角进给传动链

YW3150滚齿机通过对角交换齿轮a_3、b_3将XXⅠ轴、XXⅡ轴联系起来，滚齿时，电动机M_2转动，滚刀架不仅有轴向进给，还有滚刀的切向进给，可加工双曲回转体型齿轮。

另外，安装于床身上的液压缸1由微量调速阀控制，活塞杆无级变速推动XXXⅢ轴上的螺母及蜗轮带动工作台及右立柱移动实现快速径向运动。径向工作进给时，液压缸的进出油口封闭，即电磁换向阀的滑阀机能为O型或K型，活塞杆不移动并处于制动状态，安装于右立柱中的手动蜗杆（XXXⅡ轴）的旋转运动经4/24蜗杆蜗轮副、蜗轮带动螺母旋转，由于活塞杆有导向键限制不能转动，蜗轮、螺母旋转的同时轴向移动，推动工作台及右立柱移动实现手动径向进给。蜗杆轴旋转一圈，产生的径向进给量f_r为

$$f_r=1\times\frac{4}{24}\times12\text{mm}=2\text{mm}$$

YW3150滚齿机加工齿轮的最大模数为8mm，则全齿高为2.25×8mm=18mm，手动径向进给量应大于18mm。手动蜗杆轴上带有刻度盘，可实现精确的进给量。

七、大质数齿齿轮的加工

YW3150滚齿机滚切直齿轮时，展成运动传动链变速机构的传动比为

$$i_x=\frac{z_{a1}}{z_{b1}}\times\frac{z_{c1}}{z_{d1}}=\frac{24K}{z}$$

当被加工齿轮的齿数 z 为质数时，由于质数不能分解因子，交换齿轮 b_1、d_1 中必须有一个齿数为 z，当 z 较大时，展成运动传动链的变速机构尺寸增大。一般情况下，滚齿机只提供齿数小于 100 的交换齿轮，对大于 100 的质数齿齿轮则无法加工。

由滚切斜齿圆柱齿轮的原理可知：齿坯的旋转运动是展成运动和差动运动合成的，滚切斜齿圆柱齿轮时滚刀与齿坯不是展成关系。如果滚刀的安装角 $\lambda = -\omega$，滚刀与齿坯保持展成关系，则加工出的齿轮一定是直齿圆柱齿轮，即计算展成交换齿轮时，增加（或减少）微量齿 Δ，计算齿数变为 $z \pm \Delta$，这样展成运动变慢（或变快），其差值通过差动运动予以补偿。此时滚刀、齿坯和刀架间传动联系如图 3-9 所示。由于右旋滚刀滚切右旋斜齿圆柱齿轮时，差动运动产生的齿坯附加旋转方向与展成运动产生的齿坯旋转方向相同，因此，用 $z+\Delta$ 计算展成链交换齿轮时，应采用滚切右旋斜齿圆柱齿轮的差动路线。确定展成运动链交换齿轮的计算式为

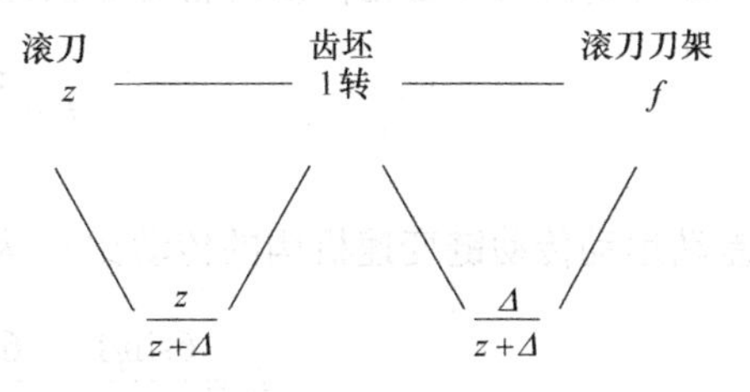

图 3-9　滚切直齿圆柱齿轮时滚刀、齿坯和刀架间传动联系

$$i_x = \frac{z_{a1}}{z_{b1}} \times \frac{z_{c1}}{z_{d1}} = \frac{24K}{z \pm \Delta}$$

质数齿齿轮的齿数末位数为 1、3、7、9，且 1、9 自身相乘末尾数为 1，应减去 $\frac{1}{10k+1}$、$\frac{1}{10k+9}$（k 为自然数）最容易分解因子；1、9 互乘末尾数为 9，应增加 $\frac{1}{10k+9}$、$\frac{1}{10k+1}$ 最容易分解因子；末尾数是 3、7 的质数，则应减去 $\frac{1}{10k+7}$、$\frac{1}{10k+3}$ 或增加 $\frac{1}{10k+3}$、$\frac{1}{10k+7}$ 最易分解因子，可取不同的 k 试算。

例　在 YW3150 滚齿机上用右旋单头滚刀滚切 $z=113$ 的直齿圆柱齿轮，试确定展成运动传动链的交换齿轮齿数。

解　（1）利用滚切右旋斜齿圆柱齿轮的差动路线确定展成运动传动链交换齿轮

$$i_x = \frac{z_{a1}}{z_{b1}} \times \frac{z_{c1}}{z_{d1}} = \frac{24}{z+\Delta} = \frac{24}{113+\frac{1}{23}} = \frac{24 \times 23}{52 \times 50}$$

交换齿轮 z_{a1}、z_{b1}、z_{c1}、z_{d1} 齿数分别为 24、52、23、50。

（2）利用滚切左旋斜齿圆柱齿轮的差动路线确定展成运动传动链交换齿轮

$$i_x = \frac{z_{a1}}{z_{b1}} \times \frac{z_{c1}}{z_{d1}} = \frac{24}{z-\Delta} = \frac{24}{113-\frac{1}{27}} = \frac{24 \times 27}{50 \times 61}$$

交换齿轮 z_{a1}、z_{b1}、z_{c1}、z_{d1} 齿数分别为 24、50、27、61。

滚切大质数齿齿轮时，滚刀的轴向进给量为 f_s，差动运动传动链产生的齿坯附加转数为 $\frac{\Delta}{z+\Delta}$，差动运动传动链的平衡式为

$$\text{XXIII}\left(\text{刀架丝杠，}\frac{f_s}{Ph}\text{转}\right)—\frac{40}{2}—\text{XXII}—\frac{30}{30}—\text{XX}—\frac{21}{24}—\text{XXVIII}—i_y—\text{XXIX}—\frac{24}{24}—\text{XXX}$$

$$—\frac{2}{40}\times i_{\Sigma}—\text{X}—\frac{z_e}{z_f}\times i_x—\text{XI}—\frac{1}{84}—\text{XXXI}\left(\text{齿坯，}\frac{\Delta}{z+\Delta}\text{转}\right)$$

对比滚切斜齿圆柱齿轮的差动运动传动链可知：滚切大质数齿齿轮相当于滚切齿数为 $z+\Delta$ 的斜齿圆柱齿轮，该齿轮的导程为

$$T=\frac{\pi m_n(z+\Delta)}{\sin\beta}=\frac{z+\Delta}{\Delta}f_s$$

差动运动传动链变速机构的传动比 i_y 为

$$i_y=\frac{6\sin\beta}{m_nK}=\frac{6}{m_nK}\,\frac{\pi m_n\Delta}{f_s}=\frac{6\Delta\pi}{K}\,\frac{20}{9\pi i_f}=\frac{40\Delta}{3K}\,\frac{1}{i_f}$$

须从 $i_f=\begin{Bmatrix}34/40\\40/34\end{Bmatrix}\times\begin{Bmatrix}20/40\\30/30\\40/20\end{Bmatrix}\times\begin{Bmatrix}25/35\\39/22\end{Bmatrix}$ 中找出使 i_y 最简单的传动比。分析可知

$$i_f=\frac{40}{34}\times\frac{30}{30}\times\frac{25}{35}=\frac{40}{34}\times\frac{25}{35}$$

则

$$i_y=\frac{z_{a2}}{z_{b2}}\times\frac{z_{c2}}{z_{d2}}=\frac{40\Delta}{3K}\times\frac{1}{i_f}=\frac{40\Delta}{3K}\times\frac{34}{40}\times\frac{35}{25}=\frac{42}{45K}\times\frac{34}{2/\Delta}$$

当 $f_s=\frac{9\pi}{20}\times\frac{40}{34}\times\frac{25}{35}$ mm/r = 1.19mm/r，$K=1$ 时，i_y 最简单。为提高传动精度，齿轮副的传动比应小于 1，因此，$\Delta\leqslant\frac{1}{17}$。

例 在 YW3150 滚齿机上用右旋单头滚刀滚切 $z=113$ 的直齿圆柱齿轮，且 $f_s=1.19$mm/r、$\Delta=1/23$。试确定差动运动传动链的交换齿轮齿数。

解

$$i_y=\frac{z_{a2}}{z_{b2}}\times\frac{z_{c2}}{z_{d2}}=\frac{42}{45K}\times\frac{34}{2/\Delta}=\frac{34}{45}\times\frac{42}{46}$$

交换齿轮 z_{a2}、z_{b2}、z_{c2}、z_{d2} 齿数分别为 34、45、42、46。

八、齿轮滚刀的对刀

根据空间螺旋线形成原理，可得参数方程

$$\begin{aligned}x&=\sqrt{r^2-y^2}=r\cos\theta\\y&=r\sin\theta\\z&=\frac{Ph}{2\pi}\theta\end{aligned}$$

式中 θ——旋转角。

z 轴与空间螺旋线轴线重合。由 y 替代 x，可得空间螺旋线在 YOZ 平面中的方程式为

$$\frac{y}{\sqrt{r^2-y^2}}=\tan\frac{2\pi}{Ph}z=u$$

导数 $\mathrm{d}y/\mathrm{d}z$ 为

$$\frac{\mathrm{d}u}{\mathrm{d}z}=\frac{2\pi}{Ph}\frac{1}{\cos^2\frac{2\pi}{Ph}z}=\frac{1}{r\tan\omega}\frac{1}{\cos^2\frac{2\pi}{Ph}z}$$

$$\frac{\mathrm{d}u}{\mathrm{d}y}=\frac{1}{\sqrt{r^2-y^2}}-\frac{1}{2}\frac{(-2y)\ y}{(\sqrt{r^2-y^2})^3}=\frac{r^2}{(\sqrt{r^2-y^2})^3}=\frac{1}{r\cos^3\frac{2\pi}{Ph}z}$$

$$\frac{\mathrm{d}y}{\mathrm{d}z}=\frac{\mathrm{d}u}{\mathrm{d}z}\frac{\mathrm{d}y}{\mathrm{d}u}=\frac{1}{r\tan\omega}\frac{1}{\cos^2\frac{2\pi}{Ph}z}r\cos^3\frac{2\pi}{Ph}z=\frac{\cos\frac{2\pi}{Ph}z}{\tan\omega}$$

式中　ω——空间螺旋线的旋转升角。

空间螺旋线上的任意一点（x，y，z）的切线与 XOZ 平面的夹角 α 为

$$\tan\alpha=\frac{\mathrm{d}y}{\mathrm{d}z}=\frac{\cos\frac{2\pi}{Ph}z}{\tan\omega}$$

z 值不同，空间螺旋线上 z 值对应点的切线与 XOZ 平面的夹角不同。在 $y=0$、$z=0$ 处，α 为最大值，$\alpha_{max}=90°-\omega$。该点的法线与 XOZ 平面夹角 γ 则为最小值，$\gamma_{min}=90°-\alpha=\omega$。齿轮滚刀是空间螺旋线组合，切削刃的法向截面与切削刃的法线重合。齿轮滚刀绕 O-O 轴线（平行于 Z 轴）旋转，切削刃的旋转平面垂直于 O-O 轴线，切削刃的旋转半径为 r，切削刃在（r，0，z）空间点铣削齿坯，在（r，0，z）点齿轮滚刀切削刃的法向截面与 XOZ 平面的夹角为 γ，即滚齿机铣削齿轮时，滚刀的法向齿宽与齿坯参数一致。若滚刀的法向齿宽的中点不在齿坯的轴线上（最大偏移距离 $0.5\pi m$），则使齿轮滚刀的法向截面与 XOZ 平面的夹角 γ 增大，铣削的齿槽宽度增大为 $0.5\pi m/\cos(\gamma-\gamma_{min})$，如图 3-10 所示。齿坯轴线与滚刀轴线在（$r$，0，$z_1$）点异面相交，滚刀切削刃在 A 点切削。当齿坯轴线与滚刀轴线在（r，0，z_2）点异面相交时，滚刀 B 点的切削刃在（r，0，z_2）点铣削齿坯，由于该点的法线与 XOZ 平面的夹角 $\gamma>\gamma_{min}$，铣削的齿槽宽度增大，相当于加工负变位齿轮。若保持齿坯参数不变，径向背吃刀量则减少。由于齿轮的齿根圆精度较低，只要加工的齿轮全齿高大于模数的两倍，就不影响被加工齿轮的工作。因此，滚齿机加工齿轮时不需精确对刀。但是，空间螺旋线上任意一点的法线与 XOZ 平面夹角 γ 与 z 值呈非线性关系，齿轮滚刀分度圆上切削刃铣削的齿槽宽很难精确计量，且齿轮滚刀的切削刃不是连续的，如图 3-11 所示，由 GB/T 29252—2012 可知，模数≤3.5mm 的齿轮滚刀圆周上切削刃 $z_0=12$，模数≥4mm 的齿轮滚刀 $z_0=10$，若滚刀的 B 点不是切削刃，由于有径向背吃刀量，滚刀 B 点右侧距离最小的切削刃铣削齿坯，齿坯上铣削出的齿槽有微量偏移，最大偏移量为 $\pi m\cos(\beta\mp\omega)/z_0$（左旋斜齿圆柱齿轮为“+”）。为便于精确控制被加工齿轮的齿形参数，减少齿轮齿厚的偏移，需通

过对刀使齿轮滚刀法向齿宽的中点位于齿坯的旋转轴线上，齿轮滚刀分度圆上切削刃铣削的齿槽宽度为 $0.5\pi m$ 时，加工出的齿轮全齿高为 $2.25\pi m$。

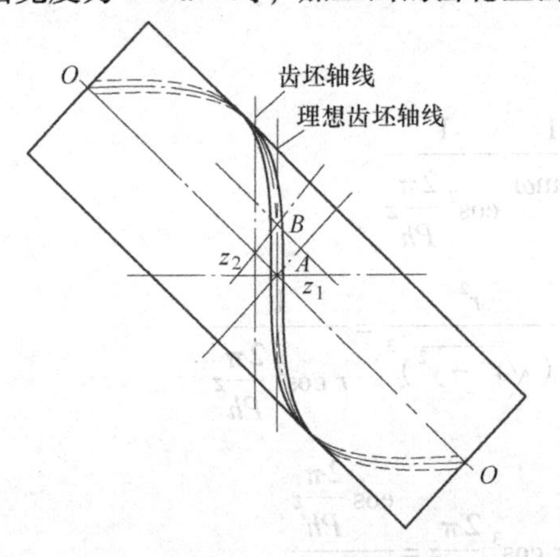

图 3-10 滚刀刀齿法向齿宽中点偏移齿坯轴线

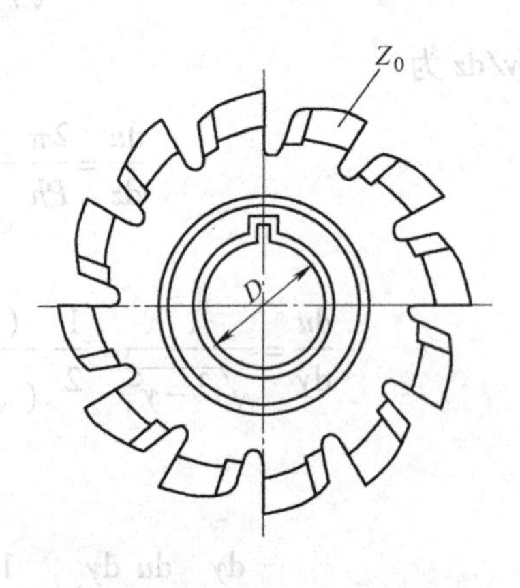

图 3-11 磨前齿轮滚刀结构示意图

第三节 YM5150A 插齿机

插齿机可加工内、外啮合的圆柱直齿轮，尤其适合加工内齿轮和多联圆柱直齿轮。

一、插齿机的传动原理

插齿机的加工原理类似一对啮合的圆柱直齿轮，一个是齿坯，另一个是插齿刀（端面具有切削刃的高精度齿轮），按照展成法加工。插齿原理及插齿机传动原理如图 3-12 所示。插齿刀沿齿坯齿向的往复运动 A_2 为主运动，由偏心轮的曲柄驱动，通过调整曲柄偏心距改变插齿刀的插齿行程。插齿刀往复运动 A_2 为间接动力源。驱动插齿刀旋转运动 B_{11} 的传动链为圆周进给链。插齿刀的旋转运动 B_{11} 为间接动力源。驱动齿坯旋转的传动链为展成运动链。展成运动链为内联系传动链，其传动联系为

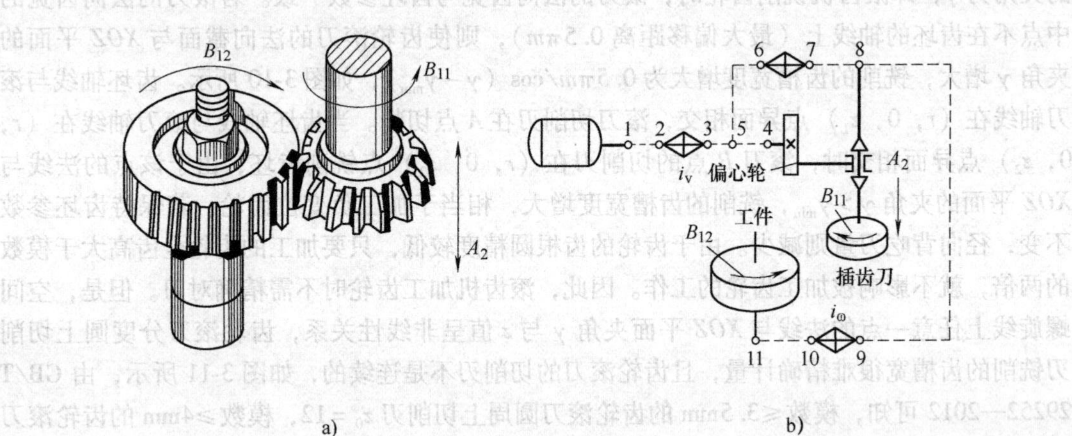

图 3-12 插齿原理及插齿机传动原理

a）插齿原理 b）插齿机传动原理

$$i_x = \frac{z_0}{z}$$

式中　z_0、z——插齿刀、齿坯的齿数。

二、YM5150A插齿机的传动系统

YM5150A插齿机是在Y5150A插齿机的基础上通过提高关键零部件的制造精度而成的，主要用于加工内、外直齿圆柱齿轮，多联齿轮和轴齿轮。YM5150A插齿机最大插齿直径为500mm，插齿刀最大模数为8mm，最大加工齿宽为100mm，工作台台面直径为360mm。其传动系统如图3-13所示。

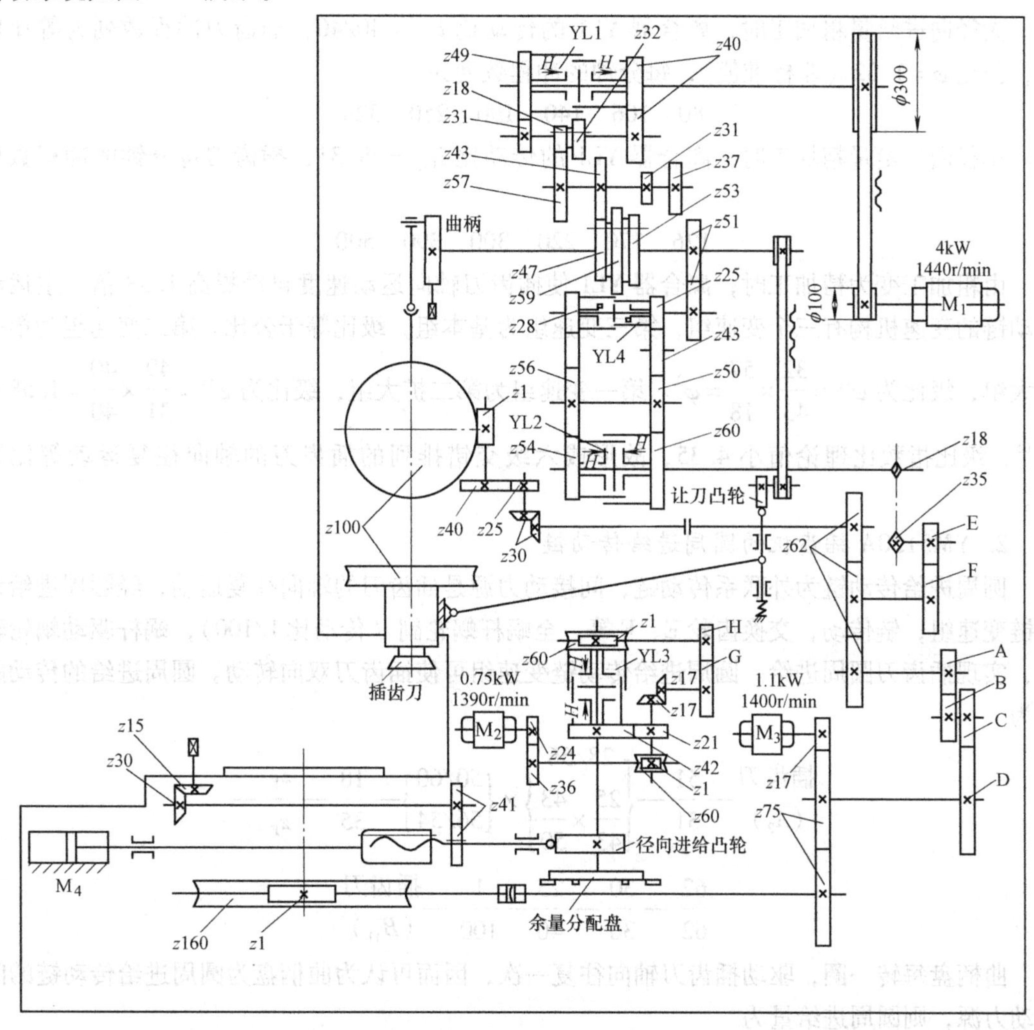

图3-13　YM5150A插齿机的传动系统

1. YM5150A插齿机的主运动传动链

YM5150A插齿机的主电动机为Y112M-4，额定功率4kW，额定转速1440r/min，运动经同步带传递到双向离合器YL1变速组，经主运动传动链变速机构至曲柄盘，带动插齿刀轴向运动。粗加工时，YL1右侧离合器接合，40齿齿轮啮合；精加工时，YL1左侧离合器接

合，49 齿齿轮啮合。主运动的传动路线为

$$\begin{matrix}\text{电动机}\\ 4\text{kW}\\ 1440\text{r/min}\end{matrix}—\frac{100}{300}—\begin{Bmatrix}40/40\\49/31\end{Bmatrix}\times\begin{Bmatrix}18/57\\32/43\end{Bmatrix}\times\begin{Bmatrix}31/59\\37/53\\43/47\end{Bmatrix}—\text{曲柄}$$

插齿刀每分钟的往复冲程数为

$$n_1=1440\times\frac{100}{300}\times\begin{Bmatrix}40/40\\49/31\end{Bmatrix}\times\begin{Bmatrix}18/57\\32/43\end{Bmatrix}\times\begin{Bmatrix}31/59\\37/53\\43/47\end{Bmatrix}$$

大径向进给量粗加工时，离合器 YL1 的传动比 $i_{L11}=40/40$，插齿刀冲程数列为等比数列，公比 $\varphi=1.32$（非标准值），每分钟的冲程数列为

80 106 140 190 250 320

小径向进给量精加工时，离合器 YL1 的传动比 $i_{L12}=49/31$，插齿刀每分钟的冲程数列为

126 170 220 300 390 500

由粗加工变为精加工时，离合器 YL1 使插齿刀轴向运动速度自动提高 1.58 倍。主运动传动链的变速机构有三个变速组，第三变速组为基本组，级比等于公比。第二变速组为第一扩大组，级比为 $\varphi^{x_1}=\frac{32}{43}\times\frac{57}{18}=\varphi^3$。第一变速组为第二扩大组，级比为 $\varphi^{x_2}=\frac{49}{31}\times\frac{40}{40}=1.58=\varphi^{1.65}$，级比指数比理论值小 4.35，故形成六级交错排列的插齿刀的轴向往复运动等比数列。

2. YM5150A 插齿机的圆周进给传动链

圆周进给传动链为外联系传动链，间接动力源是插齿刀的轴向往复运动，经圆周进给传动链变速组，链传动，交换齿轮 E、F 等，至蜗杆蜗轮副（传动比 1/100），蜗杆驱动蜗轮转动，实现插齿刀圆周进给。圆周进给传动链变速组可使插齿刀双向转动。圆周进给的传动路线为

$$\begin{matrix}\text{插齿刀}\\(A_2)\end{matrix}—\frac{51}{51}—\begin{bmatrix}28/56\\ \frac{25}{43}\times\frac{43}{50}\end{bmatrix}\times\begin{Bmatrix}50/60\\56/54\end{Bmatrix}—\frac{18}{35}—\frac{z_E}{z_F}—$$

$$\frac{62}{62}—\frac{30}{30}—\frac{25}{40}—\frac{1}{100}—\begin{matrix}\text{插齿刀}\\(B_{11})\end{matrix}$$

曲柄盘每转一圈，驱动插齿刀轴向往复一次，因而可认为曲柄盘为圆周进给传动链的间接动力源，则圆周进给量为

$$n_c=1\times\frac{51}{51}\times\begin{Bmatrix}28/56\\ \frac{25}{43}\times\frac{43}{50}\end{Bmatrix}\times\begin{Bmatrix}50/60\\56/54\end{Bmatrix}\times\frac{18}{35}\times\frac{z_E}{z_F}\times\frac{62}{62}\times\frac{30}{30}\times\frac{25}{40}\times\frac{1}{100}\text{r/双行程}$$

$$=\pm1.34\times\begin{Bmatrix}1\\1.244\end{Bmatrix}\times\frac{z_E}{z_F}\times10^{-3}\text{r/双行程}$$

当插齿刀分度圆直径 $d_0=100\text{mm}$ 时，圆周进给量 f_c 为

$$f_c = 100\pi n_c = 0.421 \times \begin{Bmatrix} 1 \\ 1.244 \end{Bmatrix} \times \frac{z_E}{z_F} \text{mm/双行程}$$

齿轮粗加工时圆周进给量f_c为

$$f_c = 0.421 \times 1.244 \times \frac{z_E}{z_F} \text{mm/双行程} = 0.524 \times \frac{z_E}{z_F} \text{mm/双行程}$$

齿轮精加工时圆周进给量f_{cj}为

$$f_{cj} = 0.421 \times \frac{z_E}{z_F} \text{mm/双行程} = 0.421 \times \frac{z_E}{z_F} \text{mm/双行程}$$

YM5150A插齿机的圆周进给量为0.1～0.6mm/双行程（$n_c = 3.183 \sim 19.1 \times 10^{-4}$r/双行程）。$f_c$用于粗加工，$f_{cj}$用于精加工，液压控制的双向摩擦离合器YL2实现粗、精加工圆周进给量自动转换，圆周进给量缩小为原来的1/1.244。液压控制的双向摩擦离合器YL4实现双向圆周进给运动。

3. YM5150A插齿机的展成运动传动链

插齿机展成运动传动链的间接动力源是插齿刀，末端件是齿坯。两端件的传动联系为

$$\text{插齿刀1转} \text{———————} \text{齿坯}\frac{z_0}{z}\text{转}$$

YM5150A插齿机展成运动传动链的传动路线为

$$\underset{(B_{11})}{\text{插齿刀}} - \frac{100}{1} - \frac{40}{25} - \frac{30}{30} - \frac{62}{62} \times \frac{62}{62} - \frac{z_A}{z_B} \times \frac{z_C}{z_D} - \frac{75}{75} - \frac{1}{160} - \underset{(B_{12})}{\text{齿坯}}$$

YM5150A插齿机展成运动传动链变速机构的传动比i_x为

$$i_x = \frac{z_A}{z_B} \times \frac{z_C}{z_D} = \frac{z_0}{z} \times \frac{1}{100} \times \frac{25}{40} \times \frac{30}{30} \times \frac{62}{62} \times \frac{62}{62} \times \frac{75}{75} \times \frac{160}{1} = \frac{z_0}{z}$$

4. YM5150A插齿机的快速展成运动传动链

YM5150A插齿机的快速展成运动传动链的动力源为M_3，电动机型号为Y90S-4，额定功率为1.1kW，额定转速为1400r/min。快速展成运动电动机M_3与离合器YL2、YL4电气互锁。M_3工作时，YL2、YL4离合器处于分离状态，即圆周进给传动链切断，避免运动干涉；YL2、YL4离合器接合时，M_3不能起动，但M_3作为负载旋转，转速为$160n_{\text{工}} \times (75/17) = 705.88n_{\text{工}}$。YM5150A插齿机的快速展成运动的传动路线为

$$\underset{1.1\text{kW}, 1400\text{r/min}}{\text{电动机}} - \frac{17}{75} - \frac{75}{75} - \frac{1}{160} - \text{齿坯}$$

快速展成运动时，齿坯转速为

$$n_{B12q} = 1400 \times \frac{17}{75} \times \frac{75}{75} \times \frac{1}{160} \text{r/min} = 1.983 \text{r/min}$$

此时展成运动传动链没有断开，以保持插齿刀与齿坯的相对位置关系。插齿刀转速为

$$n_{B11q} = 1.983\frac{z}{z_0} \text{r/min}$$

5. YM5150A插齿机的径向进给运动传动链

YM5150A插齿机的径向进给运动传动链是外联系传动链，传动链的动力源为M_2，电动

机型号 Y802-4，额定功率 0.75kW，额定转速 1390r/min。运动经两级蜗杆蜗轮副减速后驱动径向进给凸轮缓慢旋转，径向进给凸轮推动丝杠带动固定于工作台下方的螺母，使工作台沿水平方向移动。径向进给凸轮由阿基米德螺线组成，每隔 30°升程 2.5mm，径向进给凸轮每转的总升程为 30mm。YM5150A 插齿机加工齿轮模数为 8mm，全齿高为 18mm，则径向进给齿轮凸轮最多连续旋转（YL3 图示上端接合）0.6r，就加工一个齿轮。其传动路线为

$$\frac{\text{电动机}}{0.75\text{kW},\ 1390\text{r/min}}—\frac{24}{36}—\frac{1}{60}—\frac{17}{17}—\frac{z_G}{z_H}—\frac{1}{60}—\text{径向进给凸轮}$$

径向进给速度 f_r 为

$$f_r = 1390\times\frac{24}{36}\times\frac{1}{60}\times\frac{17}{17}\times\frac{z_E}{z_H}\times\frac{1}{60}\times 30\text{mm/min}\approx 7.722\times\frac{z_G}{z_H}\text{mm/min}$$

根据《机械工程手册》第 2 版机械制造工艺及设备（二）)，推荐的径向进给量（mm/双行程）为

$$f_r = (0.1\sim0.3)\,f_c$$

由此可知，YM5150A 插齿机的径向进给量为 0.02 ~ 0.1mm/双行程。

径向进给也可采用步进式。YM5150A 插齿机有径向进给余量分配盘，在径向进给余量分配盘上设置位置可调的行程挡铁（原位行程挡铁除外），在径向进给控制盘上均匀布置有原位、一次进给、二次进给等 10 个行程开关，原位行程开关撞头与九次进给行程开关所夹圆心角为 324°，径向进给余量分配盘上有环形刻度，相邻刻线所夹圆心角为 1.2°，即径向进给余量分配盘每转 1.2°，径向进给凸轮进给量为 0.1mm。由于径向进给余量分配盘与径向进给凸轮同步转动，每转 30°径向进给 2.5mm。在起始位置，原位行程开关动作；一次进给、二次进给，…，九次进给行程开关撞头对应的基准刻线为 30°，60°，…，270°。当一次进给行程挡铁压下一次进给行程开关时，电动机 M_2 断电，径向进给停止；齿坯转一圈后，电动机 M_2 再次通电，第二次进给开始。最后进给终了且齿坯转一圈后，电动机 M_2 通电，双向摩擦离合器 YL3 换向（YL3 图示下端接合），运动经 21、42 齿的齿轮副，使径向进给凸轮快速反转，其速度为

$$f_r = 1390\times\frac{24}{36}\times\frac{1}{60}\times\frac{21}{42}\times 30\text{mm/min}\approx 231.7\text{mm/min}\approx 3.86\text{mm/s}$$

当原位行程挡铁压下原位行程开关时，电动机 M_2 断电，双向摩擦离合器 YL3 分离，工作台快速退回。

YM5150A 插齿机能任意预选和分配切入深度以及实现 1 ~ 9 次自动进给工作循环，每次进给量大小通过调整行程挡铁的位置决定，若一次进给量、二次进给量为 2mm、2.5mm，则一次进给行程挡铁对准的刻线值为 30 − 20 = 10 刻线，与基准刻线相距 20 道刻线；二次进给行程挡铁对准的刻线值为 60 − (20 + 25) = 15 刻线，与基准刻线相距 35 道刻线。自动径向进给工作循环由可编程序控制器控制。

6. YM5150A 插齿机工作台的快速移动传动链和手动径向进给传动链

为节省辅助时间，减轻劳动强度，提高加工效率，插齿机应有工作台快速移动功能。为

使径向进给量精确，插齿前工作台应能微量调整。

YM5150A 插齿机工作台快速移动由缸体固定在工作台下方的液压缸 M_4 驱动，活塞杆前端为螺纹孔，而径向进给凸轮推杆的端部为外螺纹，两者构成螺纹副。液压缸上设有导向装置，使活塞杆只能轴向移动而不能转动。液压缸的有杆腔进油时，由于凸轮推杆始终与凸轮接触，活塞杆与凸轮推杆的长度不变，液压缸缸体带动工作台快速靠近齿坯，工作台前下方的支架与活塞杆前端相对滑移。液压缸的无杆腔进油时，工作台快速退回。YM5150A 插齿机工作台的最大移动行程为 250mm。

YM5150A 插齿机的工作台一侧设置有手柄轴，转动手柄轴时，运动经锥齿轮副（传动比 1/2）至圆柱齿轮副（从动齿轮轴向固定于工作台的支架中，可绕支架孔轴线转动）传递到凸轮推杆上，推杆上设置有导向键槽，这样齿轮可驱动凸轮推杆转动，齿轮可相对凸轮推杆轴向移动。当转动手柄轴时，圆柱齿轮驱动凸轮推杆转动，凸轮推杆端部螺纹副的配合长度改变，进而改变活塞杆与凸轮推杆的总长度，在液压油进出油口封闭（液压缸换向阀滑阀机能为 M 型，液压泵卸载，两油腔封闭）时，工作台微量移动，即活塞杆端部内螺纹带动工作台微量移动。此时工作台也带动圆柱齿轮副在凸轮推杆上微量移动。手柄旋转一圈，工作台的移动距离为

$$f_{rs} = 1 \times \frac{15}{30} \times \frac{41}{41} \times Ph = 0.5Ph$$

式中　Ph——凸轮推杆螺纹导程。

若 $Ph = 6$mm，则手柄旋转一圈，工作台的移动距离为 $f_{rs} = 0.5Ph = 3$mm。若手柄固定在 60 道刻线的刻度盘上，则手柄每转一道刻线，工作台移动 0.05mm，以保证工作开始时插齿刀与齿坯的径向相对位置，以及保证精确的径向进给。

为便于工作台靠近齿坯，插齿主运动传动链中也设有手动机构，以适应不同齿轮宽度的需要。在此不再赘述。

7. 让刀运动

曲柄轴的旋转运动经同步带传递到让刀凸轮轴，使让刀凸轮轴与曲柄轴同步旋转，在插齿刀位于向上的行程时，让刀凸轮推压滚轮推动让刀轴压缩弹簧上下移动，经连杆使插齿刀轴摆动，实现让刀运动。

第四节　弧齿锥齿轮机床

弧齿锥齿轮又称为格里森（Glerson）齿轮，广泛用于汽车、拖拉机、工程车辆等行走机械的驱动桥差速器中。弧齿锥齿轮的齿线为圆弧，节锥线与根锥线相交于锥顶，顶锥线与配对啮合的齿轮的根锥线平行，与节锥线的夹角 γ 为齿顶角。加工弧齿锥齿轮的机床称为弧齿锥齿轮机床。

一、弧齿锥齿轮铣齿机的传动原理

由于弧齿锥齿轮的齿线为圆弧，因而可认为：①有一个假想的节锥角 $2\varphi = 180°$ 的平面齿轮（产形轮）——摇台与齿坯作展成运动，节锥线上的线速度相等；②产形轮仅有一个齿，且以弧齿齿线曲率半径为回转半径高速旋转，这个齿刃的运动轨迹就是弧齿锥齿轮的渐开线齿槽，为提高切齿效率，将这个旋转齿均匀复制在一个圆盘上形成弧齿铣刀盘，如图

3-14 和图 3-15 所示；③产形轮上仅有一个旋转齿，因而展成运动不是连续的，产形轮铣完一个齿后，摇台返回原处，齿坯分度，然后再进行铣削，故弧齿锥齿轮铣齿机的产形轮称为摇台。

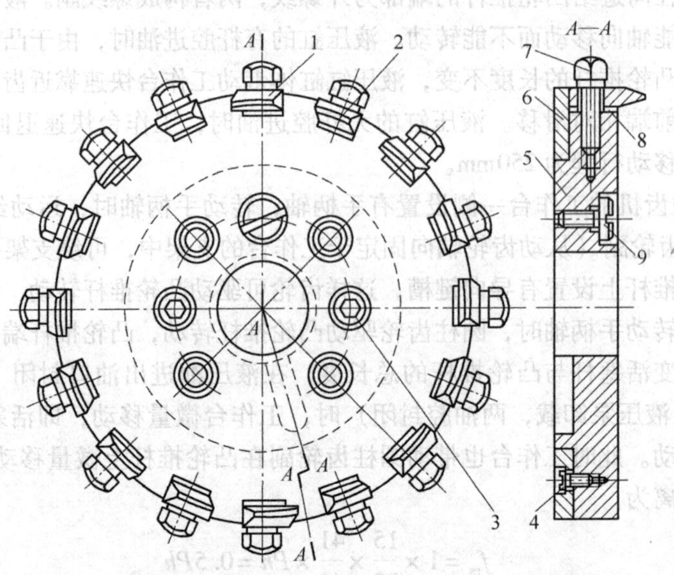

图 3-14　空间螺旋线与圆柱齿轮轴线的位置关系

1—外刀齿　2—内刀齿　3、4、7—紧固螺栓　5—刀盘体

6—齿刃轴向定位盘　8—垫片　9—标记螺钉

弧齿锥齿轮铣齿机的传动原理如图 3-16 所示，铣刀盘的旋转运动为主运动（B_1），i_v 为主运动变速机构；摇台的摆动为进给运动（B_{21}），i_f 为进给链的变速机构；摇台（B_{21}）至齿坯（B_{22}）间的传动链为展成运动传动链，i_ω、i_d 为展成运动传动链的变速机构；分度运动传动链为差动运动传动链，每次驱动齿坯转过的角度是齿距对应圆心角的整倍数，因而是内联系传动链，同样差动运动传动链的执行件为齿坯（B_3），i_d 为差动运动传动链变速机构。

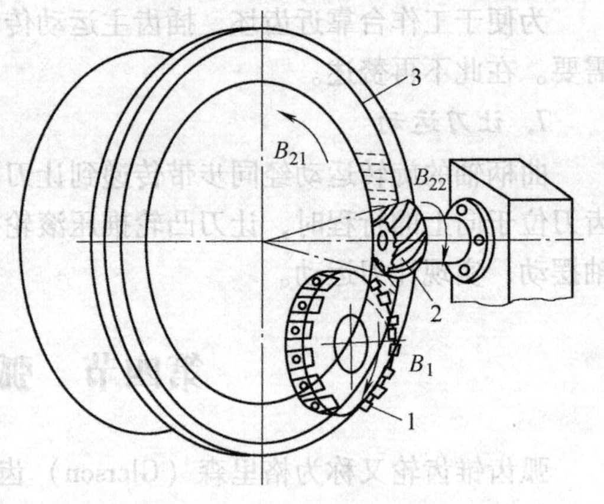

图 3-15　摇台与弧齿铣刀盘

1—产形轮（弧齿铣刀盘）　2—齿坯　3—摇台

产形轮为假想平面齿轮时，刀盘应有刀倾机构，以便在啮合铣削区域使顶切削刃的运动轨迹与齿坯根锥线相平行。由图 3-17 可知，假想平面产形轮的齿数 z_0 为

$$z_0 = \frac{2R_2}{m} = \frac{2R_1}{m\sin\varphi} = \frac{z}{\sin\varphi}$$

式中　z、m——齿坯齿数、模数。

由于计算式中含有 $\sin\varphi$ 因子，故假想平面产形轮的齿数不是整数。

产形轮为假想平顶齿轮，即刀盘没有刀倾机构时，刀盘的刀齿相当于平顶齿轮的一个

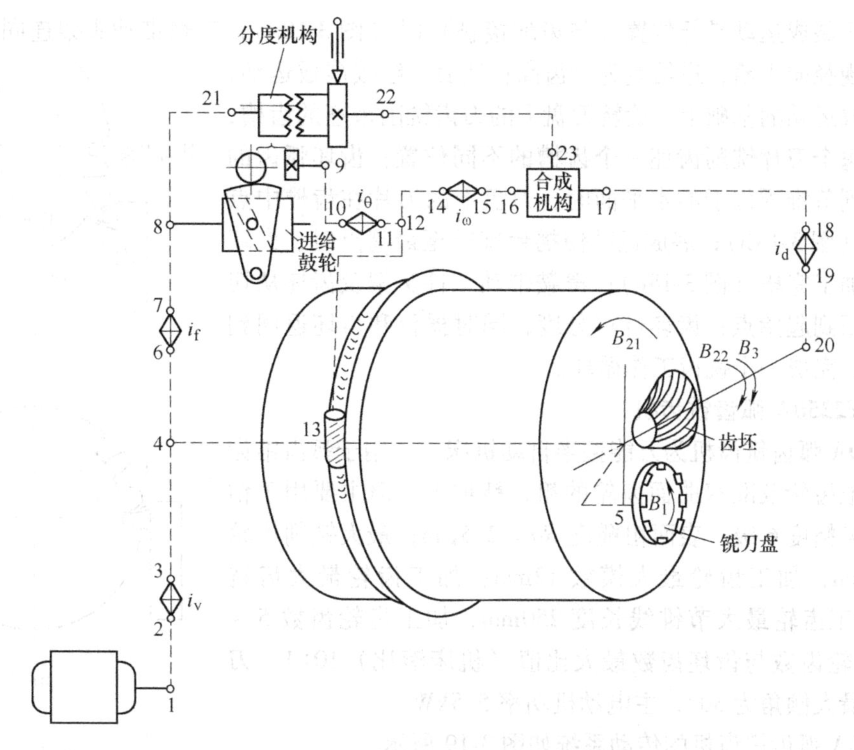

图 3-16　弧齿锥齿轮铣齿机的传动原理

齿，展成加工时，刀盘齿刃与齿坯啮合铣削，节锥线长度为 l_φ，假想平顶产形轮的齿数 z_0 为

$$z_0=\frac{2R_2}{m}=\frac{2l_\varphi\cos\gamma}{m}=\frac{2R_1\cos\gamma}{m\sin\varphi}=\frac{z\cos\gamma}{\sin\varphi}$$

式中　γ——刀盘齿顶角。

一般工业用弧齿锥齿轮齿线中点的螺旋角 $\beta=35°$，其主要技术参数见表 3-1。弧齿锥齿轮副为等顶隙齿轮副，大齿轮的齿顶角等于小齿轮的齿根角 γ_1，小齿轮的齿顶角则为 γ_2。弧齿锥齿轮铣齿机若加工弧齿锥齿轮副中的小齿轮，则产成轮的齿顶角为 γ_2，否则产成轮的齿顶角为 γ_1。

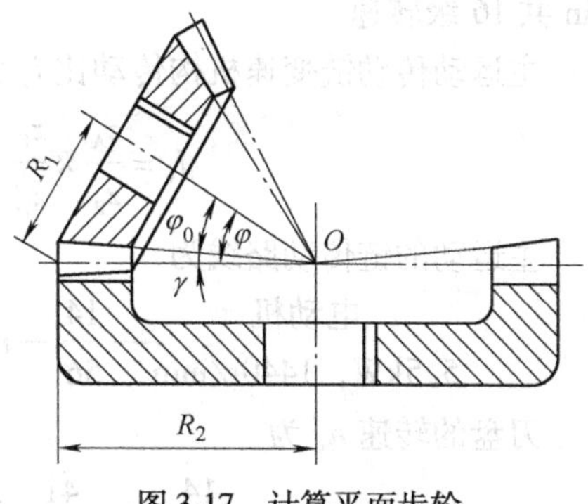

图 3-17　计算平面齿轮

表 3-1　弧齿锥齿轮的主要技术参数

全齿高 h	工作齿高 h'	大轮齿顶高 h_{a2}	小轮齿顶高 h_{a1}	大轮齿根角 γ_2	小轮齿根角 γ_1
$1.888m$	$1.700m$	$0.46m+0.39m\ (z_1/z_2)^2$	$h'-h_{a2}$	$\arctan\ (h_{f2}/R)$	$\arctan\ (h_{f1}/R)$

注：1. h_{f1} 为小齿轮齿根高，$h_{f1}=h-h_{a1}$；h_{f2} 为大齿轮齿根高，$h_{f2}=h-h_{a1}$。

2. 表中数据为小齿轮齿数大于 12 的数值。

3. 弧齿锥齿轮为等顶隙齿轮。

二、弧齿锥齿轮铣齿机的工作过程

刀盘装在摇台上，齿坯安装在工件头架的主轴上，摇台与齿坯进行展成运动。当摇台上的刀盘位于展成运动最低位置（与齿坯接触）时（图3-18a），床鞍带动头架连同齿坯一起移动，实现径向进给，进给量为全齿高；然后，继续展成运动，在摇台展成运动的基础上，旋转刀盘上的刀齿铣削齿坯的齿槽，刀盘上的每个刀片铣削齿坯一个齿槽的不同位置；齿坯弧齿的中点运动到节锥顶位于的水平面时，刀盘上的刀片在齿槽中点附近铣削（图3-18b）；展成运动使摇台旋转至最高点时，齿坯一个齿槽加工完毕（图3-18c）；滑鞍带动工件头架及齿坯从切削位置退回到起始点；齿坯进行分度，同时摇台和齿坯返回到初始位置，完成一个铣齿工作循环。

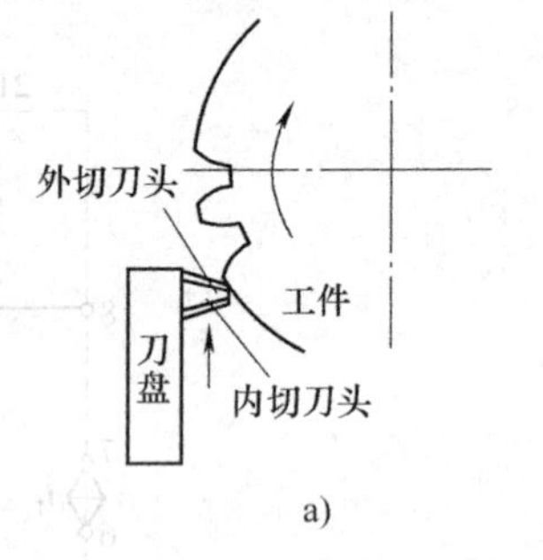

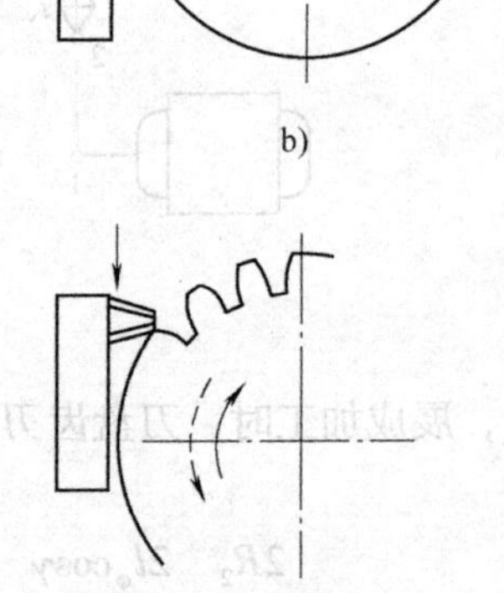

c)

图3-18 弧齿锥齿轮铣齿机的工作过程

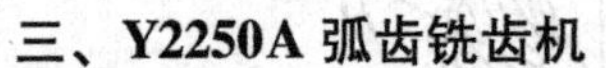

三、Y2250A 弧齿铣齿机

Y2250A 弧齿铣齿机为万能型半自动机床，适用于弧齿锥齿轮、零度锥齿轮及准双曲面齿轮的粗、精加工，但主要用于精加工，切齿精度6级，表面粗糙度 $Ra=2.5\mu m$；最大铣削齿轮直径500mm，加工齿轮最大模数12mm；加工齿轮最大齿宽65mm，加工齿轮最大节锥线长度250mm，加工齿轮齿数5～100；产形轮齿数与齿坯齿数最大比值（机床滚比）10∶1，刀倾机构的最大倾角为30°，主电动机功率5.5kW。

Y2250A 弧齿铣齿机的传动系统如图3-19所示。

1. Y2250A 弧齿铣齿机的主运动传动链

主运动传动链为主电动机与刀盘主轴间的外联系传动链。通过主运动传动链的变速机构，可使刀盘主轴得到17～138r/min 共16级转速。

主运动传动链变速机构传动比 i_v 为

$$i_v=\frac{z_A}{z_B}\times\frac{z_C}{z_D}$$

主运动的链传动路线为

$$\begin{matrix}\text{电动机}\\ 5.5\text{kW},\ 1440\text{r/min}\end{matrix}-\frac{14}{56}-i_v-\frac{41}{29}-\frac{35}{35}-\frac{35}{35}-\frac{33}{33}-\frac{16}{31}-\frac{17}{98}-\text{刀盘}$$

刀盘的转速 n_v 为

$$n_v=1440\times\frac{14}{56}\times i_v\times\frac{41}{29}\times\frac{35}{35}\times\frac{35}{35}\times\frac{33}{33}\times\frac{16}{31}\times\frac{17}{98}\text{r/min}=45.57i_v\ \text{r/min}$$

2. Y2250A 弧齿铣齿机的进给运动传动链

Y2250A 弧齿铣齿机进给运动传动链的末端件是进给鼓轮，进给运动传动链的动力源为主运动电动机。进给鼓轮每转一圈，鼓轮表面的圆柱凸轮槽拨动齿扇往复摆动一次，驱动摇台往复摆动一次，刀盘铣削一个齿槽并返回起始点；进给量以每齿的加工时间表示。

进给运动传动链的变速机构的传动比 i_f 为

$$i_{fr}=\frac{z_E}{z_F}\times\frac{z_G}{z_H}\times\frac{z_K}{z_L}\qquad i_{fl}=\frac{z_E}{z_F}\times\frac{z_G}{z_J}\times\frac{50}{50}\times\frac{z_K}{z_L}$$

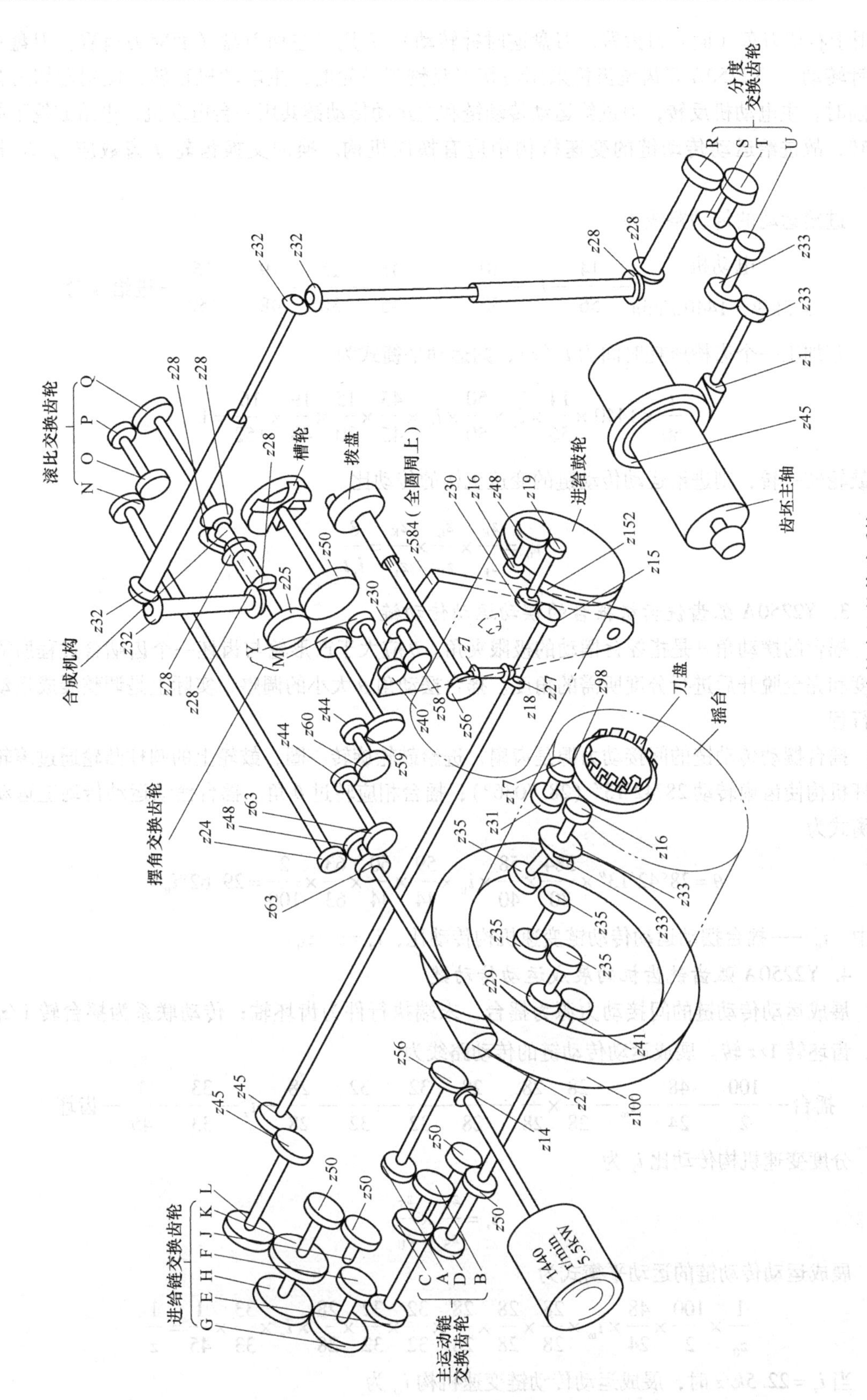

图3-19　Y2250A弧齿铣齿机的传动系统

i_{fr}用于右切刀盘（面对刀齿看，刀盘逆时针转动），i_{fl}用于左切刀盘（面对刀齿看，刀盘顺时针转动）。Y2250A弧齿铣齿机采用右切刀盘铣削齿轮时，主电动机正转；使用左切刀盘铣削时，主电动机反转，但进给运动传动链和主运动传动链共用一台电动机，进给鼓轮不能反转，故进给运动传动链的变速机构中应有换向机构。换向交换齿轮J齿数应与Z_H相等。

进给运动的传动路线为

$$\begin{matrix}\text{电动机}\\ 5.5\text{kW},\ 1440\text{r/min}\end{matrix}—\frac{14}{56}—i_v—\frac{50}{50}—i_{fr}—\frac{45}{45}—\frac{15}{30}—\frac{19}{48}—\frac{16}{152}—\text{进给鼓轮}$$

若加工一个齿槽所耗时间为t（s），则运动平衡式为

$$\frac{t}{60}\times 1440\times\frac{14}{56}\times i_v\times\frac{50}{50}\times i_{fr}\times\frac{45}{45}\times\frac{15}{30}\times\frac{19}{48}\times\frac{16}{152}=1$$

即鼓轮转一转，则进给运动传动链的变速机构的传动比

$$i_{fr}=\frac{z_E}{z_F}\times\frac{z_G}{z_H}\times\frac{z_K}{z_L}=\frac{8}{i_v t}$$

3. Y2250A弧齿铣齿机摇台的摆动运动传动链

摇台的摆动角θ是指摇台摆动的极限夹角。θ应大于产形轮与齿坯一个齿啮合过程所需角度和完全脱开后进行分度所需的角度。摇台摆动角θ大小的调整，实际上是调整展成运动的行程。

摇台摆动传动链的间接动力源是齿扇，进给鼓轮旋转一圈，鼓轮上的圆柱凸轮通过滚轮摇杆机构使齿扇转动28°42′13″（28.7036°）；摇台相应转过θ角。摇台摆动运动传动链运动平衡式为

$$\theta=28°42'13''\times\frac{584}{30}\times\frac{58}{40}\times i_\theta\times\frac{59}{44}\times\frac{60}{44}\times\frac{63}{63}\times\frac{2}{100}=29.62°i_\theta$$

式中　i_θ——摇台摆动运动传动链变速机构传动比，$i_\theta=z_Y/z_M$。

4. Y2250A弧齿铣齿机的展成运动传动链

展成运动传动链的间接动力源为摇台，末端执行件为齿坯轴；传动联系为摇台转$1/z_0$转，齿坯转$1/z$转。展成运动传动链的传动路线为

$$\text{摇台}—\frac{100}{2}—\frac{48}{24}—i_\omega—\frac{28}{28}\times\frac{28}{28}—\frac{28}{28}——\frac{32}{32}—\frac{32}{32}—\frac{28}{28}—i_z—\frac{33}{33}—\frac{1}{45}—\text{齿坯}$$

分度变速机构传动比i_z为

$$i_z=\frac{z_R}{z_S}\times\frac{z_T}{z_U}$$

展成运动传动链的运动平衡式为

$$\frac{1}{z_0}\times\frac{100}{2}\times\frac{48}{24}\times i_\omega\times\frac{28}{28}\times\frac{28}{28}\times\frac{28}{28}\times\frac{32}{32}\times\frac{32}{32}\times\frac{28}{28}\times i_z\times\frac{33}{33}\times\frac{1}{45}=\frac{1}{z}$$

当$i_z=22.5k/z$时，展成运动传动链变速机构i_ω为

$$i_{\omega}=\frac{z_N}{z_O}\times\frac{z_P}{z_Q}=\frac{z_0}{50}\times\frac{1}{k}$$

5. Y2250A 弧齿铣齿机的分度运动传动链

分度运动的间接动力源为鼓轮，末端件为齿坯轴。分度运动的控制机构为马尔他机构。分度运动至马尔他机构的传动路线为

$$\text{鼓轮}-\frac{152}{16}-\frac{48}{19}-\frac{30}{15}-\frac{18}{27}-\frac{7}{56}-\text{马尔他机构拨盘}$$

马尔他机构为间歇机构，如图 3-20 所示。拨盘上装有两个滚子，拨盘每转一圈，槽轮转 0.5r，拨盘的滚子与槽轮脱离啮合时，拨盘上的止动弧锁住槽轮，使槽轮静止不动。鼓轮每转半圈，完成铣齿工作行程或返回行程。在返回行程中，在展成运动的基础上，齿坯增加 k/z 转。因此，鼓轮每转 1/2 转，马尔他机构的拨盘应转一圈，即马尔他机构拨盘的转速 n_m 为

$$n_m=\frac{1}{2}\times\frac{152}{16}\times\frac{48}{19}\times\frac{30}{15}\times\frac{18}{27}\times\frac{7}{56}\text{r}/0.5\text{r}_{\text{鼓轮}}$$

$$=1\text{r}/0.5\text{r}_{\text{鼓轮}}$$

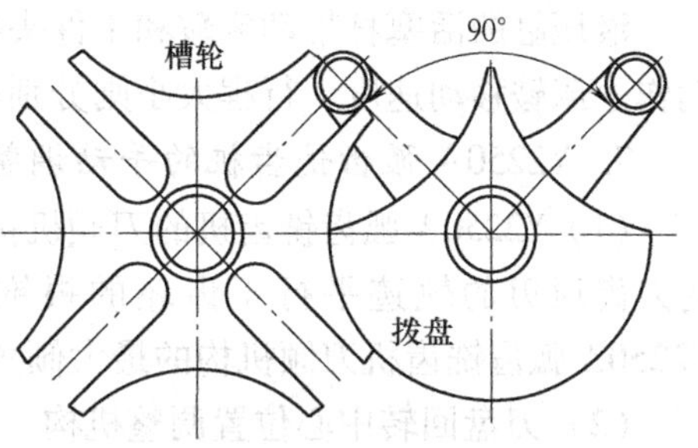

图 3-20　Y2250A 弧齿铣齿机的马尔他机构简图

Y2250A 弧齿铣齿机的进给鼓轮后端面上有端面凸轮（图 3-19 未示出），凸轮通过杠杆控制马尔他机构的接通与分离。在铣齿的工作行程中，马尔他机构拨盘的滚子与槽轮分离，槽轮受拨盘止动弧限制不能转动；当铣齿结束后，在摇台换向返回起始点的过程中，进给鼓轮的端面凸轮经杠杆拨动拨盘滚子前移与槽轮啮合，进给鼓轮转 0.5r，马尔他机构的槽轮间歇转 0.5r。分度运动传动链马尔他机构的槽轮至齿坯轴的传动路线为

$$\text{马尔他机构槽轮}-\frac{50}{25}-\Sigma-\frac{28}{28}-\frac{32}{32}-\frac{32}{32}-\frac{28}{28}-i_z-\frac{33}{33}-\frac{1}{45}-\text{齿坯轴}$$

进给鼓轮转 0.5r，齿坯轴转 k/z 转；Y2250A 弧齿铣齿机的合成机构如图 3-21 所示。分度运动由合成机构的行星轮架输入；周转轮系的传动关系为 $n_{out}=-n_{in}+2n_H$，故分度运动传动链中 $i_{\Sigma}=2$。分度运动传动链的平衡式为

$$0.5\times\frac{50}{25}\times2\times\frac{28}{28}\times\frac{32}{32}\times\frac{32}{32}\times\frac{28}{28}\times i_z\times\frac{33}{33}\times\frac{1}{45}=\frac{k}{z}$$

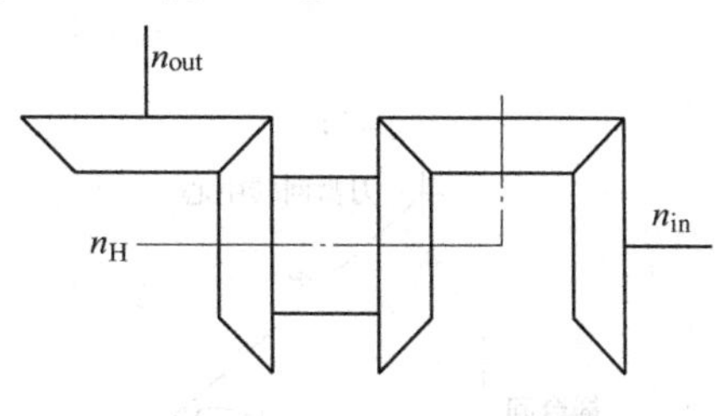

图 3-21　Y2250A 弧齿铣齿机的合成机构

分度变速机构的传动比为

$$i_z=22.5k/z$$

k 为齿坯每次分度转过的齿数。$k=1$，表示齿坯轴每次分度为一个齿（$1/z$ 转），齿坯的齿槽依次被铣削加工。跳齿法加工时，k 为没有齿坯齿数 z 公因子的自然数，如加工 $z=14$ 齿轮时，$k\neq2$，若 $k=3$，则铣完一个齿槽后，跳过 3 个齿，切齿顺序依次为：第 1—4—7—10—13—2（16）—5—…齿，齿坯转 3 转，加工完一个齿坯。若 $k=4$，铣完一个齿槽后，跳过 4 个齿，切齿顺序为：第 1—5—9—13—3（17）—7—11—1（15）齿，齿坯转 2 转后与第 1 转铣齿相同，不能加工出完整齿轮，故 $k\neq4$。$k=5$ 时，齿坯转 5 转，铣齿机铣完一

个齿轮。采用跳齿法分度，切削热分布较均匀，齿坯受热变形小。有的采用跳齿法加工的弧齿铣齿机，齿坯轴不反转，减少了展成运动传动链内齿轮间隙造成的转角误差，如 YT2250、YS2250 弧齿铣齿机。

分度运动工作时间为返回行程的一半，且应在返回行程的后半段进行。返回行程开始，床鞍带动工件头架及齿坯从切削位置退回起始点；在工作行程的后半段，床鞍则带动工件头架及齿坯前移径向进给，进给量为全齿高。为使径向进给与展成运动同步，床鞍的移动由进给鼓轮上的圆柱凸轮控制。

6. *径向进给运动传动链*

液压缸的活塞杆带动床鞍和工件头架及齿坯移动实现径向进给。电磁换向阀控制液压缸动作。床鞍移动速度、行程大小则分别由调速阀、行程挡铁决定。

7. *Y2250A 弧齿铣齿机的手动调整传动链*

（1）Y2250A 弧齿铣齿机的刀倾机构　弧齿铣齿机利用平面齿轮刀盘铣齿时，铣削区域的刀齿顶刃的轨迹平行于齿坯的根锥线，如图 3-22 所示，因而铣齿机应有刀倾机构。Y2250A 弧齿铣齿机刀倾机构的最大倾角为 30°。

（2）刀盘回转中心位置调整机构　刀盘回转中心位置（简称刀位）影响弧齿锥齿轮中点 M（图 3-22）的螺旋角。Y2250A 弧齿铣齿机的刀盘偏心地安装于偏心鼓轮中，如图 3-23 所示，刀盘主轴到偏心鼓轮中心的距离为 e，鼓轮中心至摇台回转中心的距离也为 e。旋转摇台，可改变刀盘回转中心至摇台回转中心的距离，实现刀位调整。

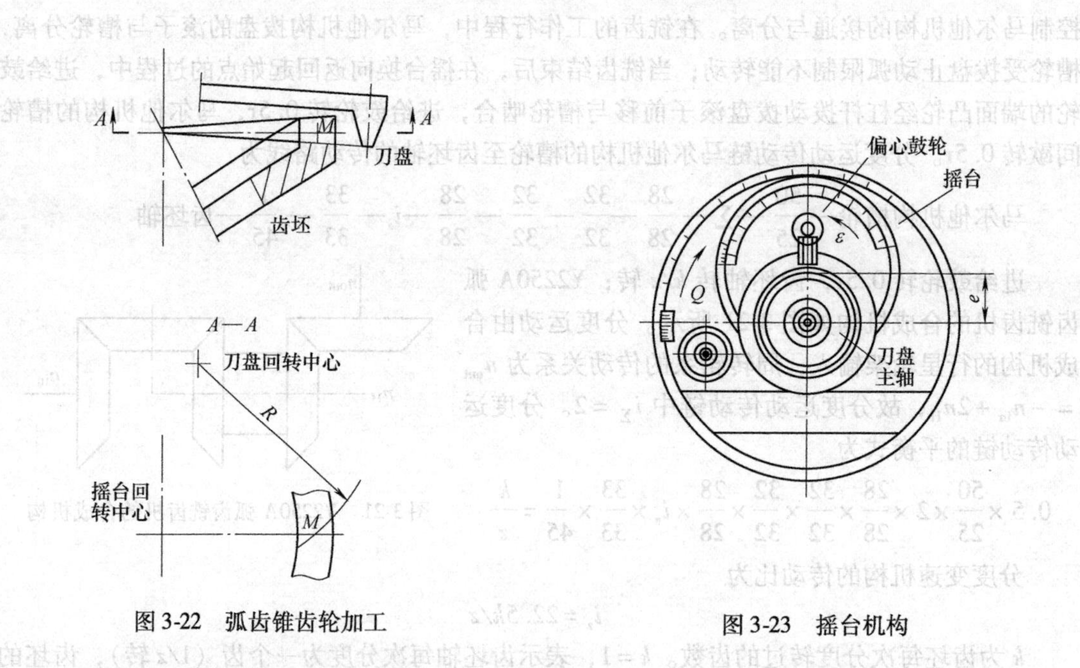

图 3-22　弧齿锥齿轮加工

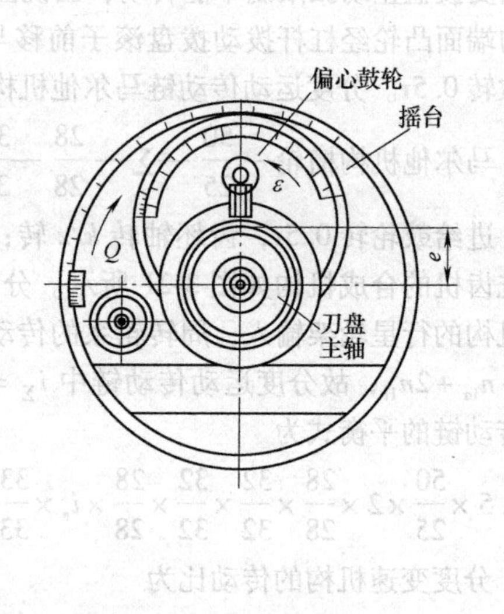

图 3-23　摇台机构

（3）齿坯安装根锥角　齿坯轴线与摇台平面的夹角等于齿坯的根锥角，因而称为安装根锥角。不同模数、不同齿数的弧齿锥齿轮根锥角不同，因而弧齿铣齿机的安装根锥角应有调整机构。

Y2250A 弧齿铣齿机的工件头架安装在床鞍上，床鞍上固定有齿扇，转动安装在工件头架上的行星小齿轮，工件头架及齿坯轴线就会绕齿扇中心回转，从而调整安装根锥角（安装根锥角调整机构在图3-19中未示出）。

第五节　齿轮机床的主要结构

一、YW3150滚齿机的主要结构

1. YW3150滚齿机刀架

YW3150滚齿机刀架结构如图3-24所示，刀架主轴采用卸荷机构，主轴轴向支承为两个推力球轴承，径向支承为滑动轴承，且前轴承为装入圆柱孔中的内锥体滑动轴承。滚刀主轴外伸端为矩形花键，末端传动大齿轮（齿数为81齿）由两个圆锥滚子轴承支承在刀架体上，大齿轮的花键孔仅将运动和转矩传给刀架主轴。大齿轮的传动力由轴承承受。

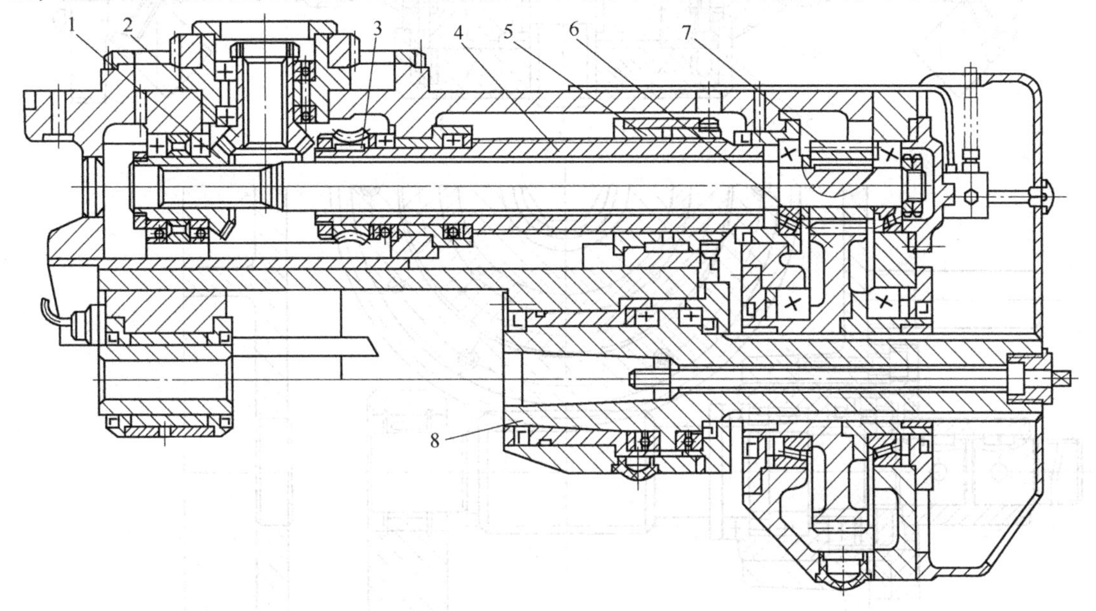

图3-24　YW3150滚齿机的刀架结构简图

1、2—弧齿锥齿轮　3—切向进给传动蜗轮　4、5—切向进给丝杠螺母　6、7—斜齿圆柱齿轮　8—滚刀主轴

YW3150滚齿机刀架具有切向进给机构，切向进给蜗轮与切向进给丝杠制成一体，且为空心结构，空套于主运动传动链的传动轴上，由滑动轴承和两个推力球轴承支承，当切向进给蜗轮带动丝杠转动时，螺母将带动刀架体及滚刀主轴沿回转盘上的导轨切向移动，滚刀主轴的花键轴相对于大齿轮滑动，大齿轮轴向固定。

主传动传动链的末端锥齿轮副（件1、件2）为弧齿锥齿轮，末端圆柱齿轮副（件6、件7）为斜齿圆柱齿轮，齿轮重合度大，运动平稳。

2. YW3150滚齿机工作台

YW3150滚齿机工作台结构简图如图3-25所示。工作台的轴向支承为环形滑动导轨a、b，径向承载轴承为锥度为1∶10的滑动轴承，内锥孔滑动轴承与工作台转轴的径向间隙由垫片c调节，为增加滑动轴承的动压效应，导轨副之间和长锥滑动轴承均采用压力喷油润滑，

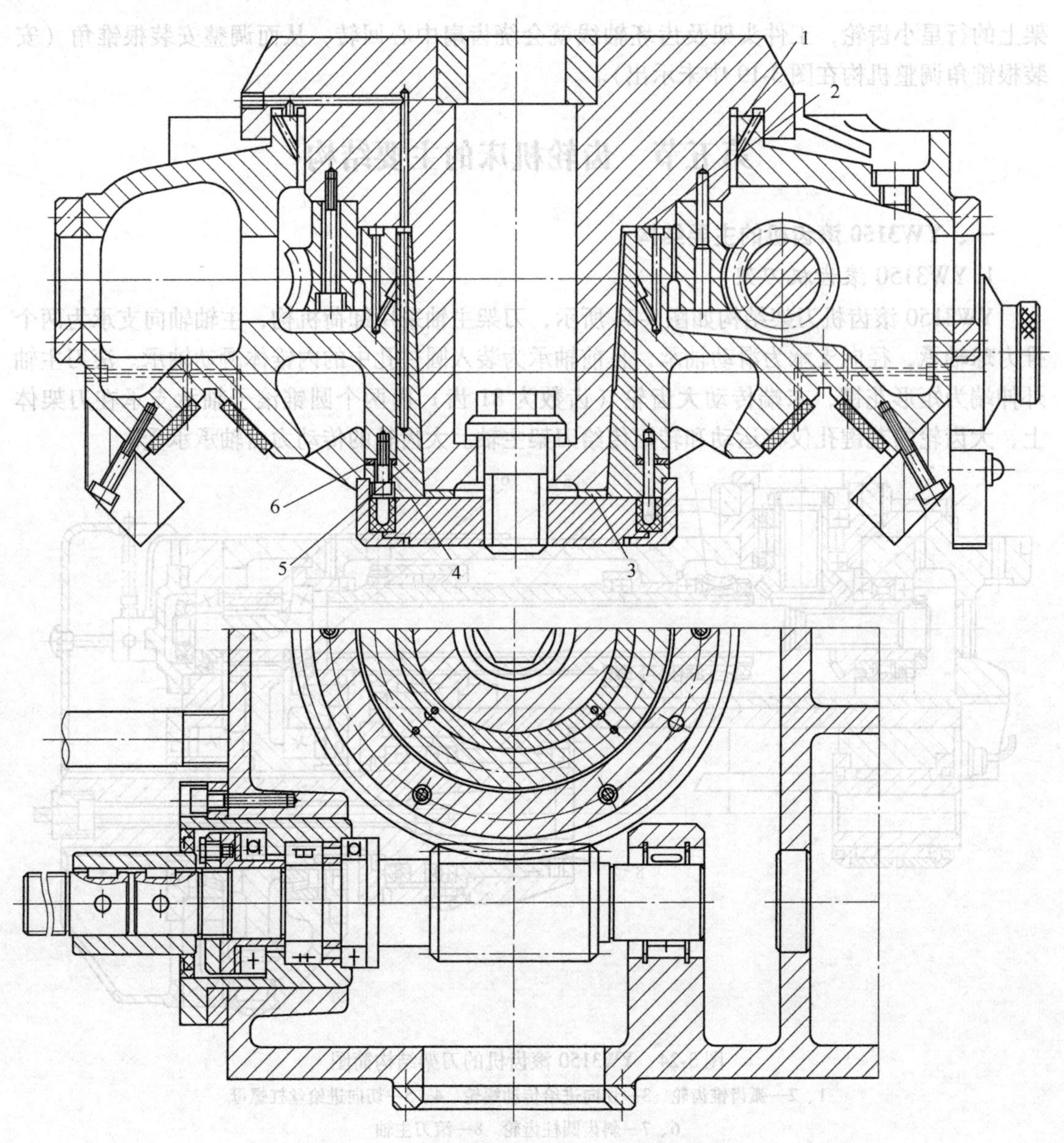

图 3-25 YW3150 滚齿机工作台结构示意图

1—环形滑动导轨 a 2—环形滑动导轨 b 3—调整垫圈 4—轴向定位面
5—径向支承轴承 6—调整垫圈 c

油液压力 0.3MPa。

高精度的蜗轮固定于工作台下方，由单头蜗杆带动旋转，从而带动工作台转动。蜗杆轴与传动轴Ⅺ（参见图 3-8）之间为滑动花键联接，使蜗杆轴能随工作台一起移动，而不妨碍展成运动传动链和差动运动传动链的运动和转矩的传递。

液压缸固定在床身上，液压缸缸盖中固定有导向平键，活塞杆只能移动不能转动（图 3-25 未示出）。活塞杆移动使工作台快速移动。转动蜗杆轴XXXⅡ，蜗轮转动带动螺母转动的同时沿丝杠轴向移动实现径向工作进给运动。

二、YM5150A 插齿机的主要结构

1. YM5150A 插齿机刀架

YM5150A 插齿机刀架结构简图如图 3-26 所示。插齿机刀架是插齿机中最复杂的部件，实现插齿刀的往复行程运动、展成运动及让刀运动。曲柄盘传动轴（件 9）带动曲柄盘转动，曲柄经球头拉杆机构（件 8）带动插齿刀轴沿蜗轮中的固定导轨（件 6）作往复行程运

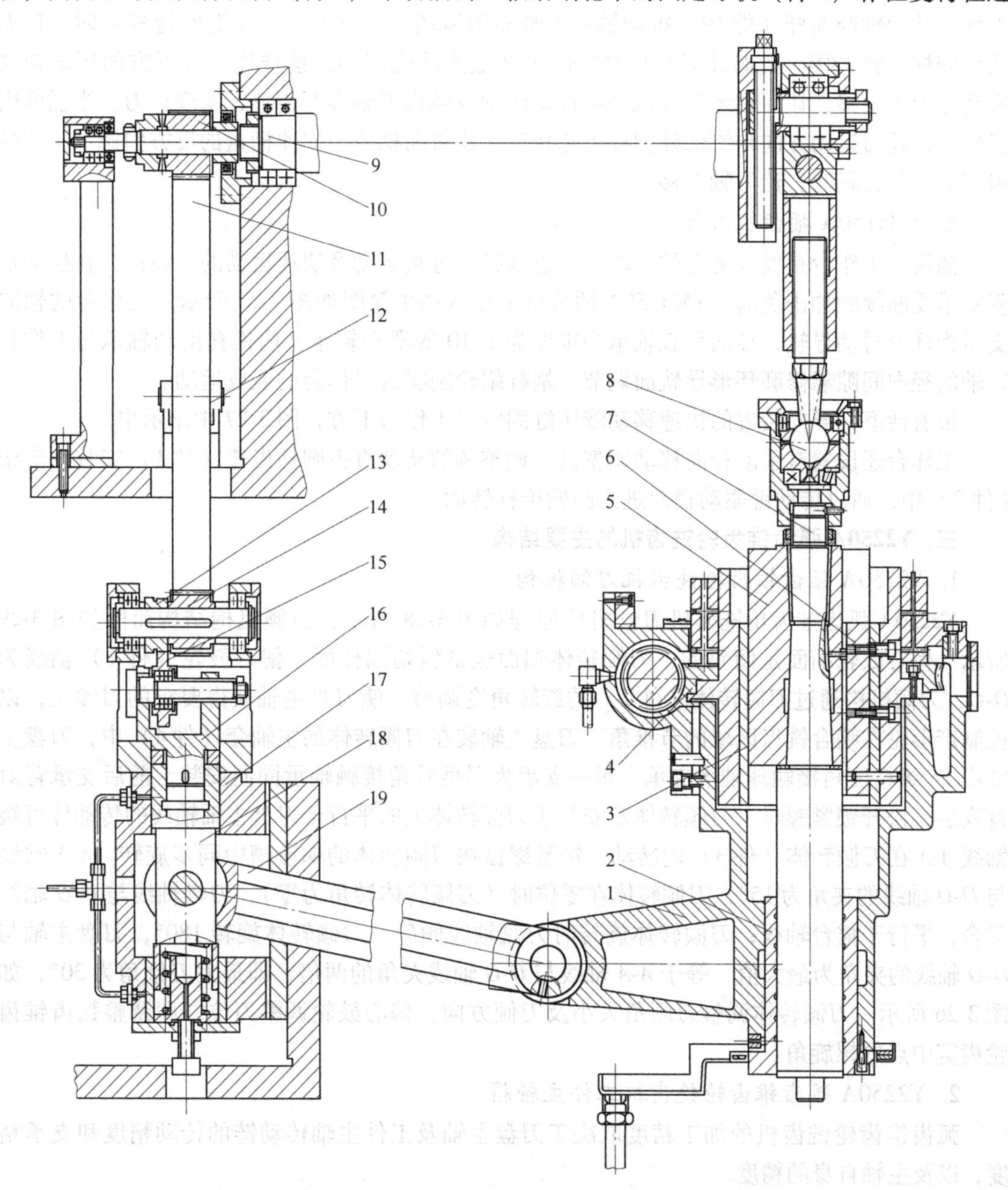

图 3-26 YM5150A 插齿机刀架结构简图

1—刀架体 2—轴套 3—内套 4—蜗杆蜗轮副 5—滑块 6—固定导轨 7—刀轴 8—球头拉杆机构 9—曲柄盘传动轴 10、14—同步带轮 11—同步带 12—涨紧机构 13—让刀凸轮 15—滚轮 16—支座 17—让刀支架 18—让刀轴 19—连杆

动。调节曲柄至曲柄盘轴心线的距离，可改变往复行程的大小；调节球头上端螺杆，可调节往复行程的位置。精度较高的蜗杆蜗轮副（件4）带动插齿刀轴转动，实现展成运动。曲柄盘传动轴驱动插齿刀往复行程的同时，将旋转运动经同步带（件11）传递到让刀凸轮（件13）上，让刀凸轮又将运动传递到滚轮（件15）上，当插齿刀下行（工作行程）时，让刀凸轮旋转180°，让刀凸轮对应的半圆上为凸轮升程，让刀凸轮推压滚轮使让刀轴（件18）下移，让刀轴经连杆（件19）推动插齿刀轴靠紧齿坯；插齿刀上行（返回行程）时，让刀凸轮同样旋转180°，此时让刀凸轮对应的半圆上为凸轮回程，这样让刀轴下方的压缩弹簧推动让刀轴上移，让刀轴经连杆拉动蜗杆蜗轮副及插齿刀轴离开齿坯，实现让刀。当插削内齿轮时，让刀运动方向与铣削外圆柱齿轮相反，应将曲柄滑块向曲柄盘的反方向调节，使插齿刀为工作行程时，让刀轴上移。

2. YM5150A 插齿机工作台

插齿机工作台是展成运动的末端件，也是径向进给运动及快速运动的末端件，在插削过程中承受断续的冲击负荷。YM5150A 插齿机工作台结构简图如图3-27所示。工作台的轴向支承为环形滑动导轨，径向承载轴承为锥度为1∶10的滑动轴承，内锥孔滑动轴承与工作台转轴的径向间隙靠修磨环形导轨面调节。蜗杆蜗轮副实现工作台的展成运动。

带有活塞杆导向装置的快速移动液压缸固定于工作台下方，图3-27中未示出。

工作台还设置有手动径向移动调整链，调整链的从动直齿圆柱齿轮（件1）安装在支架（件2）中，通过传动键驱动径向进给凸轮推杆转动。

三、Y2250A 弧齿锥齿轮铣齿机的主要结构

1. Y2250A 弧齿锥齿轮铣齿机刀倾机构

Y2250A 弧齿锥齿轮铣齿机刀倾机构原理如图3-28所示，刀倾机构结构简图如图3-29所示。偏心鼓轮端面是倾斜的，刀倾转体端面也是斜切圆柱面，偏心鼓轮（件1）轴线为 *O-O*，刀倾机构通过刀倾转体（件2）的旋转角度调整，使刀盘主轴获得要求的刀倾角，以控制产形轮在啮合铣齿区域的节锥角。刀盘主轴装在刀倾转体的主轴套（件4）中，刀盘主轴由P5级精度角接触球轴承支承，每一支承为同型号角接触轴承同向安装，前后支承背对背安装；松开锁紧螺母，刀倾转体及安装于刀倾转体上的平行于刀盘主轴轴线的传动件可绕轴线 *A-A* 在刀倾转体（件3）内转动，锁紧螺栓在刀倾转体的梯形槽中同步旋转。*A-A* 轴线与 *O-O* 轴线的夹角为15°，刀倾转体在零位时（刀倾转体转角为零），刀盘轴线与 *O-O* 轴线重合，平行于摇台轴线；刀倾转体旋转时刀盘轴线倾斜，刀倾转体旋转180°，刀盘主轴与 *O-O* 轴线的夹角为最大值，等于 *A-A* 轴线与 *O-O* 轴线夹角的两倍，即最大刀倾角为30°，如图3-26所示。刀倾转体调整刀倾角大小及刀倾方向。偏心鼓轮调整刀位，即调整弧齿锥齿轮齿宽中点的螺旋角。

2. Y2250A 弧齿锥齿轮铣齿机工件主轴箱

弧齿锥齿轮铣齿机的加工精度取决于刀盘主轴及工件主轴传动链的传动精度和支承精度，以及主轴自身的精度。

Y2250A 弧齿锥齿轮铣齿机的工件主轴箱如图3-30所示。工件主轴由5级精度蜗杆蜗轮副传动，工件主轴由P5级精度双列圆锥滚子轴承支承；工件主轴锥孔轴线近轴端处的轴向圆跳动公差为0.006μm，距轴端150mm处为0.01μm。精铣弧齿锥齿轮达6级精度。

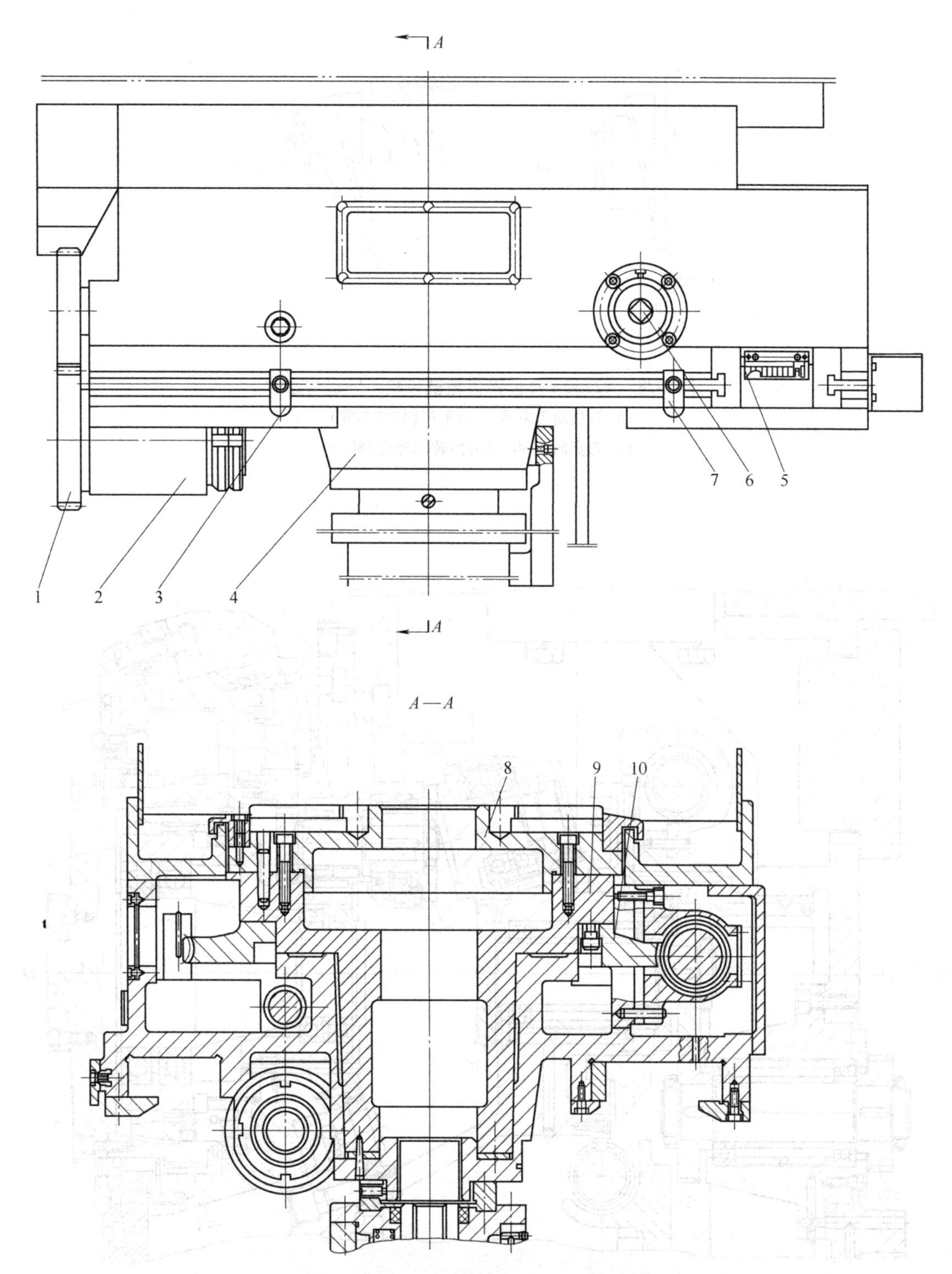

图 3-27　YM5150A 插齿机工作台结构简图

1—从动直齿圆柱齿轮　2—支架　3、7—行程挡铁　4—底座　5—游标　6—锥齿轮
8—工作台面　9—工作台回转主轴　10—蜗杆蜗轮副

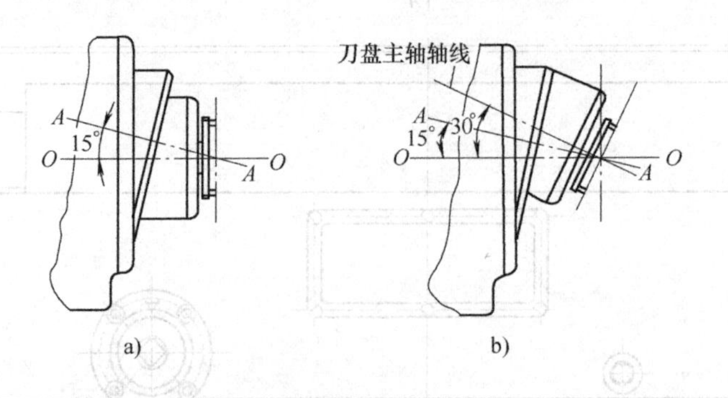

图 3-28　Y2250A 弧齿锥齿轮铣齿机刀倾机构原理

a）刀盘倾角为零（刀倾转体转角为零）

b）刀盘倾角 30°（刀倾转体转角 180°）

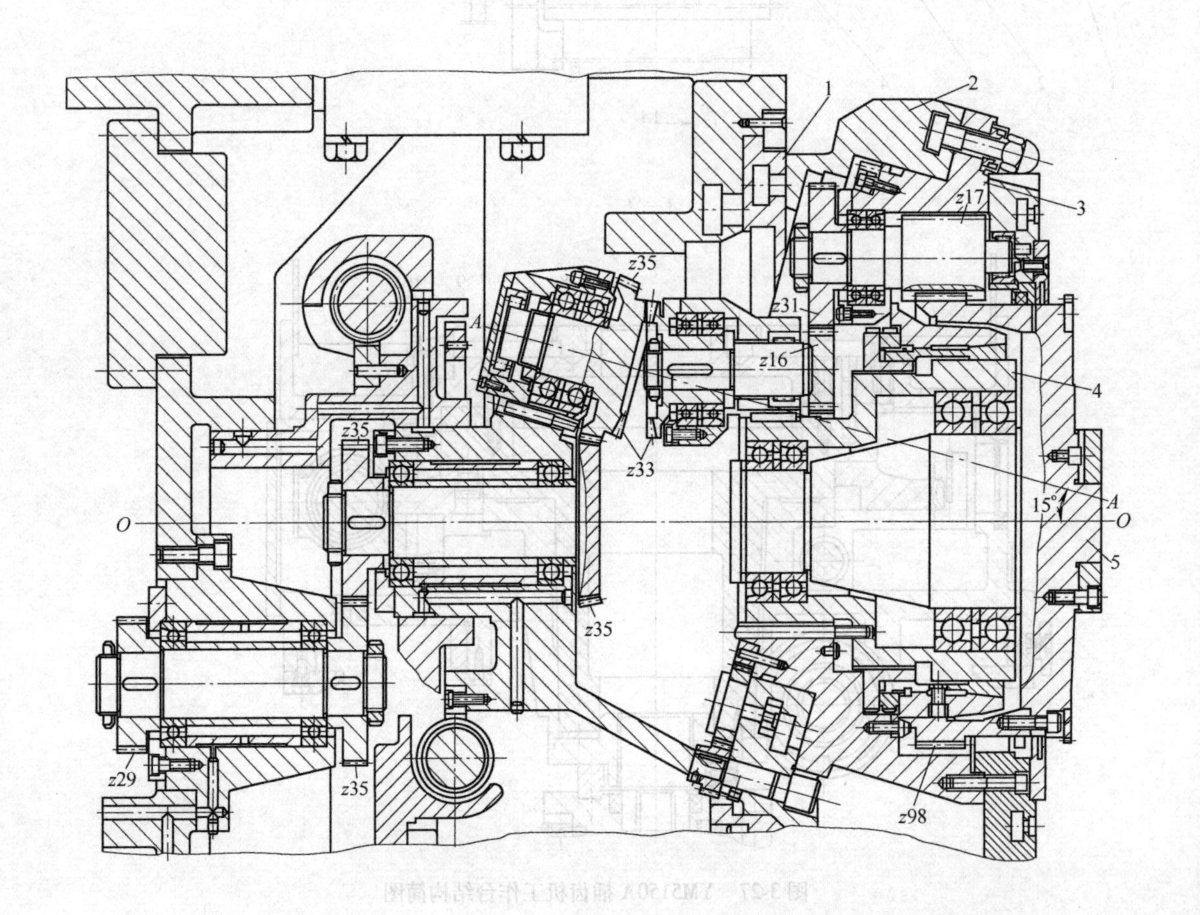

图 3-29　Y2250A 弧齿锥齿轮铣齿机刀倾机构简图

1—偏心鼓轮　2—刀倾转体　3—刀倾体　4—主轴套　5—刀盘主轴

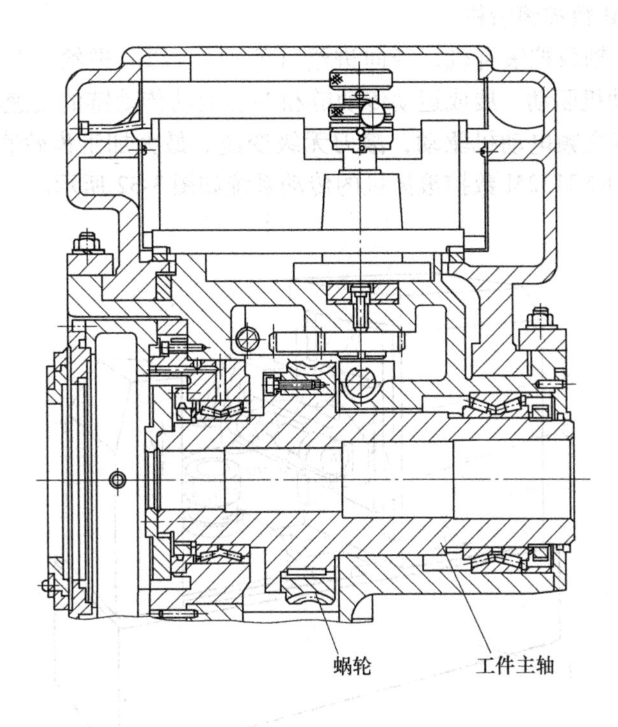

图 3-30　Y2250A 弧齿锥齿轮铣齿机工件主轴箱

第六节　数控齿轮机床

一、数控滚齿机

（一）三坐标数控滚齿机

三坐标数控滚齿机由数控装置控制轴向、径向和切向进给。滚刀和工作台的旋转运动及滚刀架转角运动与普通滚齿机相同，仍为机械运动。相当于普通滚齿机数控化改造。去掉轴向进给变速箱，改由伺服电动机作动力源，运动经齿轮副驱动刀架升降丝杠旋转，实现刀架垂直进给运动。

（二）全功能数控滚齿机

全功能数控滚齿机的各个运动轴（滚刀架旋转 A 轴、滚刀旋转 B 轴、工件旋转 C 轴、轴向进给 Z 轴、切向窜刀 Y 轴、径向进给 X 轴）都是数控的，基于软件插补的滚齿加工数控系统的刀具主轴一般采用变频控制，其他轴通过数控指令经伺服电动机直接驱动。根据被加工齿轮和使用刀具的参数以确定刀具与工件之间特定的运动关系（即所谓的电子齿轮箱）。其优点是工件主轴的转速完全由数控系统的软件控制，因此，可以通过编制适当的软件，用通用的刀具来高精度快速地加工非圆齿轮、修形齿轮，且加工精度远高于传统的机械靠模加工方法。全功能数控滚齿机的总布局如图 3-31 所示。与普通滚齿机不同的是：数控滚齿机的工作台只有旋转运动（绕 Z 轴旋转），径向进给运动（沿 X 轴移动）靠床身立柱来实现。外支架升降（U 轴，也是沿 Z 轴移动）可节省辅助时间，提高劳动效率。

（三）YKX3132M 数控滚齿机

YKX3132M 是三轴数控滚齿机，径向进给（X 轴）、切向进给（Y 轴）、垂直进给（Z 轴）由交流伺服电动机驱动，展成运动传动链和差动运动传动链的变速机构仍为交换齿轮，主运动传动链由交流变频电动机驱动，滚刀无级变速。最大加工齿轮直径 320mm，最大加工齿轮模数 8mm。YKX3132M 数控滚齿机的传动系统如图 3-32 所示。

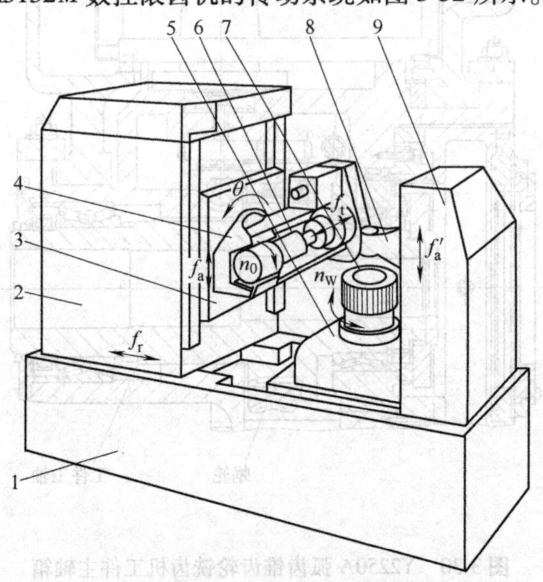

图 3-31　全功能数控滚齿机的总布局

1—床身　2—床身立柱　3—刀架滑板　4—滚刀架

5—工作台　6—滚刀　7—齿坯

8—外支架　9—尾座立柱

n_0—滚刀转动　n_W—工作台转动　θ—刀架转角

f_a—轴向进给　f_r—径向进给

f_t—切向进给　f_a'—外支架升降

1. YKX3132M 数控滚齿机主运动传动链

YKX3132M 数控滚齿机主运动传动链由装在床身立柱顶部的 YPL160L-6 型交流变频电动机驱动，额定功率 11kW，额定转速 $n_0 = 1000\text{r/min}$，恒功率变速范围为 2。传动路线为

$$\text{电动机}—\frac{165}{296}—\frac{27}{27}—\frac{27}{27}—\frac{30}{61}—\text{滚刀主轴}$$

带的弹性滑动系数 $\varepsilon = 0.01 \sim 0.02$，取 $\varepsilon = 0.015$，则滚刀主轴的转速为

$$n_{\text{刀}} = n_m \times (1-\varepsilon) \times \frac{165}{296} \times \frac{27}{27} \times \frac{27}{27} \times \frac{30}{61} = 0.27 n_m$$

式中　n_m——电动机的转速。

滚刀主轴的最高转速为

$$n_{\text{刀max}} = 0.27 \times 2n_0 = 540\text{r/min}$$

设定电动机的最低工作转速 $n_{\text{mmin}} = 450\text{r/min}$，则最低滚刀转速为

$$n_{\text{刀min}} = 0.27 \times 450\text{r/min} = 120\text{r/min}$$

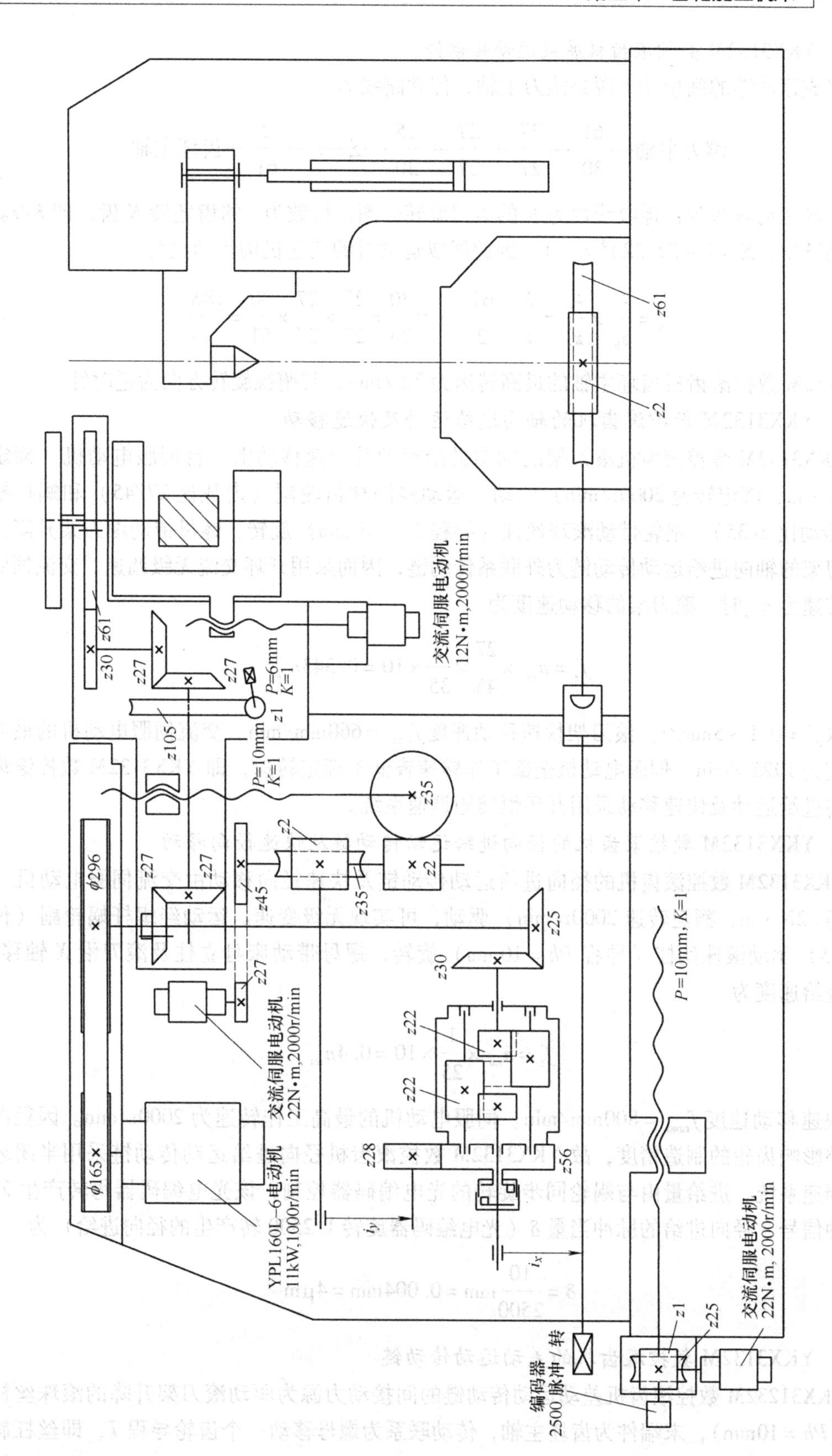

图3-32　YKX3132M数控滚齿机的传动系统

2. YKX3132M 数控滚齿机展成运动传动链

展成运动链的间接动力源是滚刀主轴，传动路线为

$$\text{滚刀主轴}—\frac{61}{30}—\frac{27}{27}—\frac{27}{27}—\frac{25}{30}—\Sigma—i_x—\frac{2}{61}—\text{齿坯主轴}$$

展成运动联系为：螺纹线数为 K 的滚刀旋转一圈，齿数为 z 的齿坯转 K 齿，即 K/z。展成运动链中，$\Sigma=(-22/22)^3=-1$，因此展成运动链的变速机构传动比为

$$i_x=\frac{z_a}{z_b}\times\frac{z_c}{z_d}=\frac{K}{z}\times\frac{61}{2}\times1\times\frac{30}{25}\times\frac{27}{27}\times\frac{27}{27}\times\frac{30}{61}=\frac{18K}{z}$$

YKX3132M 数控滚齿机齿坯主轴的最高转速为 32r/min，其俯视旋转方向为逆时针。

3. YKX3132M 数控滚齿机的轴向进给运动及快速移动

YKX3132M 数控滚齿机滚刀架的轴向进给运动及快速移动由一台伺服电动机（额定转矩 22N · m，额定转速 2000r/min）驱动，运动经圆柱齿轮副（齿数比 27/45）和蜗杆蜗轮副（传动比 2/35），蜗轮带动滚珠丝杠（导程 $Ph=10\text{mm}$）旋转，螺母带动滚刀架升降。由于滚刀架的轴向进给运动传动链为外联系传动链，因而采用开环交流无级调速。交流伺服电动机转速为 n_{ms}时，滚刀架的移动速度为

$$f_s=n_{ms}\times\frac{27}{45}\times\frac{2}{35}\times10=0.343n_{ms}$$

一般取 $f_s=0.1\sim5\text{mm/r}$。滚刀架快速移动速度 $f_{smax}=660\text{mm/min}$。交流伺服电动机的最高工作转速为 1925r/min，伺服电动机全部工作转速皆低于额定转速，即 YKX3132M 数控滚齿机的轴向进给运动及快速移动采用开环恒转矩调速系统。

4. YKX3132M 数控滚齿机的径向进给运动传动链及快速径向移动

YKX3132M 数控滚齿机的径向进给运动传动链及快速径向移动由交流伺服电动机（额定转矩 22N · m，额定转速 2000r/min）驱动，可实现无级变速。运动经蜗杆蜗轮副（传动比 1/25）驱动滚珠丝杠（导程 $Ph=10\text{mm}$）旋转，螺母带动床身立柱及滚刀沿 X 轴移动。径向进给速度为

$$f_r=n_{mr}\times\frac{1}{25}\times10=0.4n_{mr}$$

径向快速移动速度 $f_{rmax}=800\text{mm/min}$。伺服电动机的最高工作转速为 2000r/min。因径向进给误差影响齿轮的制造精度，故 YKX3132M 数控滚齿机径向进给运动传动链采用半闭环恒转矩调速系统，进给量由与蜗轮同步旋转的光电编码器控制，该光电编码器每转产生 2500 个脉冲信号，径向进给的脉冲当量 δ（光电编码器旋转 1/2500 转产生的径向进给）为

$$\delta=\frac{10}{2500}\text{mm}=0.004\text{mm}=4\mu\text{m}$$

5. YKX3132M 数控滚齿机的差动运动传动链

YKX31232M 数控滚齿机差动运动传动链的间接动力源为驱动滚刀架升降的滚珠丝杆副（导程 $Ph=10\text{mm}$），末端件为齿坯主轴，传动联系为螺母移动一个齿轮导程 T，即丝杠旋转

T/Ph 转，齿坯主轴旋转一圈。传动路线为

$$\text{滚刀架升降丝杠}—\frac{35}{2}—\frac{2}{35}—i_y—\frac{28}{56}—i_\Sigma—i_x—\frac{2}{61}—\text{齿坯主轴}$$

合成机构的传动比 $i_\Sigma=2$，差动运动传动链的变速机构的传动比为

$$i_y=\frac{Ph}{T}\times\frac{2}{35}\times\frac{35}{2}\times\frac{56}{28}\times\frac{1}{i_\Sigma i_x}\times\frac{61}{2}=\frac{305\sin\beta}{18\pi m_n K}$$

式中　m_n——斜齿圆柱齿轮的法向模数；

β——斜齿圆柱齿轮的螺旋角；

T——斜齿圆柱齿轮的导程。

6. YKX3132M 数控滚齿机的窜刀运动传动链

YKX31232M 数控滚齿机的窜刀运动是滚刀主轴的轴向移动，由刀架尾部的交流伺服电动机直接驱动滚珠丝杠螺母（导程 $Ph=6$mm）带动滚刀主轴移动，可实现无级变速。交流伺服电动机每旋转一转，滚刀主轴轴向移动 6mm。滚刀窜刀量为一个齿距时，伺服电动机的转数 N_m 为

$$N_m=\frac{\pi m_{刀}}{6}$$

式中，$m_{刀}$ 为滚刀的轴向模数。可通过行程控制或伺服电动机的转数控制得到精确的窜刀量。

（四）YKX3132M 数控滚齿机主要结构

1. YKX3132M 数控滚齿机主运动传动链及滚刀主轴箱

YKX3132M 数控滚齿机主运动传动链比 YW3150 滚齿机短，且主运动传动链的两对锥齿轮副全部采用 6 级精度弧齿锥齿轮、P5 级精度的角接触球轴承支承；最终传动齿轮副为 5 级精度斜齿圆柱齿轮，P5 级精度的圆锥滚子轴承支承，且最终传动的从动齿轮采用卸荷机构和摩擦阻尼机构，以减小转角误差，提高传动精度。

YKX3132M 数控滚齿机滚刀主轴箱结构简图如 3-33 所示。所谓摩擦阻尼机构，是指在最终传动从动齿轮上空套一个阻尼齿轮，阻尼齿轮比从动齿轮少一个齿，但变位系数 $\xi=0.5$，这样空套的阻尼齿轮与从动齿轮有相对转动，利用蝶形弹簧可调节阻尼齿轮与从动齿轮、压板间的弹力，可改变摩擦力，调整摩擦阻尼效果，确保滚齿运动的平稳性能；且在从动齿轮上安装飞轮，利用飞轮的惯性蓄能，增加滚齿运动的平稳性。

滚刀主轴的前支承为滑动轴承与推力圆柱滚子轴承组合,滚刀主轴与从动齿轮为花键联接。

滚刀主轴的后支承为滑动轴承，由外锥内柱式调整套支承固定。为便于调整套轴向移动时的径向变形，调整套上有一个缺口，其间可装入硬木。

2. YKX3132M 数控滚齿机展成链与合成机构

YKX3132M 数控滚齿机工作台的蜗杆径向支承为 P4 级精度的内锥孔的双列圆柱滚子轴承、滚针轴承组合，轴向支承为两个推力短圆柱滚子轴承；工作台由环形滑动导轨承受轴向力，径向定位为长度较大的小锥度滑动轴承。

YKX3132M 数控滚齿机合成机构简图如图 3-34 所示。为提高合成机构的传动精度，合成机构的行星齿轮为 6 级精度斜齿圆柱齿轮，每个行星齿轮以及太阳轮由两个 P6 级角接触

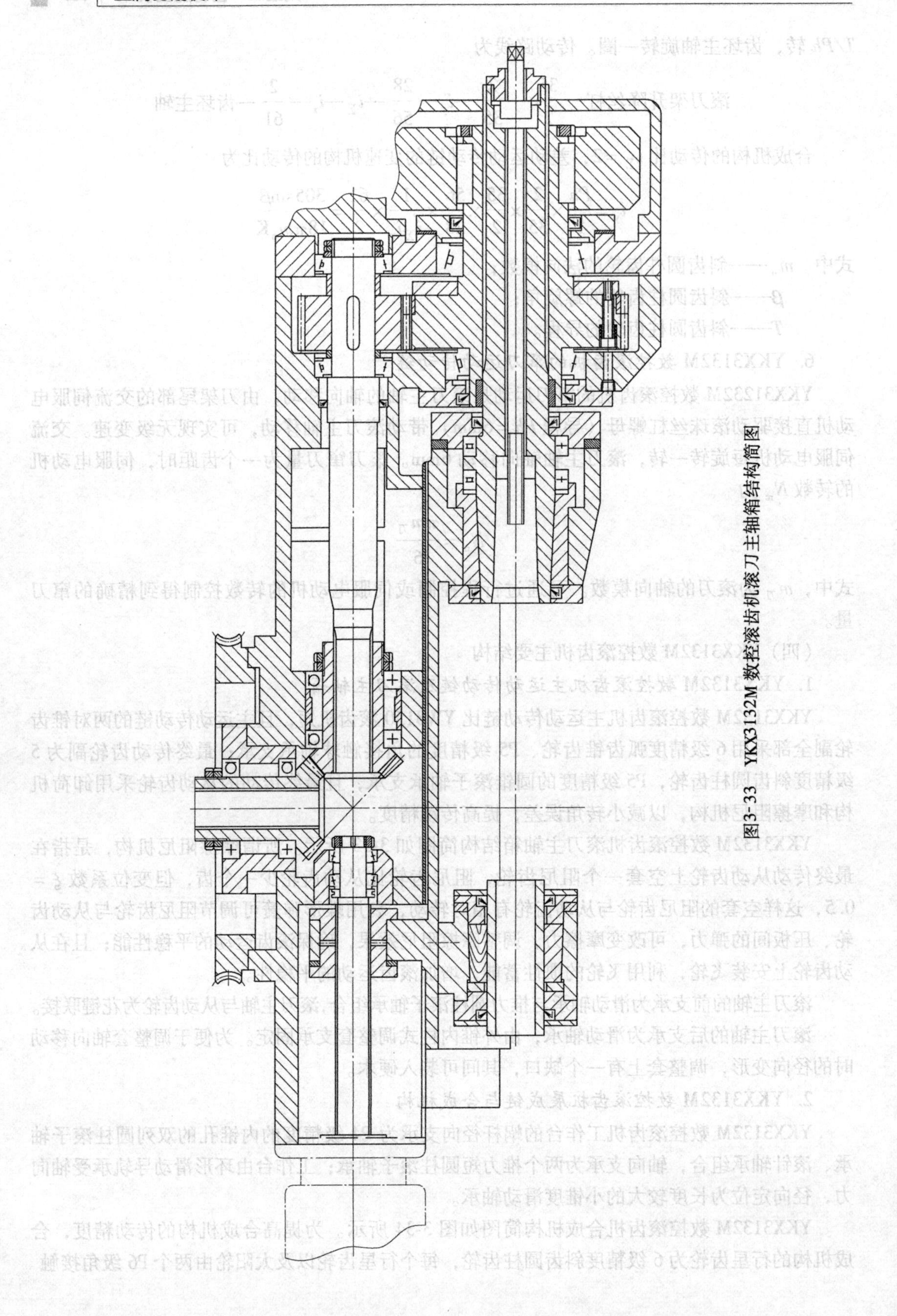

图3-33 YKX3132M 数控滚齿机滚刀主轴箱结构简图

球轴承支承，两个彼此啮合的行星齿轮的作用与一个圆锥行星齿轮的作用相同，即与间接动力源输入太阳轮啮合的行星齿轮 a 同时与相邻的行星齿轮 b 啮合，行星齿轮 b 又与合成运动输出太阳轮啮合。这样，若间接动力源输入转速为 n_1，间接动力源输入太阳轮齿数为 z_{s1}，行星轮架转速为 n_H，合成运动输出转速为 n_2，合成运动输出太阳轮齿数为 z_{s2}，则

$$\frac{n_1 - n_H}{n_2 - n_H} = (-1)^3 \times \frac{z_{s1}}{z_a} \times \frac{z_a}{z_b} \times \frac{z_b}{z_{s2}} = -1$$

$$n_2 = 2n_H - n_1$$

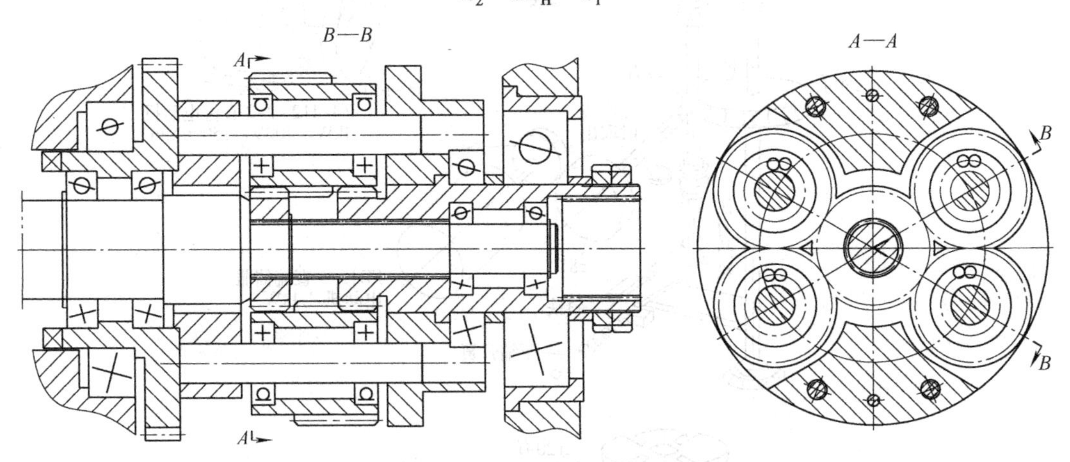

图 3-34　YKX3132 数控滚齿机合成机构简图

二、YKD5130 数控插齿机

YKD5130 数控插齿机一般为刀轴回转、工作台旋转和工作台移动（或立柱移动）三轴数控。

YKD5130 数控插齿机加工直齿圆柱齿轮时，加工精度可达 6 级，最高加工精度为 5 级；轮廓算术平均偏差不大于 3.2μm。

YKD5130 数控插齿机的传动系统如图 3-35 所示。

1. YKD5130 数控插齿机主运动传动链

YKD5130 数控插齿机主运动电动机为 Z4-112/2-2 型直流电动机，额定功率 4kW，通过降低电枢电压实现恒转矩无级调速，减少励磁电流实现恒功率调速，额定电压 400V，额定转速 1500r/min，最高转速 3000r/min；主运动传动链的滑移齿轮变速组将插齿机插齿分为粗加工和精加工，43 和 97 齿的齿轮副用于粗加工，68 和 72 齿的齿轮副用于精加工。粗精加工可自动控制。粗加工时最大往返行程数 n_{lmax} 为

$$n_{lmax} = 3000 \times \frac{100}{355} \times \frac{43}{97} \text{双行程/min} = 375 \text{ 双行程/min}$$

精加工时最大往返行程数 n_{lmax} 为

$$n_{lmax} = 3000 \times \frac{100}{355} \times \frac{68}{72} \text{双行程/min} = 798 \text{ 双行程/min}$$

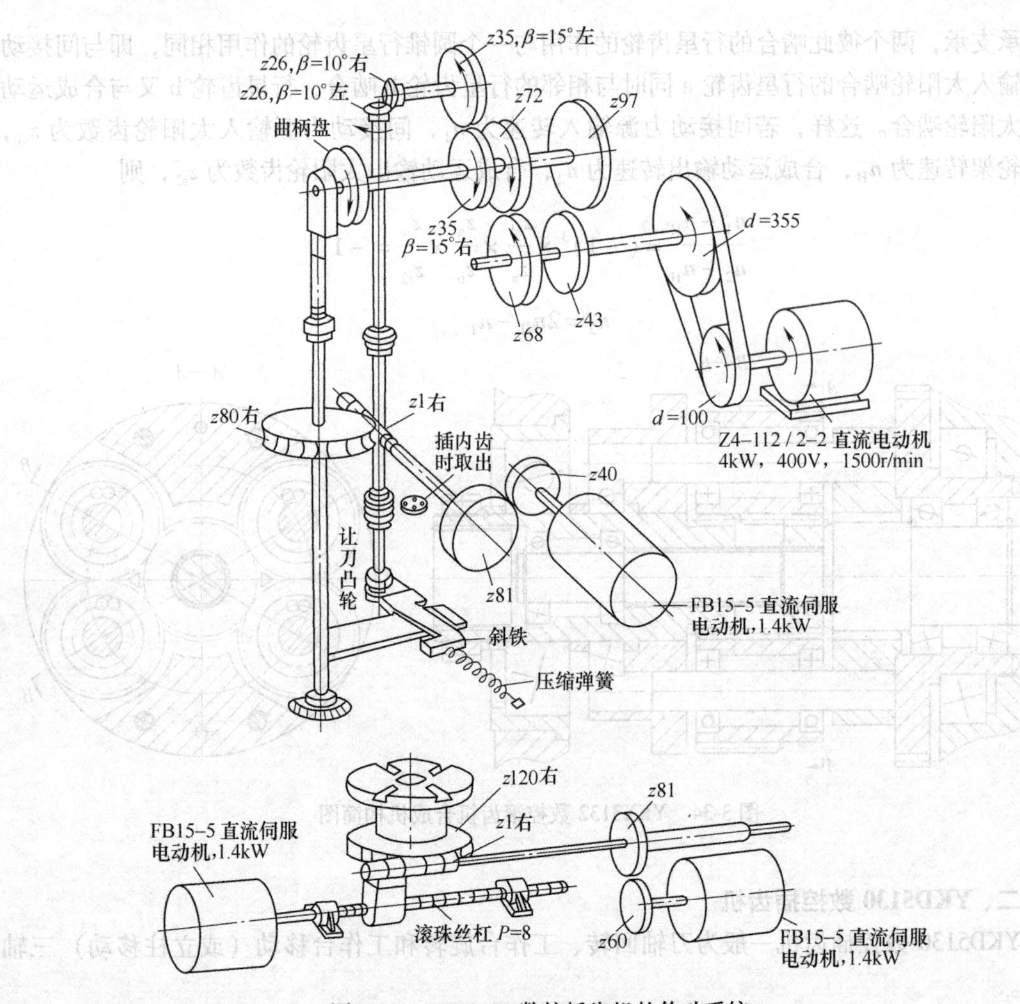

图 3-35　YKD3130 数控插齿机的传动系统

2. YKD5130 数控插齿机展成运动传动链

齿坯主轴旋转运动和插齿刀旋转运动分别由两个直流伺服电动机驱动。电动机每旋转一转，刀齿数为 z_0 的插齿刀主轴旋转 N_0 转，插齿刀转过的齿数 N_0z_0 为

$$N_0z_0 = 1 \times \frac{40}{81} \times \frac{1}{80} \times z_0 = \frac{z_0}{162}$$

插齿刀与齿坯共轭运动，转过的齿数相等。齿坯齿数为 z，则齿坯主轴电动机转过的转数 N_s 为

$$N_s = \frac{z_0}{162z} \times \frac{120}{1} \times \frac{81}{60} = \frac{z_0}{z}$$

即插齿刀主轴电动机旋转 z 转，齿坯主轴电动机转动 z_0 转。插齿刀主轴和齿坯主轴电动机安装旋转脉冲发生器，利用电信号实现展成运动。

3. YKD5130 数控插齿机让刀运动传动链

YKD5130 数控插齿机让刀运动传动链由主运动传动链曲柄盘轴经传动比皆为 1 的斜齿

圆柱齿轮副、弧齿锥齿轮副同步传递到让刀凸轮，插齿行程时让刀凸轮推动斜铁，斜铁的斜面推动插齿刀主轴靠近齿坯；插齿刀返回行程时，压缩弹簧推动斜铁反向移动，斜铁另一侧的斜面拉动插齿刀轴离开齿坯，实现让刀运动。插削内齿轮时，让刀方向与插削外啮合齿轮相反，应将让刀凸轮旋转 180°。

4. YKD5130 数控插齿机的径向进给运动传动链及工作台的快速移动

YKD5130 数控插齿机的径向进给运动和工作台的快速移动共用一台直流伺服电动机，伺服电动机直接驱动滚珠丝杠旋转、螺母使工作台移动。直流伺服电动机每旋转一转，工作台的径向移动量 $f_r = 8\text{mm}$。因而，YKD5130 数控插齿机最大加工模数为 6mm，最大径向进给量（齿轮全齿高 h）为 $h = 2.25 \times 6\text{mm} = 13.5\text{mm}$。YKD5130 数控插齿机径向进给时，径向进给伺服电动机最多旋转转数为 $N_{mr} = (13.5/8)\text{r} = 1.6875\text{r}$，因而径向进给电动机应为半闭环进给系统，有较小的脉冲当量。

三、数控弧齿锥齿轮铣齿机

1. 四轴数控三轴联动弧齿锥齿轮铣齿机

四轴数控三轴联动弧齿锥齿轮铣齿机是经济型数控弧齿锥齿轮铣齿机。其数控系统仅控制弧齿锥齿轮铣齿机摇台的旋转、刀盘旋转、齿坯主轴旋转及床鞍进给，其中前三轴联动；即弧齿锥齿轮铣齿机仅去掉进给运动传动链和分度运动传动链，摇台与齿坯主轴间的展成关系由电信号实现，齿坯主轴可不反转，单独控制齿坯主轴伺服电动机，实现分度运动；四轴数控弧齿锥齿轮铣齿机仍有机械刀倾机构和偏心鼓轮刀位调整机构。多数数控弧齿锥齿轮铣齿机是四轴数控三轴联动。

2. 六轴数控弧齿锥齿轮铣齿机

六轴数控弧齿锥齿轮铣齿机为全功能数控机床。这种机床完全取消了传统弧齿锥齿轮铣齿机的摇台、偏心鼓轮及刀倾机构，刀盘主轴箱的垂直移动（Y 轴）调整刀位，刀盘水平移动（X 轴）速度 v_x 与刀盘垂直移动速度 v_y 合成摇台的展成运动，即

$$v_x = \omega_2 R_2 \cos\omega_2 t \qquad v_y = \omega_2 R_2 \sin\omega_2 t$$

式中 R_2、ω_2——平面产形轮的分度圆半径、旋转角速度。

床鞍上的回转板旋转（B 轴）实现弧齿锥齿轮的节锥角，齿坯主轴转动（A 轴）实现展成运动和分度运动，床鞍直线运动（Z 轴）实现径向进给运动。数控轴为齿坯转动 A 轴、回转板旋转 B 轴、刀盘转动 C 轴、刀盘主轴箱水平移动 X 轴及垂直移动 Y 轴、床鞍移动 Z 轴共六轴。PHONENIX 系列六轴数控弧齿锥齿轮铣齿机总布局如图 3-36 所示，可加工弧齿锥齿轮，用连续分度法也可加工延伸外摆线锥齿轮。

美国格里森（Gleason）公司的 PHOENIX（凤凰）系列弧齿锥齿轮铣齿机就是六轴数控三轴联动数控机床。PHOENIX NO250HC 数控铣齿机主要技术参数见表 3-2。

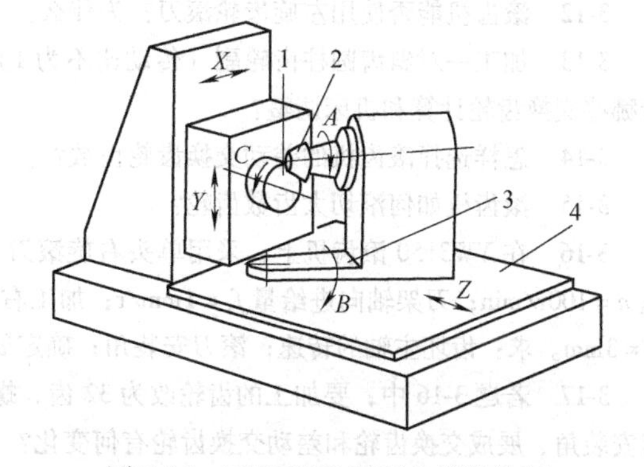

图 3-36 PHOENIX 系列六轴数控弧齿锥齿轮铣齿机总布局

1—刀盘 2—齿坯 3—回转板 4—床鞍

表 3-2 PHOENIX NO250HC 数控铣齿机主要技术参数

X 轴位移量/mm	Y 轴位移量/mm	Z 轴位移量/mm	X、Y、Z 轴移动速度/(mm/s)	A 轴转动速度/(r/min)	B 轴根锥角/(°)	B 轴转动速度/(°/s)	C 轴转动速度/(r/min)
-144 ~ 178	-178 ~ 190	-131 ~ 500	0 ~ 80	0 ~ 333	-3 ~ 90	0 ~ 30	0 ~ 400

注：1. PHOENIX NO250HC 最大传动比 10:1；加工齿轮最大全齿高 25.4mm，最大齿宽 66mm。

2. PHOENIX NO250HC 刀盘直径（TRI-AC）9in、10.5in、12in（1in = 25.4mm）；加工齿轮（中点螺旋角 35°）的最大直径 406.4mm；加工齿数 5 ~ 200。

3. PHOENIX NO250HC 机床中心至工件主轴端面距离 165mm。

习题与思考题

3-1 滚齿与插齿各有什么优缺点？

3-2 滚切直齿轮需要哪些运动？各是什么坐标轴？指出各传动件的两端件以及运动关系。画出传动原理图。

3-3 滚齿机的齿坯主轴能否反向转动？为什么？

3-4 滚切斜齿圆柱齿轮需要哪些运动？其中哪几条为内联系传动链？差动运动使齿坯主轴产生附加转动的方向如何确定？

3-5 滚切直齿和斜齿圆柱齿轮时，如何确定滚刀架的安装角大小及其方向？滚刀架的安装角有误差或方向错误，将会产生什么后果？

3-6 斜齿轮的导程为 $T=\dfrac{\pi m_n z}{\sin\beta}$ 含有 π、齿数 z，滚齿机是如何消除 π、齿数 z 影响的？

3-7 滚齿机滚切斜齿圆柱齿轮时，滚刀主轴和齿坯主轴是否还保持展成关系？为什么？

3-8 滚切右旋斜齿圆柱齿轮时，由于差动运动传动链产生的齿坯附加转速方向与齿坯的展成运动旋向相同，因而齿坯会越转越快。同样，滚切左旋斜齿圆柱齿轮时，由于差动运动传动链产生的齿坯附加转速方向与齿坯的展成运动旋向相反，因而齿坯会越转越慢。判断上述说法是否正确。

3-9 滚齿机滚切斜齿圆柱齿轮时，滚齿机是否一定需要差动运动传动链？为什么？

3-10 滚齿机的窜刀有何用处？

3-11 滚齿机滚刀法向齿宽的中点与齿坯轴线不重合时，对加工的齿轮有何影响？滚齿机加工齿轮之前是否需要对刀？

3-12 滚齿机能否使用左旋齿轮滚刀？为什么？

3-13 加工一对斜齿圆柱齿轮副（传动比不为 1）时，当一个齿轮加工完毕后，加工另一齿轮前应进行哪些交换齿轮计算和机床调整？

3-14 怎样选择滚齿机的差动交换齿轮齿数？

3-15 滚齿机如何滚切大齿数齿轮？

3-16 在 YW3150 滚齿机上，采用单头右旋滚刀（螺旋升角 $\omega=1°53'$），滚刀外径为 100mm，滚刀转速 $n=100\text{r/min}$；刀架轴向进给量 $f_a=1\text{mm/r}$；加工右旋 40 齿的斜齿圆柱齿轮，螺旋角 $\beta=12°5'22''$，模数 $m=3\text{mm}$。求：齿坯主轴的转速；滚刀安装角；确定展成交换齿轮和差动交换齿轮的齿数。

3-17 若题 3-16 中，要加工的齿轮改为 32 齿、螺旋角 $\beta=12°5'22''$ 左旋斜齿圆柱齿轮，齿坯主轴、滚刀安装角、展成交换齿轮和差动交换齿轮有何变化？

3-18 在 YW3150 滚齿机上加工 127 齿的直齿圆柱齿轮，试确定展成运动传动链和差动运动传动链的交换齿轮齿数。

3-19 插齿机需要哪些运动？这些运动中有哪几条为内联系传动链？

3-20 插齿机能否加工内啮合直齿轮？能否加工外啮合斜齿圆柱齿轮？

3-21 插齿机为什么要具有让刀运动？让刀运动是如何实现的？插削内啮合齿轮和外啮合齿轮让刀方向是否相同？为什么？

3-22 弧齿锥齿轮具有什么特点？弧齿锥齿轮副的齿顶高是否相等？节锥顶点、根锥顶点、顶锥顶点是否重合于一点？

3-23 什么是平面齿轮、平顶齿轮？

3-24 假想平面产形轮、平顶产形轮的齿数是如何确定的？齿数是否为整数？

3-25 弧齿锥齿轮铣齿机的刀盘直径对加工的齿坯有何影响？弧齿锥齿轮中点螺旋角如何调整？

3-26 弧齿锥齿轮铣齿机的刀盘齿刃的旋转平面与齿坯的根锥线有何关系？

3-27 弧齿锥齿轮铣齿机有哪些传动链？有哪几条是内联系传动链？进给运动传动链的执行件是什么？如何保证在工作行程中不产生分度运动？

3-28 简述在弧齿锥齿轮铣齿机中马尔他机构的作用。

3-29 跳齿法加工小弧齿锥齿轮有何好处？跳齿数有何要求？

3-30 简述 YW3150 滚齿机组合刀架的特点。

3-31 简述 YM5150A 插齿机刀架的特点。

3-32 简述 Y2250A 弧齿锥齿轮铣齿机刀倾机构的特点。如何实现刀倾？刀盘倾角有何好处？倾角是如何确定的？

3-33 KX3132M 数控滚齿机的数控轴有哪些？传动链有何特点？

3-34 简述 YKX3132M 刀架的结构特点。

3-35 简述 YKX3132M 合成机构的原理及结构特点。

3-36 简述 YKD5130 数控插齿机的传动链和结构特点。

3-37 试述 PHOENIX 系列全数控弧齿锥齿轮铣齿机的工作原理和布局特点。

3-38 PHOENIX 系列全数控弧齿锥齿轮铣齿机有哪几轴为数控轴？能实现几轴联动？

3-39 PHOENIX 系列全数控弧齿锥齿轮铣齿机是否还存在摇台？是否存在偏心鼓轮？如何实现展成运动？

第四章　镗铣加工机床

第一节　X6132A 万能升降台铣床

一、铣床的功用和类型

多刃刀具旋转、工件移动进给的加工方式称为铣削加工。铣削为多刃刀具连续加工，故生产效率较高，而且还可以获得较好的加工表面质量。铣床的工艺范围很广，在铣床上可以加工平面、沟槽、分齿零件和螺旋形表面。因此，在机器制造业中，铣床得到了广泛的应用。

铣床的主要类型有卧式铣床、立式铣床、升降工作台式铣床、龙门铣床、工具铣床等。此外，还有仿形铣床、仪表铣床和各种专门化铣床。

二、万能升降台铣床

顾名思义，升降台铣床的工作台可沿床身导轨移动，若升降台铣床的主轴是水平布置的，习惯上称为“卧铣”。X6132A 万能升降台铣床的总布局如图 4-1 所示，由底座（件 8）、床身（件 1）、铣刀轴（刀杆）（件 3）、悬梁（件 2）及悬梁支架（件 6）、升降台（件 7）、滑座（件 5）及工作台（件 4）等主要部件组成。床身固定在底座上，用于安装和支承机床的各部件、主运动传动链及变速操纵机构等。床身顶部的燕尾形导轨上装有悬梁（件 2），可以沿水平方向调整其位置。在悬梁的下面装有悬梁支架（件 6），用以支承刀杆的悬伸端，以提高刀杆的刚度。升降工作台安装在床身的导轨上，可竖直方向运动（Z 轴）。升降台内装有进给运动和快速移动传动链及操纵机构等。升降台上面加工有横向进给导轨，导轨上装有滑座（件 5），滑座可相对升降台横向移动（*Y* 轴）；滑座上面加工有纵向进给导轨，工作台装在滑座的纵向移动导轨上，从而使工作台可相对滑座纵向移动（*X* 轴）。固定在工作台上的工件通过工作台、滑座、升降台，可以在互相垂直的三个方向实现任一方向的调整或进给。铣刀旋转为主运动（*B* 轴）。

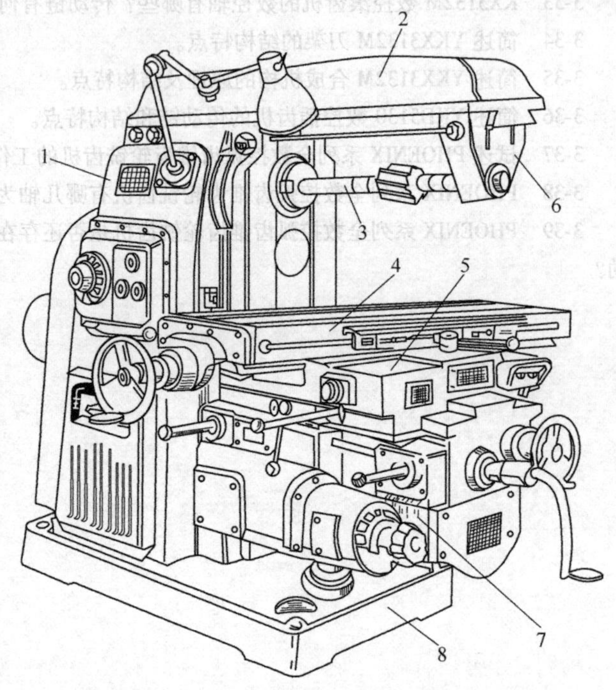

图 4-1　X6132A 万能升降台铣床的总布局
1—床身　2—悬深　3—铣刀轴　4—工作台　5—滑座
6—悬梁支架　7—升降台　8—底座

万能升降台铣床与升降台铣床的区别，仅在于万能升降台铣床有回转盘（位于工作台和滑座之间），回转盘可绕垂直轴线在±45°范围内转动，工作台能沿回转盘旋转后的导轨进给，以便铣削不同角度的螺旋槽。

三、X6132A 万能升降台铣床的传动系统

X6132A 万能升降台铣床是应用最广泛的铣床，主参数为工作台面宽度 320mm。X6132A 万能升降台铣床与 X6132 万能升降台铣床的主要区别在于：①X6132A 万能升降台铣床主运动传动链Ⅰ—Ⅱ轴之间为直齿圆柱齿轮传动，主运动电动机安装形式为 B5；X6132 万能升降台铣床Ⅰ—Ⅱ轴间为Ⅴ带传动，主运动电动机安装形式为 B3；②X6132A 万能升降台铣床进给运动传动链共有 18 级等比进给量、双推杆预选速集中变速机构，进给运动电动机经两对直齿圆柱齿轮副将运动和转矩传递到变速箱；X6132 万能升降台铣床有 21 级等比进给量、单推杆（弹簧回位）预选速集中变速机构，进给运动电动机经锥齿轮副和圆柱齿轮副将运动和转矩传递到进给变速箱。

X6132A 万能升降台铣床的传动系统如图 4-2 所示。X6132A 万能升降台铣床工作台宽度 320mm，长 1320mm；纵向机动极限行程 680mm，横向机动最大行程 240mm，垂直机动最大行程 300mm，手动操作时，工作台纵向、横向、垂直进给的最大行程分别为 700mm、255mm、320mm。

1. X6132A 万能升降台铣床的主运动传动链

X6132A 万能升降台铣床主运动电动机的功率为 7.5kW，额定转速 1450r/min；末端执行件为主轴。X6132A 万能升降台铣床主运动的传动路线为

$$\begin{matrix}\text{电动机}\\ 7.5\text{kW}\\ 1450\text{r/min}\end{matrix} - \frac{26}{54} - \text{Ⅱ} - \begin{Bmatrix}16/38\\19/36\\22/33\end{Bmatrix} - \text{Ⅲ} - \begin{Bmatrix}18/47\\28/37\\39/26\end{Bmatrix} - \text{Ⅳ} - \begin{Bmatrix}19/71\\82/38\end{Bmatrix} - \text{Ⅴ（主轴）}$$

主轴转速为

$$n = 1450 \times \frac{26}{54} \times \begin{Bmatrix}16/38\\19/36\\22/33\end{Bmatrix} \times \begin{Bmatrix}18/47\\28/37\\39/26\end{Bmatrix} \times \begin{Bmatrix}19/71\\82/38\end{Bmatrix} \text{r/min} = 30 \times \begin{Bmatrix}1\\1.26\\ \vdots \\1.26^{17}\end{Bmatrix} \text{r/min}$$

X6132A 万能升降台铣床主运动传动链为等比传动，主轴共有 18 级等比数列转速，转速数列为

30　37.5　47.5　60　75　95　120　150　190　240　300　…　1500

X6132A 万能升降台铣床主运动传动链Ⅰ轴转速为 1450r/min，转速高且为恒定值，故在Ⅰ轴端安装有电磁制动器和润滑油泵。

X6132A 万能升降台铣床第三变速组低速传动采用大模数齿轮，传动副的两齿轮齿数 19、71 为互质数；高速传动采用小模数齿轮，传动副的两齿轮齿数没有大公约数；能减小周期性振动，传动精度高；减少磨损，精度保持性好，使用寿命长。

2. X6132A 万能升降台铣床进给运动及快速运动传动链

X6132A 万能升降台铣床的三维进给运动及快速运动传动链共用一台电动机，其型号为 Y90L-4，额定功率为 1.5kW，额定转速 1410r/min。X6132A 万能升降台铣床机动进给运动的传动路线为

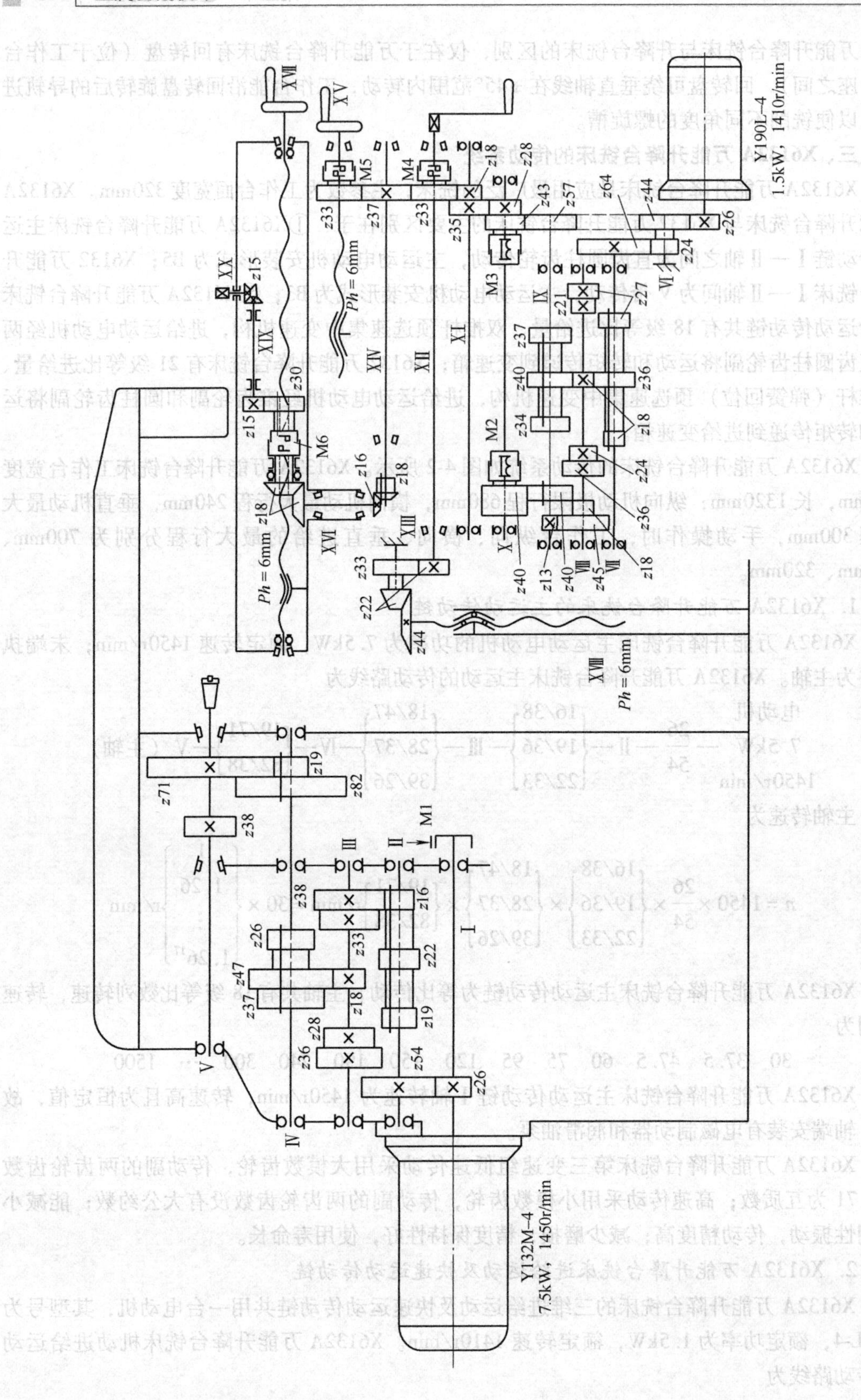

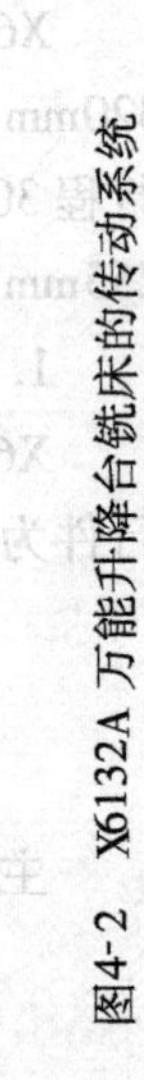
图4-2 X6132A 万能升降台铣床的传动系统

$$\begin{matrix}\text{电动机}\\ 1.5\text{kW}\\ 1410\text{r/min}\end{matrix}-\frac{26}{44}-\text{VI}-\frac{24}{64}-\text{VII}-\begin{Bmatrix}18/36\\27/27\\36/18\end{Bmatrix}-\text{VIII}-\begin{Bmatrix}18/40\\21/37\\24/34\end{Bmatrix}-\text{IX}-$$

$$\begin{Bmatrix}\frac{13}{45}\times\frac{18}{40}\times\frac{40}{40}\\ 40/40\end{Bmatrix}-\text{X}-\frac{28}{35}-\text{XI}-$$

$$\begin{bmatrix}18/33-33/37-\text{XIV}-18/16-\text{XVI}-18/18-\text{M6}-\text{XVII}\ (Ph=6\text{mm})\\ 18/33-33/37-\text{IV}-37/33-\text{M5}-\text{XV}\ (Ph=6\text{mm})\\ 18/33-\text{M4}-\text{XII}-22/33-\text{XIII}-22/44-\text{XVII}\ (Ph=6\text{mm})\end{bmatrix}$$

XI轴的转速为

$$n_{\text{XI}}=1410\times\frac{26}{44}\times\frac{24}{64}\times\begin{Bmatrix}18/36\\27/27\\36/18\end{Bmatrix}\times\begin{Bmatrix}18/40\\21/37\\24/34\end{Bmatrix}\times\begin{Bmatrix}\frac{13}{45}\times\frac{18}{40}\times\frac{40}{40}\\ 40/40\end{Bmatrix}\times\frac{28}{35}\text{r/min}$$

$$=7.26\times\begin{Bmatrix}1\\1.26\\ \vdots\\1.26^{17}\end{Bmatrix}\text{r/min}$$

X6132A 万能升降台铣床进给运动传动链第一变速组为第一扩大组，级比为$1.26^3=2$；第二变速组为基本组，其级比为 1.26；第三变速组为第二扩大组。

XVII轴上的 18 齿的锥齿轮兼做离合器的接合子，内孔直径为 ϕ40mm，纵向进给丝杠为 Tr40 ×6 并铣有键槽，离合器的另一接合子内孔直径也是 ϕ40mm，但固定导向键，只有离合器 M6 接合，空套在XVII轴上的 18 齿锥齿轮才能驱动丝杠旋转。由于螺母固定在回转盘上，丝杠旋转的同时，带动工作台纵向机动进给运动，丝杠每转一圈，工作台移动 6mm，因而电磁离合器 M2 得电、M6 接合时，产生纵向机动进给运动，其进给量为

$$f_x=n_{\text{XI}}\times\frac{18}{33}\times\frac{33}{37}\times\frac{18}{16}\times\frac{18}{18}\times6=\frac{36n_{\text{XI}}}{11}$$

$$f_x=\frac{36n_{\text{XI}}}{11}=23.6\sim1180\text{mm/min}$$

X6132A 万能升降台铣床纵向进给量的数列为

23.6　30　37.5　…　750　950　1180

当电磁离合器 M2 得电、M5 接合时，横向进给丝杠 Tr30 ×6LH 旋转，螺母移动带动床鞍及工作台横向进给，横向机动进给量为

$$f_y=n_{\text{XI}}\times\frac{18}{33}\times\frac{33}{37}\times\frac{37}{33}\times6=\frac{36n_{\text{XI}}}{11}=f_x$$

当电磁离合器 M2 得电、M4 接合时，运动和转矩经XII、XIII传动副，驱动垂直进给滚珠丝杠 CDM4006（外循环插管式、双螺母垫片预紧滚动螺旋副）旋转并带动升降台及工作台垂直进给，垂直机动进给量为

$$f_z = n_{XI} \times \frac{18}{33} \times \frac{22}{33} \times \frac{22}{44} \times 6 = \frac{12n_{XI}}{11}$$

$$= \frac{f_x}{3} = 8 \sim 400\text{mm/min}$$

X6132A 万能升降台铣床的快速移动传动链XI轴以后与机动进给传动链重合，动力源至XI轴传动路线与机动进给传动链并列，即

$$\begin{matrix}\text{电动机}\\ 1.5\text{kW}\\ 1410\text{r/min}\end{matrix} — \frac{26}{44} — \text{VI} — \frac{44}{57} \times \frac{57}{43} — \text{M3} — \text{X} — \frac{28}{35} — \text{IX}$$

当 M2 失电、M3 得电时，X6132A 万能升降台铣床为快速移动；否则为机动进给。快速移动时，XI轴的转速为

$$n_{qXI} = 1410 \times \frac{26}{44} \times \frac{44}{57} \times \frac{57}{43} \times \frac{28}{35}\text{r/min} = 682\text{r/min}$$

当 M3 得电、M6（或 M5）接合时，纵向（或横向）快速移动，快速移动速度为

$$f_{qx} = f_{qy} = \frac{36n_{XI}}{11} = 2232\text{mm/min}$$

当 M3 得电、M4 接合时，垂直快速移动，快速移动速度为

$$f_{qz} = \frac{f_{qx}}{3} = 744\text{mm/min}$$

离合器 M6、M5、M4 的作用就是产生纵向、横向、垂直工作进给或快速移动，由一个手柄控制。

另外，进给运动电动机具有正反转功能，以实现工作台的双向进给及快速移动。

3. X6132A 万能升降台铣床手动进给运动链

当离合器 M6 接合，M2、M3 皆失电时，转动XVII轴上的手柄，可产生大纵向手动进给 f_{xhb}，手柄旋转一圈，离合器 M6 的接合子驱动丝杠旋转一圈，螺母带动工作台移动 6mm。当 M2、M3 失电，M6 分离时，转动XX轴手柄，经等比锥齿轮副、圆柱齿轮副驱动离合器 M6 的接合子驱动丝杠旋转。转动XX轴手柄时，工作台纵向移动速度为

$$f_{xhl} = 1 \times \frac{15}{15} \times \frac{15}{30} \times 6\text{mm/r} = 3\text{mm/r}$$

当 M2、M3 失电，XV轴上的 M5 手动接合并转动手柄时，可产生横向手动进给 f_{yh}，手柄旋转一圈，横向进给螺母带动床鞍及工作台移动 6mm。

当 M2、M3 失电，XII轴上的 M4 手动接合并转动手柄时，可产生垂直手动进给 f_{zh}，垂直手动进给速度为

$$f_{zh} = 1 \times \frac{22}{33} \times \frac{22}{44} \times 6\text{mm/r} = 2\text{mm/r}$$

四、X6132A 万能升降台铣床的主要结构特点

1. X6132A 万能升降台铣床主运动传动链的特点

X6132A 万能升降台铣床主轴组件采用三支承结构，后支承为辅助支承，轴承型号分别为32218/P5、32213/P6，螺母预紧，承受作用于主轴上的径向力和双向轴向负载。后支承为6310 普通深沟球轴承，不预紧，靠径向游隙限制主轴变形。主轴上的大齿轮靠近前支承，且在大齿轮前面固定有蓄能圆盘（飞轮），以提高断续铣削时的运动平稳性。主运动传动链Ⅰ轴转速较高且为恒定值，故Ⅰ轴端装有电磁制动器和柱塞润滑泵（图 4-2 未示出）。

X6132A 万能升降台铣床主运动传动链相对较简单，床身立柱中空间较大，故主运动传动链的所有传动轴由下而上排列在与主轴平行的剖面中。变速操纵机构是一个独立的部件，利用孔盘变速机构操纵三个拨叉，实现 18 级主轴变速。X6132A 万能升降台铣床主运动传动链变速机构如图 4-3 所示；X6132A 主轴转速为 30r/min 时的变速机构展开图如图 4-4 所示。

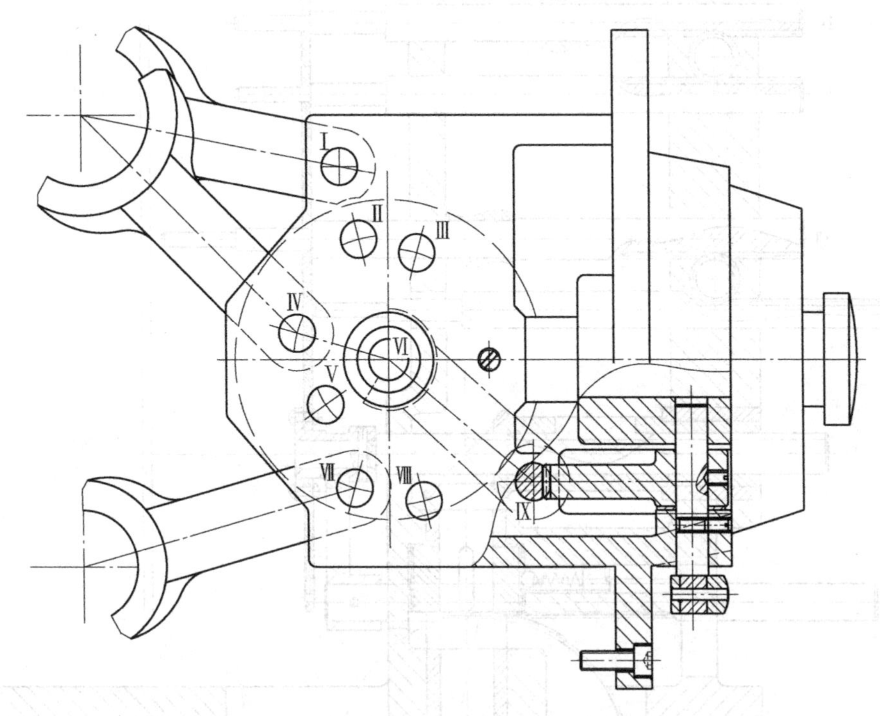

图 4-3　X6132A 万能升降台铣床最低转速时的操纵机构简图

X6132A 万能升降台铣床主轴各级转速与滑移齿轮的对应关系见表 4-1，滑移齿轮的拨叉轴一端为阶梯轴（大直径 d_b、小直径 d_l），孔盘推动拨叉轴轴肩使其移动；另一端为齿条轴，其作用是孔盘推动与拨叉轴结构相同的反向推杆移动时，经反向齿轮使拨叉轴反向运动；拨叉轴能够双向移动，实现工艺需求的转速。如主轴转速为 120r/min，第一变速组（a 组）滑移齿轮为右侧位置，操纵轴Ⅶ轴 d_b 轴肩与孔盘接触，反向推杆Ⅷ轴 d_l 端面（与反向推杆对应的孔盘位置上无孔）与孔盘接触，即拨叉轴、反向推杆应有严格的对应关系，也

就是孔盘上孔的大小及排列应有一定规律，按照表4-1中主运动传动链滑移齿轮的位置，可得孔盘上孔的位置与主轴转速的对应关系，见表4-2。主轴转速为30r/min时各拨叉轴与孔盘上孔的对应位置及孔盘上孔的分布如图4-5所示。拨叉轴或反向推杆阶梯轴的长度决定了滑移行程的大小，滑移行程应略大于两倍齿轮宽度。

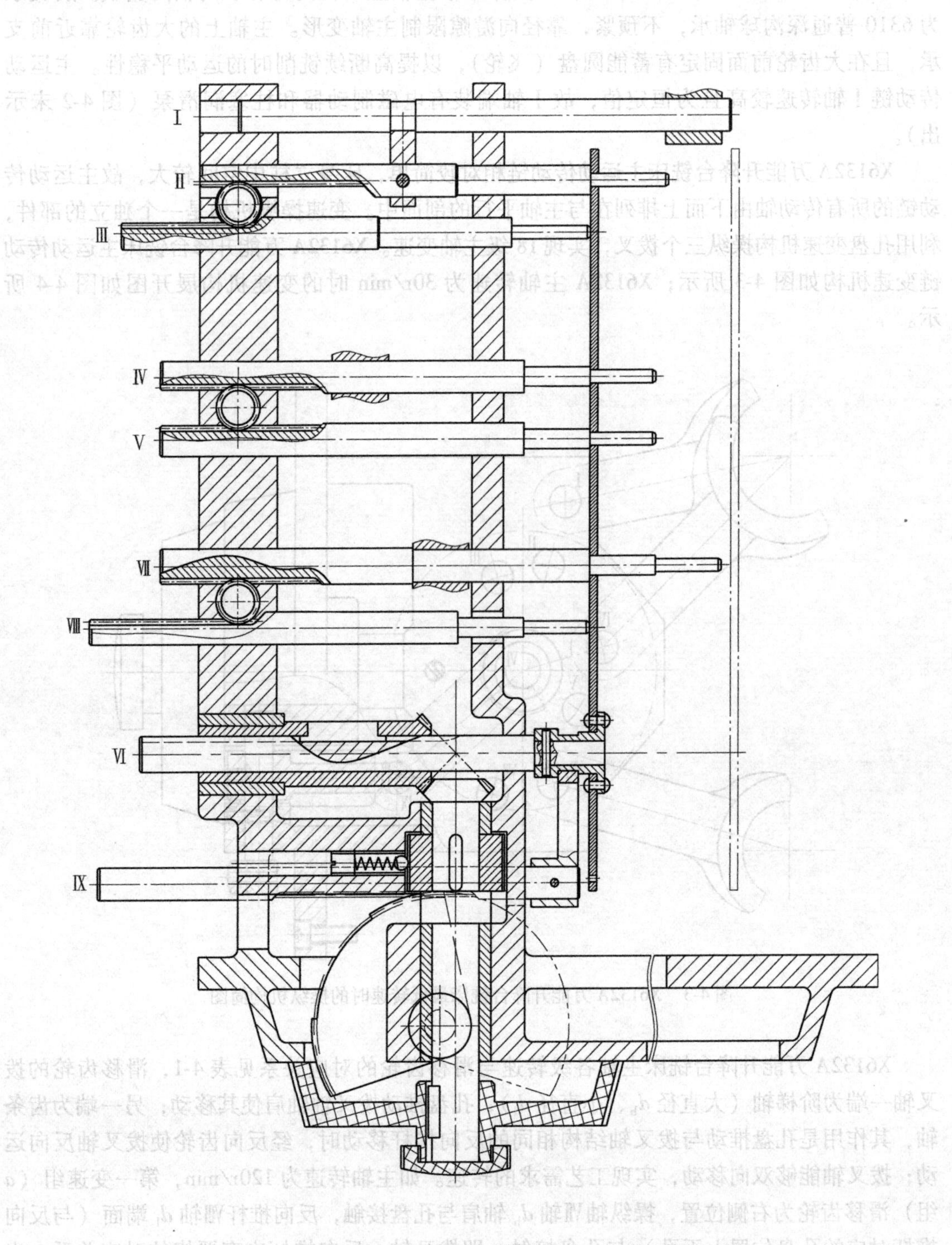

图4-4 X6132A万能升降台铣床最低转速时的操纵机构展开图

表 4-1　X6132A 万能升降台铣床主轴各级转速与滑移齿轮的对应关系

主轴转速/(r/min)		30	37.5	47.5	60	75	95	120	150	190
变速组	*a*	右侧	左侧	中间	右侧	左侧	中间	右侧	左侧	中间
	b	中间	中间	中间	左侧	左侧	左侧	右侧	右侧	右侧
	c	右侧	右侧	右侧	右侧	右侧	右侧	右侧	右侧	右侧
主轴转速/(r/min)		240	300	375	475	600	750	950	1200	1500
变速组	*a*	右侧	左侧	中间	右侧	左侧	中间	右侧	左侧	中间
	b	中间	中间	中间	左侧	左侧	左侧	右侧	右侧	右侧
	c	左侧	左侧	左侧	左侧	左侧	左侧	左侧	左侧	左侧

表 4-2　X6132A 万能升降台铣床主轴各级转速与孔盘上孔的位置的对应关系

主轴转速/(r/min)			30	37.5	47.5	60	75	95	120	150	190
操纵轴	*a* 组	Ⅶ	d_b	×	d_l	d_b	×	d_l	d_b	×	d_l
		Ⅷ	×	d_b	d_l	×	d_b	d_l	×	d_b	d_l
	b 组	Ⅳ	d_l	d_l	d_l	d_b	d_b	d_b	×	×	×
		Ⅴ	d_l	d_l	d_l	×	×	×	d_b	d_b	d_b
	c 组	Ⅱ	d_l	d_l	d_l	d_l	d_l	d_l	d_l	d_l	d_l
		Ⅲ	×	×	×	×	×	×	×	×	×
主轴转速/(r/min)			240	300	375	475	600	750	950	1200	1500
操纵轴	*a* 组	Ⅶ	d_b	×	d_l	d_b	×	d_l	d_b	×	d_l
		Ⅷ	×	d_b	d_l	×	d_b	d_l	×	d_b	d_l
	b 组	Ⅳ	d_l	d_l	d_l	d_b	d_b	d_b	×	×	×
		Ⅴ	d_l	d_l	d_l	×	×	×	d_b	d_b	d_b
	c 组	Ⅱ	×	×	×	×	×	×	×	×	×
		Ⅲ	d_l	d_l	d_l	d_l	d_l	d_l	d_l	d_l	d_l

注：×表示无孔。

由于孔盘插入拨叉轴和反向推杆中，因而变速时须先扳动手柄，使扇形齿轮驱动拨叉轴Ⅸ轴移动退出孔盘；然后转动选速盘，经锥齿轮副驱动孔盘轴Ⅵ旋转，带动孔盘转动选速；最后，扳动手柄使扇形齿轮反转，孔盘推动拨叉轴和反向推杆移动，完成变速过程。为方便变速操作，扇形齿轮的操纵手柄（图 4-4 中未示出）转角应大于 90°，以防止操纵手柄位于操作者胸前影响操作，且拨叉轴Ⅸ轴不能距箱体前壁太近（拨叉轴Ⅸ轴距箱体前壁近可减小扇形齿轮半径，增加扇形齿轮旋转角度），造成操纵机构安装不便。扇形齿轮中段可去掉部分齿。

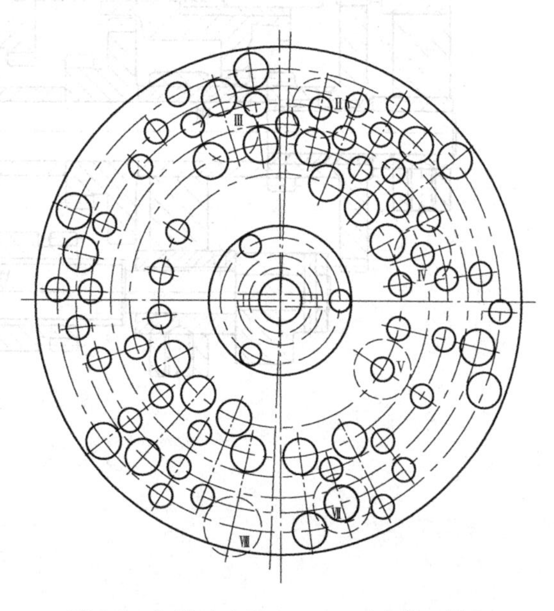

图 4-5　主轴转速为 30r/min 时各拨叉轴与孔盘上孔的对应位置及孔盘上孔的分布

为方便变速，扳动手柄转动扇形齿轮时，扇形齿轮上的端面凸轮（图 4-4 中未示出）触动行程开关，使主运动电动机缓慢点动。由于变速时三组滑移齿轮同时移动变速，有可能出现啮合干涉。为保证顺利变速，最好在一次变速过程中仅有一组滑移齿轮改变位置，复杂变速分阶段进行，在主运动电动机缓慢点动的前提下顺利实现啮合变速。如将主轴转速 $n_5=75\text{r/min}$ 转换为 $n_{16}=950\text{r/min}$，变速步骤建议为：①首先主轴转速变为 $n_{16-9-3}=n_4=60\text{r/min}$，仅将第一变速组（$a$ 组）滑移齿轮从左侧移动到右侧；②将主轴转速由 n_4 变为 $n_{16-9}=n_7$，仅将第二变速组（b 组）滑移齿轮从右侧移动到左侧；③将主轴转速 n_7 变为 n_{16}，仅将第三变速组（c 组）滑移齿轮从右侧移动到左侧。

2. X6132A 万能升降台铣床进给运动传动链的特点

X6132A 万能升降台铣床的进给变速机构由两个三联滑移齿轮和一个单回曲机构组成，能实现 18 级等比数列进给速度。X6132A 万能升降台铣床进给变速箱展开图如图 4-6 所示，X 轴上左电磁离合器（图 4-2 中的 M2）接通时，可产生工作进给，右电磁离合器（图 4-2 中的 M3）接合时，可产生快速移动。变速操纵机构为孔盘式集中操纵机构，进给运动传动

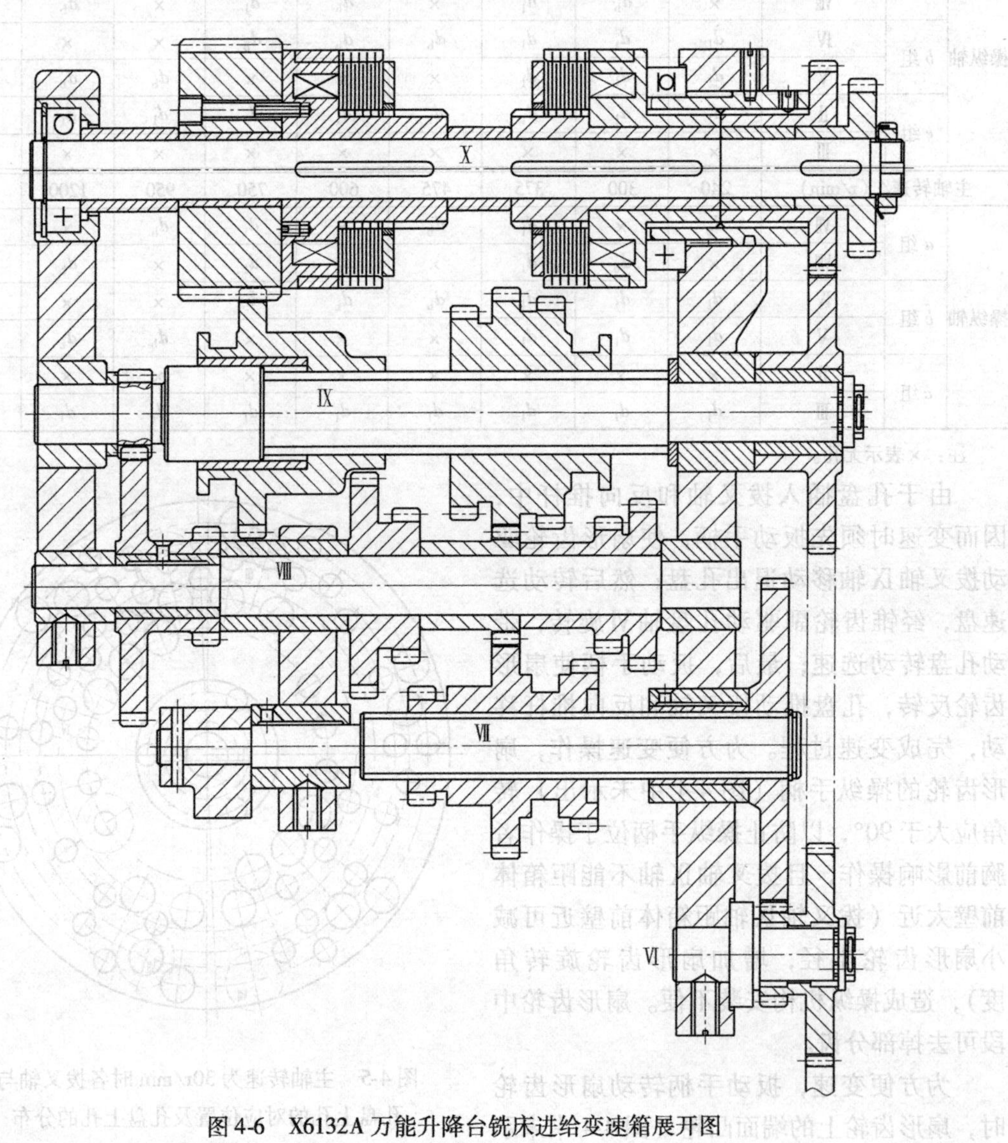

图 4-6 X6132A 万能升降台铣床进给变速箱展开图

链各级转速与孔盘上孔的对应位置见表 4-3；进给运动传动链结构简图如图 4-7 和图 4-8 所示。

表 4-3 X6132A 万能升降台进给运动传动链各级转速与孔盘上孔的对应位置

Ⅵ轴转速/（r/min）			n_1	n_2	n_3	n_4	n_5	n_6	n_7	n_8	n_9
变速组	a 组	推 杆	d_b	d_b	d_b	×	×	×	d_l	d_l	d_l
		返回杆	×	×	×	d_b	d_b	d_b	d_l	d_l	d_l
	b 组	推 杆	d_l	×	d_b	d_l	×	d_b	d_l	×	d_b
		返回杆	d_l	d_b	×	d_l	d_b	×	d_l	d_b	×
	c 组	推 杆	d_l	d_l	d_l	d_l	d_l	d_l	d_l	d_l	d_l
		返回杆	×	×	×	×	×	×	×	×	×
Ⅵ轴转速/（r/min）			n_{10}	n_{11}	n_{12}	n_{13}	n_{14}	n_{15}	n_{16}	n_{17}	n_{18}
变速组	a 组	推 杆	d_b	d_b	d_b	×	×	×	d_l	d_l	d_l
		返回杆	×	×	×	d_b	d_b	d_b	d_l	d_l	d_l
	b 组	推 杆	d_l	×	d_b	d_l	×	d_b	d_l	×	d_b
		返回杆	d_l	d_b	×	d_l	d_b	×	d_l	d_b	×
	c 组	推 杆	×	×	×	×	×	×	×	×	×
		返回杆	d_l	d_l	d_l	d_l	d_l	d_l	d_l	d_l	d_l

注：×表示无孔；d_b 表示大孔，d_l 表示小孔

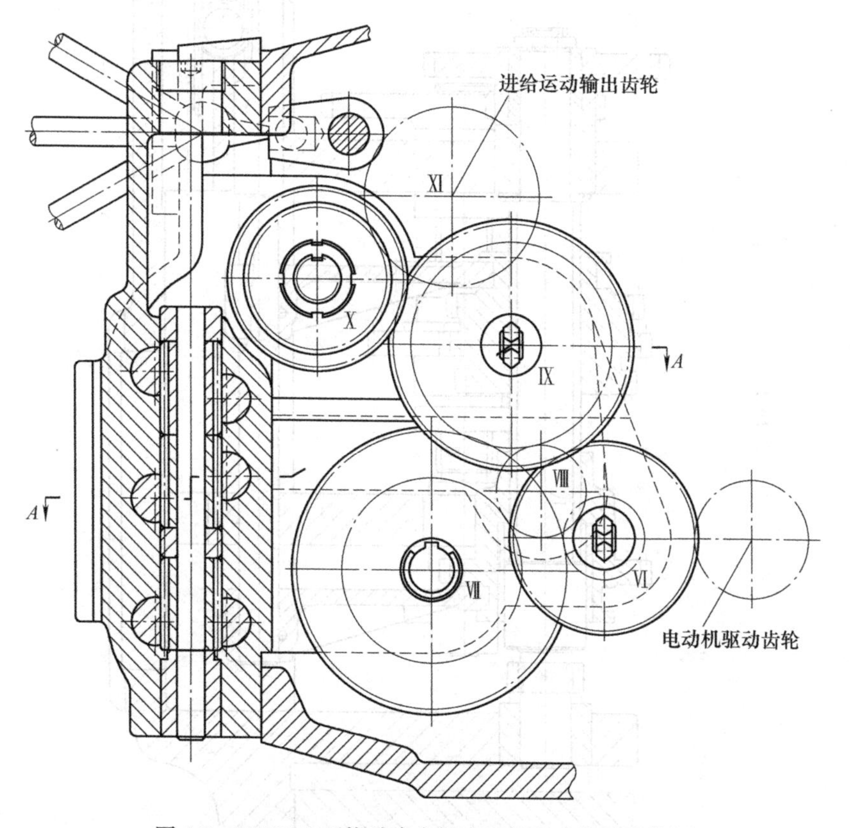

图 4-7 X6132A 万能升降台铣床进给变速箱结构简图

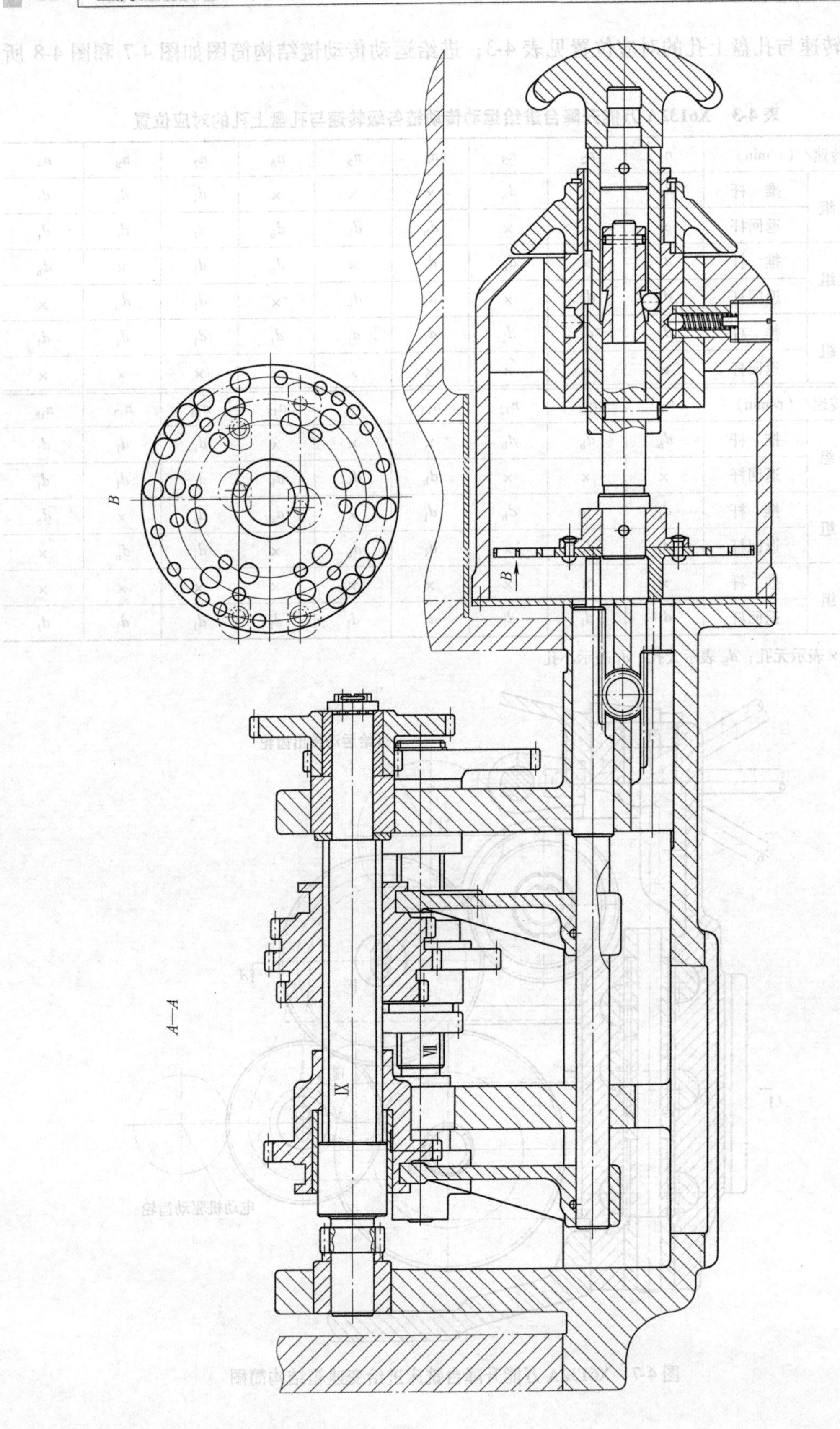

图4-8　X6132A 万能升降台铣床进给变速操纵机构结构图

X6132A 万能升降台铣床进给变速操纵机构的特点是：孔盘的退出、选速、孔盘推动推杆和返回杆的端面或轴肩使齿轮滑移变速这三个动作由同一个操纵元件控制，操纵元件最少。套筒联轴器一端与孔盘心轴铰链连接，另一端与手柄心轴刚性连接。手柄向里推入时，套筒联轴器推动孔盘心轴上的销轴带动孔盘推压推杆和返回杆，推杆或返回杆带动拨叉使滑移齿轮移动变速。手柄向外拉出时，套筒联轴器中钢球拉动孔盘外移，脱离推杆和返回杆。套筒联轴器与支承套间既有滑动又有转动，为提高导向精度，将直线移动副与转动副分开设置，在套筒联轴器与支承套间增加中间轴套，中间轴套内孔圆周上加工有导向键槽，套筒联轴器外圆圆周上设置导向键，彼此构成直线移动副。中间轴套外圆表面加工有环槽和 90°V 形槽，支承轴套设置有空心销轴，销轴外圆限制中间轴套的移动，销轴内孔中有一钢球，钢球与中间轴套 V 形槽的压力可通过弹簧调节，防止转动手柄带动与中间轴套连为一体的变速盘旋转变速时，因旋转部件的惯性而旋转过快。变速盘表面有进给速度数字，孔盘机构壳体上方有箭头标记，只要所需的进给速度与箭头对准，则表明选速结束。

X6132A 万能升降台铣床进给运动操纵机构孔盘比主运动操纵机构孔盘简单。进给运动操纵机构孔盘上有 4 圈孔，外圈孔控制进给传动链第一变速组的三联滑移齿轮，若外圈孔的分布圆直径为 D_1，在直径 D_1 圆周上有 36 个孔位，插入孔盘的推杆与返回杆轴间距为 l，则

$$D_{1\min}=\frac{d_b}{\sin5°}$$

$$l=\frac{D_1}{2}\sin15°$$

孔盘内圈孔控制进给传动链第三变速组的双联滑移齿轮，只有小孔 d_1 和无孔两种状态，且每个 9 级转速变换一次，因此只需 18 个孔位，其中一半为连续小孔，另一半连续无孔，可采取连续无孔的半圈在孔盘上凸起，另半圈不凸则相当于连续小孔，即升程圆心角为 180° 的端面圆柱凸轮。在直径 D_4 的圆周上连续小孔形成的扇形环弧（环弧槽宽 d_1）对应的圆心角 α 为

$$\alpha=160°+2\arcsin\frac{d_1}{D_4}$$

式中　D_4——孔盘内圈“小孔”的分布直径（mm）。

若凸轮与推杆或返回杆最小接触面积为（$\pi d_1^2/8$），则

$$\arcsin\frac{d_1}{D_{4\min}}=20°$$

$$D_{4\min}=d_1/\sin20°$$

调整孔盘内圈“小孔”控制推杆和返回杆的高度位置，可调节 D_4 的大小。三条推杆和三条返回杆的水平距离相等，分为两列对称布置在孔盘轴线两侧；三个反向齿轮（杠杆支点齿轮）尺寸相同，且共用一条心轴。由于插入孔盘的推杆与返回杆轴间距 l 为无理数，不能准确加工推杆和返回杆的导向孔，推杆和返回杆齿条段轴线相对插入孔盘的推杆与返回杆段轴线有一定偏移。三条推杆和三条返回杆齿条段的径向尺寸相同，只有轴向长度不同。

控制进给传动链第二变速组三联滑移齿轮的推杆和返回杆的孔位各 18 个，分布在孔盘外圈内直径较小的圆上，推杆对应的孔盘上孔位的分布圆直径为 D_2，返回杆对应的孔盘上

孔位的分布圆直径为 D_3，则有

$$D_2 = D_1 - 2(d_b + \Delta)$$

$$D_3 = D_2 - 2(d_b + \Delta)$$

式中 Δ——相邻两大孔间距（mm）。

另外，孔盘内圈“小孔”最大分布圆直径为 D_{4max}，则

$$D_{4max} \leqslant D_3 - d_b - d_1 - 2\Delta$$

推拉孔盘时，行程开关接通进给电动机点动，保证滑移齿轮顺利滑移变速。由于是集中变速，三个滑移齿轮同时滑移，可出现齿顶干涉现象。建议分步变速，一次变速只有一个滑移齿轮产生位置变化。另外，X6132A 万能升降台铣床进给运动变速箱兼做油池，第一变速组的滑移齿轮带动润滑油飞溅润滑。

第二节 XK5040-1 数控升降台铣床

XK5040-1 数控升降台铣床（以下简称 XK5040-1 铣床）是北京第一机床厂在引进消化吸收日本日立精机“K”系列铣床技术基础上研制成功的经济型三轴联动数控立式升降台式铣床。工作台面面积 400mm×1650mm；工作精度为 0.03mm/300mm；主要用于加工各种复杂形状的凸轮、模具以及平面曲线槽和空间曲面，也可进行铣削平面和键槽；适用于加工表面形状复杂而又经常变换工件的机械加工部门。

一、XK5040-1 铣床的主运动传动链

主电动机 Y132M-4，额定功率 7.5kW，额定转速 1450r/min。电动机产生的运动和转矩经 V 带传动、滑移齿轮变速机构，传递到主轴（Ⅵ轴）。XK5040-1 铣床的传统系统如图 4-9 所示，主运动传动链的传动路线表达式为

$$\begin{matrix}\text{电动机}\\ 7.5\text{kW}\\ 1450\text{r/min}\end{matrix} - \frac{230}{320} - \text{I} - \begin{bmatrix}25/48\\29/45\\34/41\end{bmatrix} - \text{II} - \begin{bmatrix}33/56\\48/41\end{bmatrix} - \text{III} - \begin{bmatrix}33/78\\67/44\end{bmatrix} - \text{IV} -$$

$$\left\{\begin{matrix}25/85-\text{III}-25/85-\text{IV}-85/86\\85/86\end{matrix}\right\} - \text{V（主轴）}$$

主轴的最低转速为

$$n_1 = 1450 \times \frac{230}{320} \times \frac{25}{48} \times \frac{33}{56} \times \frac{33}{78} \times \frac{25}{85} \times \frac{25}{85} \times \frac{85}{86}\text{r/min} \approx 11.8\text{r/min} \approx 12\text{r/min}$$

XK5040-1 铣床主轴理论上有 24 级转速，其转速数列见表 4-4；由表 4-4 可知，$n_{12} = n_{13}$，即转速值重合，但其传动路线不同，主轴转速为 n_{12}、n_{13} 时，各变速组滑移齿轮位置及啮合齿轮的齿数见表 4-5。由表 4-5 可知，n_{12} 传动路线长，应尽量少用或不用。此外，XK5040-1 铣床主轴转速数列的公比 $\varphi = 1.26$，而 n_6 与 n_7、n_{18} 与 n_{19} 之间的级比则是 $1.12 \approx 1.26^{0.5}$。这是因为：第三、第四变速组级比 φ^{x_c}、φ^{x_d} 为

$$\varphi^{x_c} = \frac{67}{44} \times \frac{78}{33} = \varphi^{5.5}$$

$$\varphi^{x_d} = \frac{85}{25} \times \frac{85}{25} = \varphi^{10.5}$$

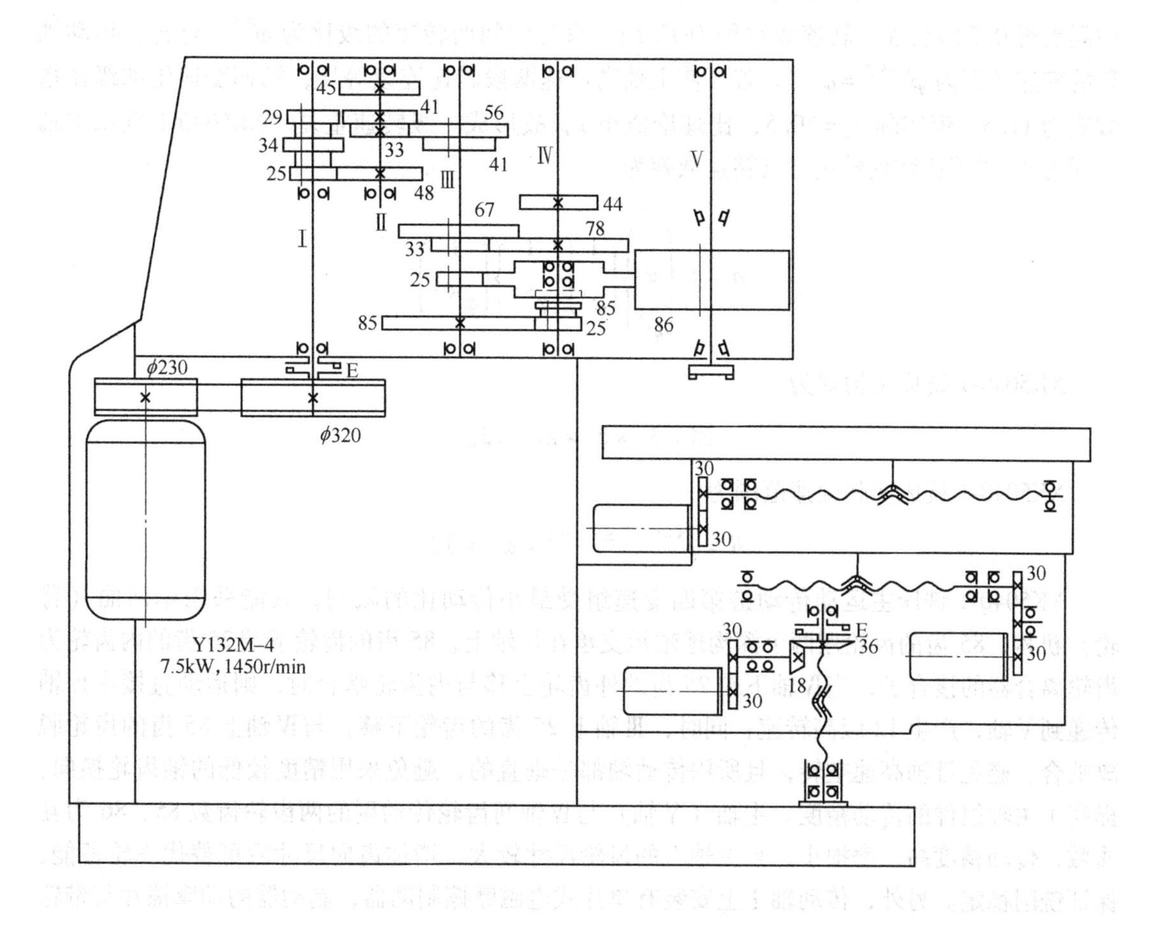

图 4-9　XK5040-1 铣床的传动系统

表 4-4　XK5040-1 铣床主轴转速数列　（单位：r/min）

n_1	n_2	n_3	n_4	n_5	n_6	n_7	n_8	n_9	n_{10}	n_{11}	n_{12}
12	15	19	23.5	30	37.5	42.5	53	67	85	105	130
n_{13}	n_{14}	n_{15}	n_{16}	n_{17}	n_{18}	n_{19}	n_{20}	n_{21}	n_{22}	n_{23}	n_{24}
(130)	170	210	260	340	420	480	600	750	950	1180	1500

表 4-5　XK5040-1 铣床主轴转速为 n_{12}、n_{13} 时滑移齿轮位置及啮合齿轮的齿数

	第一变速组		第二变速组		第三变速组		第四变速组	
	滑移齿轮位置	啮合齿轮齿数	滑移齿轮位置	啮合齿轮齿数	滑移齿轮位置	啮合齿轮齿数	滑移齿轮位置	啮合齿轮齿数
n_{12}	中	34/42	下	48/41	上	67/44	下	25/85、25/85、85/86
n_{13}	下	25/48	上	33/56	下	33/78	上	85/86

第三变速组的级比指数 x_c 比理论值小0.5，导致传动轴Ⅳ输出的两段6级等比数列转速中间重叠0.5级转速，转速级数仍为12级，只是中间两转速的级比为 $\varphi^{0.5}$，这样，传动轴Ⅳ的变速范围为 $\varphi^{6+5.5}=\varphi^{11.5}$。若要使主轴高低速两段转速连续等比，第四变速组的级比指数应为11.5。但实际 $x_d=10.5$，比理论值小1，故形成一级转速重复。XK5040-1铣床主轴实际为23级等比数列转速，其转速数列为

$$n=n_1\begin{Bmatrix}1\\ \varphi\\ \varphi^2\end{Bmatrix}\begin{Bmatrix}1\\ \varphi^3\end{Bmatrix}\begin{Bmatrix}1\\ \varphi^{5.5}\end{Bmatrix}\begin{Bmatrix}1\\ \varphi^{10.5}\end{Bmatrix}$$

XK5040-1铣床结构式为

$$24=3_1\times 2_3\times 2_{5.5}\times 2_{10.5}$$

XK5040-1铣床实际变速范围为

$$R=\varphi^{3-1+3+5.5+10.5}=\varphi^{21}=128$$

XK5040-1铣床主运动传动链第四变速组受最小传动比的限制，只能采用单回曲（背轮）机构，85齿的齿轮用两个深沟球轴承支承在Ⅳ轴上，85齿的齿轮下端25齿的内齿轮为齿轮离合器的接合子，当Ⅳ轴下端25齿的外齿轮上移与内齿轮啮合时，则运动直接由Ⅳ轴传递到Ⅴ轴，产生12级高转速；同时，Ⅲ轴上25齿的齿轮下移，与Ⅳ轴上85齿的齿轮脱离啮合，避免Ⅲ轴高速空转，且所用传动轴都是垂直的，避免采用精度较低的锥齿轮换向，提高了主轴组件的传动精度。主轴（Ⅴ轴）与Ⅳ轴间齿轮传动副的两齿轮齿数85、86为互质数，传动精度高，磨损小，且主轴上的齿轮尺寸较大，增加齿向尺寸后可替代飞轮蓄能，保证铣削稳定。另外，传动轴Ⅰ上安装有单片式电磁摩擦制动器，制动器的动摩擦片与带轮相连，固定摩擦片与变速箱箱体相连，通电时制动器接合对主轴产生制动。

XK5040-1铣床主运动传动链的24级转速采用电液联合控制，自动变速。操纵系统动作过程为：停止主运动电动机；接通主运动电动机缓转控制电路，使主运动电动机缓慢旋转；转动选速分配阀选择主轴转速，使相应的滑移齿轮滑移啮合；停止主运动电动机缓转；恢复主运动电动机转动。

二、XK5040-1铣床进给运动传动链

XK5040-1铣床进给运动传动链非常简单，*X*、*Y*、*Z* 轴进给运动传动链都由独立的直流伺服电动机驱动。*X*、*Y* 轴进给运动传动链采用FANUC BESK FB15直流伺服电动机，*Z* 轴进给运动传动链采用FANUC BESK FB15B型直流伺服电动机。伺服数控系统为半闭环控制，利用直流伺服电动机尾部的旋转光电编码器进行位置检测，工作精度为0.001mm。进给电动机经一对或两对齿轮副驱动滚珠丝杠，螺母带动工作台移动。*X*、*Y* 轴无级进给速度为6~3000mm/min，快速移动速度为4000mm/min。升降台 *Z* 轴无级进给速度为3.6~2400mm/min，快速移动速度为2400mm/min。

滚珠丝杠螺母副不自锁，可互为主动件。为防止停车后升降台的自重驱动丝杠旋转的同时降落，*Z* 轴进给运动传动链安装停车制动器或采用具有停车制动器的伺服电动机，断电时制动丝杠。

第三节　T6112卧式镗床

单刃或双刃（同时粗精加工）刀具旋转并轴向或径向进给移动的加工方式称为镗削。T6112卧式镗床主要用于大中型箱体零件的镗孔、钻孔、扩孔、铰孔和锪平面；若安装铣刀盘及其他附件后，可以铣平面、铣外圆和攻螺纹孔。

T6112卧式镗床外形如图4-10所示。主轴箱（件8）内安装有主运动传动链和进给变速机构。镗床的平旋盘镗削主轴（件5）和镗铣主轴（件4）都是主运动的执行件，两主轴间有机械互锁，保证两主轴不能同时工作。平旋盘镗削主轴为主运动传动链的执行件镗削平面时，平旋盘镗削主轴（件5）带动镗刀旋转的同时，平旋盘上的径向进给滑板（件6）带动安装在其上的镗刀沿平旋盘上的燕尾形导轨移动，实现镗刀的径向进给运动。平旋盘镗削主轴为主运动传动链的执行件镗孔时，工作台（件3）带动工件移动（*Y*轴），实现进给运动。卧式镗床的镗铣主轴为主运动的执行件镗孔时，镗杆插入镗铣主轴的锥孔中，镗杆带动镗刀旋转的同时轴向进给。若镗削的孔轴向尺寸大，可利用后支承架双导向，提高加工精度，因而后支承架可沿*Y*、*Z*轴移动。若镗削主轴安装铣刀铣削平面，则由工作台（件3）提供横向（*X*轴）进给运动。为方便加工群孔，主轴箱（件8）沿前立柱（件7）上的导轨垂直（*Z*轴）移动，实现主轴箱的垂直进给运动。为方便加工斜孔，工作台还应具有回转功能。总之，工作台部件的下滑座（件11）沿床身（件10）导轨*Y*轴移动，上滑座（件12）沿下滑座的导轨*X*轴移动，工作台面可绕上滑座的环形导轨回转（*C*轴）。有的卧式镗床为提高加工群孔的位置精度，工作台的横向移动、主轴箱的垂直移动采用光栅读数、数字显示。

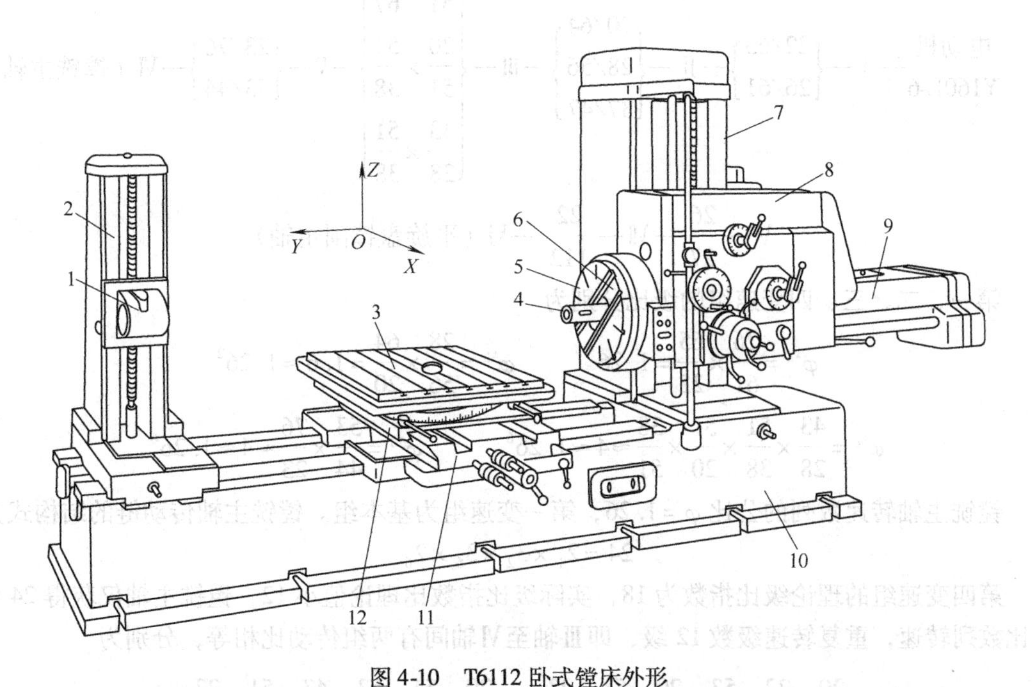

图4-10　T6112卧式镗床外形

1—后支承架　2—后立柱　3—工作台　4—镗铣主轴　5—平旋盘镗削主轴　6—径向进给滑板　7—前立柱　8—主轴箱　9—后尾箱　10—床身　11—下滑座　12—上滑座

T6112卧式镗床的主要技术参数如下：

镗铣主轴直径125mm，内锥孔直径80mm、锥度1:20，镗铣主轴转速范围4～800r/min，镗铣主轴最大行程1000mm。平旋盘转速范围2.5～125r/min，平旋盘径向刀架最大行程300mm。镗铣主轴4～200r/min时，镗铣主轴（*Y*轴）、主轴箱（*Z*轴）、工作台（*X*、*Y*轴）进给量为0.04～6.3mm/r（18级）；镗铣主轴250～800r/min时，进给量为0.01～1.6mm/r（18级）。平旋盘镗削主轴为主运动执行件时，主轴箱（*Z*轴）、工作台（*X*、*Y*轴）进给量为0.063～10mm/r（18级）。工作台面尺寸：宽1400mm，长1600mm。工作台行程：纵向（*Y*轴）1600mm，横向1400mm；工作台机动回转速度1r/min。镗铣主轴（*Y*轴）、主轴箱（*Z*轴）、工作台（*X*、*Y*轴）、平旋盘径向刀架的快速移动速度为2m/min；后立柱及刀杆支架的快速移动速度2m/min。工作台承受最大工件质量5000kg。加工尺寸公差等级IT7，轮廓的算术平均偏差$Ra1.6\mu m$。

T6112卧式镗床的传动系统（工作台进给运动传动链除外）如图4-11和图4-12所示。双向齿轮离合器M1（右接合子就是23齿的传动齿轮）有左中右三个位置，只有M1在中间位置时，Ⅶ轴上27齿齿轮才进入接合，接通平旋盘主运动链，即镗铣主轴运动链与平旋盘主运动链是互锁的。

一、T6112卧式镗床主运动传动链

T6112卧式镗床主运动传动链的执行件是镗铣主轴和平旋盘镗削主轴；镗铣主轴有24级等比数列转速，平旋盘镗削主轴有18级等比数列转速，由于平旋盘镗削主轴直径较大，故18级转速相对较低。T6112卧式镗床主运动传动链的传动路线表达式为

$$\begin{matrix}\text{电动机}\\ \text{Y160L-6}\end{matrix}—\text{I}—\begin{bmatrix}22/65\\26/61\end{bmatrix}—\text{II}—\begin{bmatrix}20/64\\28/56\\37/47\end{bmatrix}—\text{III}—\begin{bmatrix}\frac{20}{51}\times\frac{22}{67}\\ \frac{20}{51}\times\frac{51}{38}\\ \frac{43}{28}\times\frac{51}{38}\end{bmatrix}—\text{V}—\begin{bmatrix}23/76\\53/44\end{bmatrix}—\text{VI}\ (\text{镗铣主轴})$$

$$\text{V}—\frac{26}{27}—\text{VII}—\frac{22}{112}—\text{VI}\ (\text{平旋盘镗削主轴})$$

第一、二、三、四变速组的级比分别为

$$\varphi^{x_a}=\frac{26}{61}\times\frac{65}{22}=1.26\qquad \varphi^{x_b}=\frac{28}{56}\times\frac{64}{20}=1.6\approx1.26^2$$

$$\varphi^{x_c}=\frac{43}{28}\times\frac{51}{38}\times\frac{51}{20}\times\frac{38}{51}\approx4\approx1.26^6\qquad \varphi^{x_d}=\frac{53}{44}\times\frac{76}{23}\approx4\approx1.26^6$$

镗铣主轴转速数列的公比$\varphi=1.26$，第一变速组为基本组。镗铣主轴传动链的结构式为

$$24=2_1\times3_2\times3_6\times2_6$$

第四变速组的理论级比指数为18，实际级比指数比理论值小12，镗铣主轴仅获得24级等比数列转速，重复转速级数12级，即Ⅲ轴至Ⅵ轴间有两组传动比相等，分别为

$$\frac{20}{51}\times\frac{22}{67}\times\frac{53}{44}\approx\frac{20}{51}\times\frac{51}{38}\times\frac{23}{76}\qquad \frac{20}{51}\times\frac{51}{38}\times\frac{53}{44}\approx\frac{43}{28}\times\frac{51}{38}\times\frac{23}{76}$$

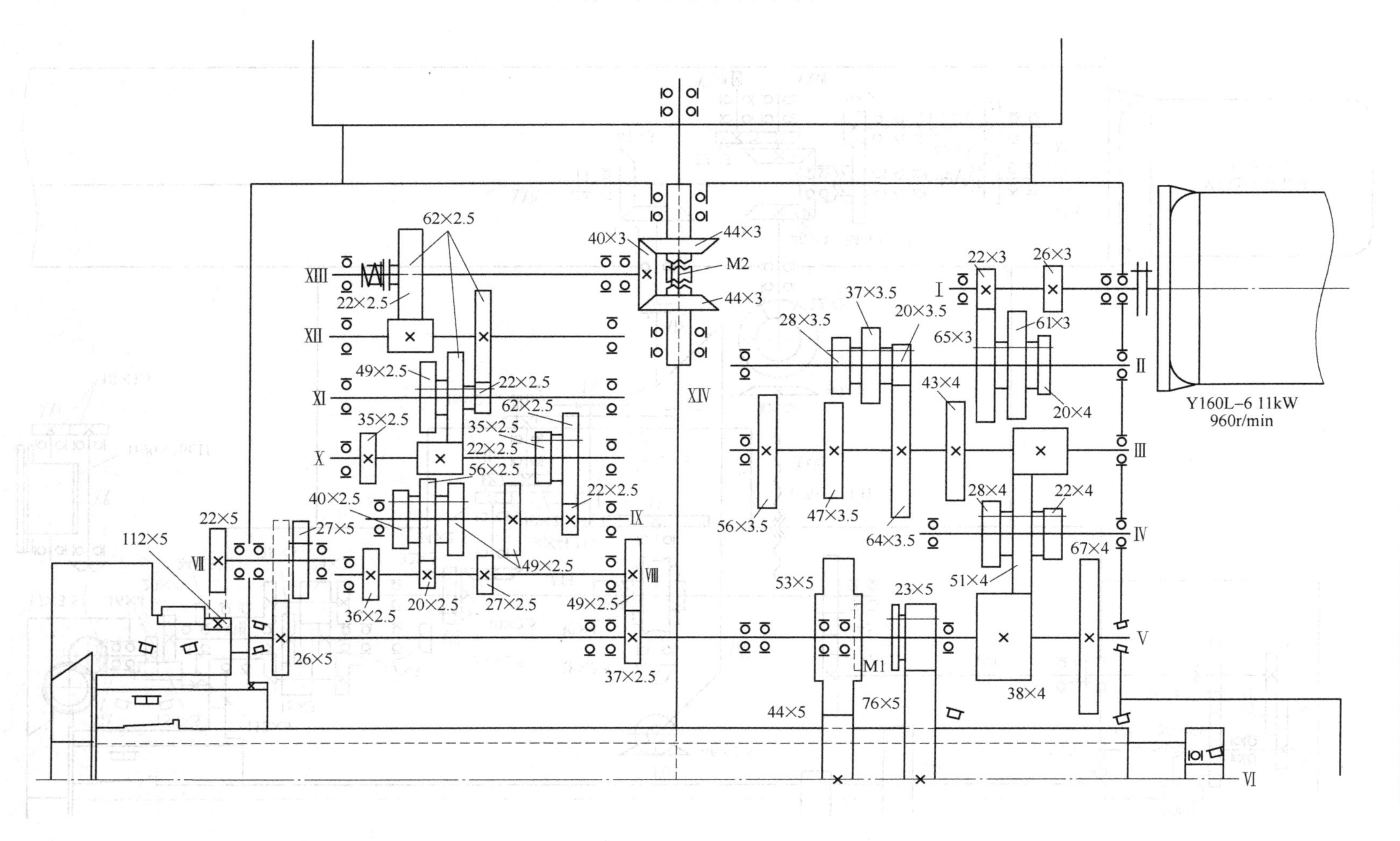

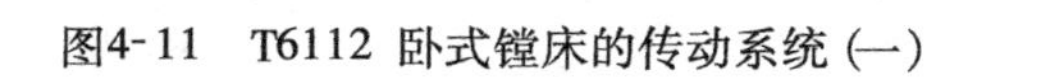
图4-11　T6112 卧式镗床的传动系统（一）

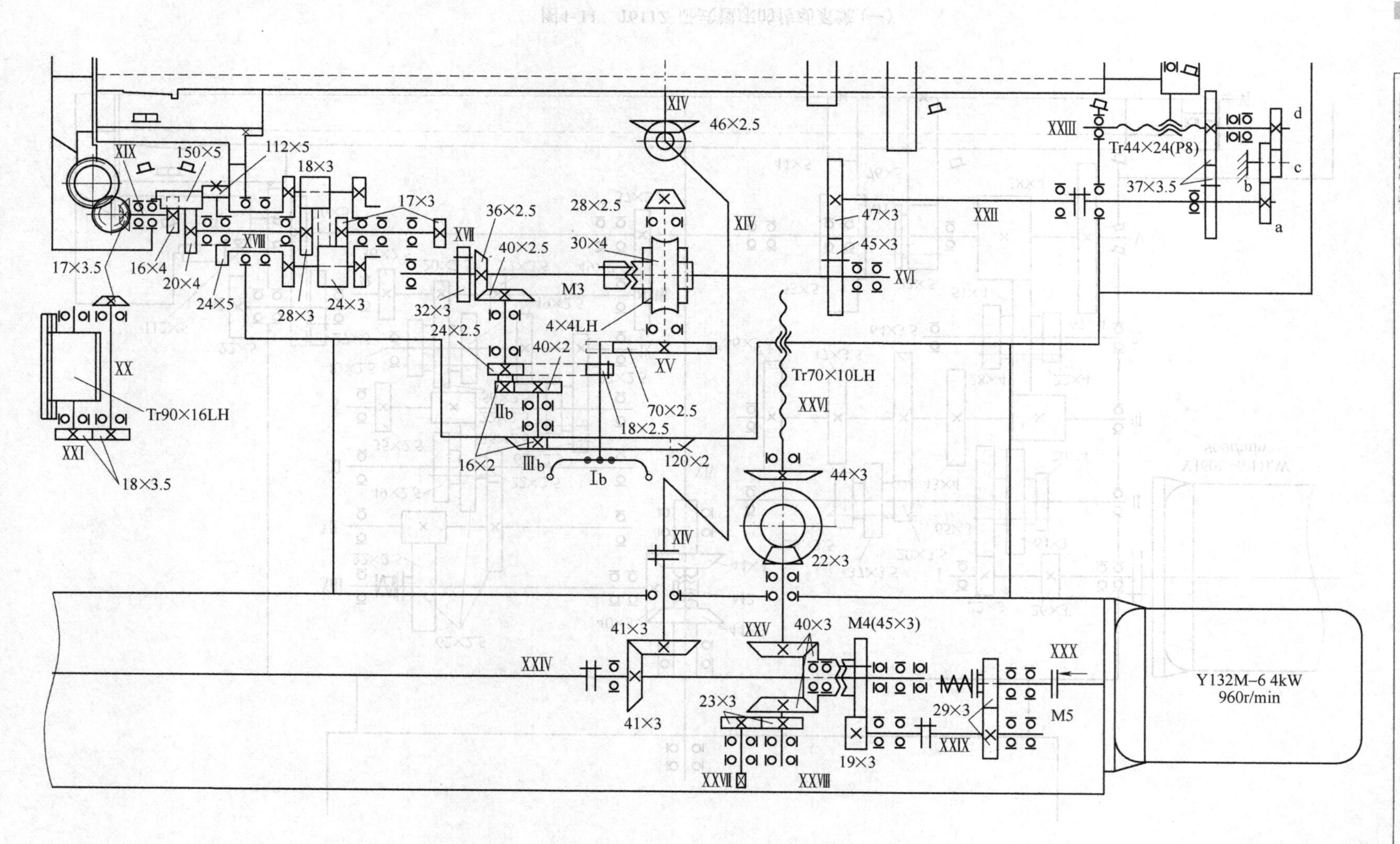

图4-12 T6112 卧式镗床传动系统（二）

重复转速为 $\{n_7 \quad n_8 \quad \cdots \quad n_{18}\}$。为操纵方便，V轴上的滑移齿轮右移（离合器M1分离），使23齿齿轮与76齿齿轮啮合时，镗铣主轴产生18级公比 $\varphi=1.26$ 等比数列转速，即

$$n_{\mathrm{sl}}=960\times\begin{Bmatrix}22/65\\26/61\end{Bmatrix}\times\begin{Bmatrix}20/64\\28/56\\37/47\end{Bmatrix}\times\begin{Bmatrix}\dfrac{20}{51}\times\dfrac{22}{67}\\\dfrac{20}{51}\times\dfrac{51}{38}\\\dfrac{43}{28}\times\dfrac{51}{38}\end{Bmatrix}\times\frac{23}{76}\mathrm{r/min}=4\times\begin{Bmatrix}1\\1.26\\\vdots\\1.26^{17}\end{Bmatrix}\mathrm{r/min}$$

当Ⅳ轴上的三联滑移齿轮处于左端啮合位置，Ⅲ轴上43齿齿轮与Ⅳ轴上28齿齿轮、Ⅳ轴上51齿齿轮与V轴上38齿齿轮啮合时，若V轴上的滑移齿轮左移，使齿轮离合器M1接合，运动将由53齿斜齿圆柱齿轮传递到空套在Ⅵ轴上的44齿齿轮，镗铣主轴获得6级高速等比数列转速 n_{sh}。运动平衡式为

$$n_{\mathrm{sh}}=960\times\begin{Bmatrix}22/65\\26/61\end{Bmatrix}\times\begin{Bmatrix}20/64\\28/56\\37/47\end{Bmatrix}\times\frac{43}{28}\times\frac{51}{38}\times\frac{53}{44}\mathrm{r/min}=4\times\begin{Bmatrix}1.26^{18}\\1.26^{19}\\\vdots\\1.26^{23}\end{Bmatrix}\mathrm{r/min}$$

镗铣主轴6级高速由液压操纵机构保证。当第四变速组53齿、44齿齿轮啮合时，第三变速组的传动比为$\dfrac{43}{28}\times\dfrac{51}{38}$。

镗铣主轴的转速数列为

$$4\quad 5\quad 6.3\quad \cdots\quad 800$$

第三变速组的级比为

$$\varphi^{x_c}=\frac{51}{38}\times\frac{67}{22}\approx\frac{43}{28}\times\frac{51}{20}\approx4=1.26^6$$

变速范围约16。为防止传动比超出极限传动比，将两对齿轮副串联形成一个传动比。

镗铣主轴传动链第三变速组和第四变速组的6对齿轮传动副的两齿轮齿数皆为互质数，传动精度高，且精度保持性好。

当V轴上的齿轮离合器M1处于中间（非啮合）位置、Ⅶ轴上27齿的滑移齿轮与V轴上27齿的固定齿轮啮合时，V轴上的运动和转矩传递到平旋盘镗削主轴。平旋盘镗削主轴传动链的结构式为

$$18=2_1\times3_2\times3_6$$

平旋盘镗削主轴传动链的运动平衡式为

$$n_{\mathrm{p}}=960\times\begin{Bmatrix}22/65\\26/61\end{Bmatrix}\times\begin{Bmatrix}20/64\\28/56\\37/47\end{Bmatrix}\times\begin{Bmatrix}\dfrac{29}{51}\times\dfrac{22}{67}\\\dfrac{20}{51}\times\dfrac{51}{38}\\\dfrac{43}{28}\times\dfrac{51}{38}\end{Bmatrix}\times\frac{26}{27}\times\frac{22}{112}\mathrm{r/min}=2.5\times\begin{Bmatrix}1\\1.26\\\vdots\\1.26^{17}\end{Bmatrix}\mathrm{r/min}$$

平旋盘镗削主轴的转速数列为

$$2.5\quad 4\quad 5\quad \cdots\quad 125$$

平旋盘镗削主轴传动链第三变速组的4对齿轮传动副的两齿轮齿数皆为互质数，两级定比传动齿轮副的两齿轮没有大的公约数，传动精度高，精度保持性好。

二、T6112卧式镗床进给运动传动链

T6112卧式镗床镗铣主轴、径向进给刀架、主轴箱垂直机动进给以及工作台的机动进给共用一套变速机构，故可将变速机构输出轴（XⅣ轴）作为各进给运动传动链的间接动力源，利用双向离合器M2实现XⅣ轴的正反转。当镗铣主轴为主运动的执行件且镗铣主轴处于低速时，进给传动链的传动路线表达式为

$$\text{Ⅵ}—\frac{76}{23}—\text{Ⅴ}—\frac{37}{49}—\text{Ⅷ}—\begin{Bmatrix}20/56\\27/49\\36/40\end{Bmatrix}—\text{Ⅸ}—\begin{Bmatrix}22/62\\49/35\end{Bmatrix}—\text{Ⅹ}—\begin{Bmatrix}\frac{22}{62}\times\frac{22}{62}\\\frac{22}{62}\times\frac{62}{22}\\\frac{35}{49}\times\frac{62}{22}\end{Bmatrix}—\text{Ⅻ}—\frac{22}{62}—\text{XIII}—\frac{40}{44}—\text{XIV}$$

进给运动传动链第一变速组的变速范围为 $\varphi^{2x_a}=\frac{36}{40}\times\frac{56}{20}=2.52$，级比为 $\varphi^{x_a}=1.58$；第二变速组级比为 $\varphi^{x_b}=\frac{49}{35}\times\frac{62}{22}\approx4=1.58^3$，故进给运动传动链的公比为 $\varphi=1.58$；进给运动传动链第三变速组的级比为 $\varphi^{x_{c1}}=\frac{62}{22}\times\frac{62}{22}\approx8=1.58^{4.5}$，$\varphi^{x_{c2}}=\frac{35}{49}\times\frac{62}{22}\approx2=1.58^{1.5}$，变速范围为 $\varphi^{x_{c1}+x_{c2}}=\frac{35}{49}\times\left(\frac{62}{22}\right)^3\approx16=1.58^6$，若以 $\varphi^{x_{c1}+x_{c2}}=1.58^6$ 为进给运动传动链第三变速组的级比，则进给运动传动链的XⅥ轴获得12级公比为 $\varphi=1.58$ 的等比数列转速。因而T6112卧式镗床进给运动传动链XⅥ轴的转速 n_{f1} 为

$$n_{f1}=1\times\frac{76}{23}\times\frac{37}{49}\times\begin{Bmatrix}20/56\\27/49\\36/40\end{Bmatrix}\times\begin{Bmatrix}22/62\\49/35\end{Bmatrix}\times\begin{Bmatrix}\frac{22}{62}\times\frac{22}{62}\\\frac{22}{62}\times\frac{62}{22}\\\frac{35}{49}\times\frac{62}{22}\end{Bmatrix}\times\frac{22}{62}\times\frac{40}{44}r/r_s$$

$$=0.0126\times\begin{Bmatrix}1\\1.58\\\vdots\\1.58^{11}\end{Bmatrix}r/r_s+0.0126\times1.58^{4.5}\times\begin{Bmatrix}1\\1.58\\\vdots\\1.58^{5}\end{Bmatrix}r/r_s$$

式中　r/r_s——镗铣主轴旋转1转时XⅥ轴的转数。

进给运动传动链XⅥ轴转速 n_f 数列中，低速5级转速的公比为1.58，中间段13级转速的公比 $1.58^{0.5}=1.26$，最高两级转速的公比为1.58。高低速两端不对称，因而该进给运动

传动链称为非对称混合公比传动链。能否形成混合公比取决于级比指数 x_{c1}。若 x_{c1} 为 0.5 的奇数倍，则能形成非对称混合公比；若 x_{c1} 为整数，则不能形成非对称混合公比。低速段大公比转速级数取决于 $\varphi^{x_{c1}}$。T6112 卧式镗床进给运动传动链 $\varphi^{x_{c1}}=1.58^{4.5}$，大公比转速级数为 5 级。同样，受极限传动比、极限变速范围限制，进给运动传动链第三变速组两对传动副串联形成一个传动比。

当镗铣主轴为主运动的执行件且镗铣主轴处于高速时，进给运动传动链的传动路线表达式为

$$
\text{Ⅵ}-\frac{44}{53}-\text{Ⅴ}-\frac{37}{49}-\text{Ⅷ}-\begin{Bmatrix}20/56\\27/49\\36/40\end{Bmatrix}-\text{Ⅸ}-\begin{Bmatrix}22/62\\49/53\end{Bmatrix}-\text{Ⅹ}-\begin{Bmatrix}\frac{22}{62}\times\frac{22}{62}\\\frac{22}{62}\times\frac{62}{22}\\\frac{35}{49}\times\frac{62}{22}\end{Bmatrix}-\text{Ⅻ}-\frac{22}{62}-\text{ⅩⅢ}-\frac{40}{44}-\text{ⅩⅣ}
$$

此时，T6112 卧式镗床进给运动传动链ⅩⅥ轴的转速 n_{f2} 为

$$
n_{f2}=\frac{44}{53}\times\frac{23}{76}\times n_{f1}=\frac{1}{4}n_{f_1}
$$

$$
=3.15\times10^{-3}\times\begin{Bmatrix}1\\1.58\\\vdots\\1.58^{11}\end{Bmatrix}r/r_s+3.15\times10^{-3}\times1.58^{4.5}\times\begin{Bmatrix}1\\1.58\\\vdots\\1.58^{5}\end{Bmatrix}r/r_s
$$

当平旋盘镗削主轴为主运动的执行件时，进给运动传动链的传动路线表达式为

$$
\text{Ⅵ}-\frac{112}{22}-\text{Ⅶ}-\frac{27}{26}-\text{Ⅴ}-\frac{37}{49}-\text{Ⅷ}-\begin{Bmatrix}20/56\\27/49\\36/40\end{Bmatrix}-\text{Ⅸ}-\begin{Bmatrix}22/62\\49/35\end{Bmatrix}-\text{Ⅹ}-
$$

$$
\begin{Bmatrix}\frac{22}{62}\times\frac{22}{62}\\\frac{22}{62}\times\frac{62}{22}\\\frac{35}{49}\times\frac{62}{22}\end{Bmatrix}-\text{Ⅻ}-\frac{22}{62}-\text{ⅩⅢ}-\frac{40}{44}-\text{ⅩⅣ}
$$

此时，T6112 卧式镗床进给运动传动链ⅩⅥ轴的转速 n_{f3} 为

$$
n_{f3}=\frac{112}{22}\times\frac{27}{26}\times\frac{23}{76}\times n_{f1}=1.6n_{f_1}=0.02\times\begin{Bmatrix}1\\1.58\\\vdots\\1.58^{11}\end{Bmatrix}r/r_p+0.02\times1.58^{4.5}\times\begin{Bmatrix}1\\1.58\\\vdots\\1.58^{5}\end{Bmatrix}r/r_p
$$

式中 r/r_p——平旋盘主轴旋转1转时XVI的转数。

1. T6112 卧式镗床径向进给刀架进给运动传动链

操纵者向前推（远离操作者）手柄，手柄轴带动齿数为18齿的齿轮外移（朝向操作者），切断手动进给传动链，同时行程挡铁使行程开关动作，使电磁阀通电，液压缸动作离合器M3接合，蜗轮驱动XVI轴转动，实现径向进给刀架或镗铣主轴机动进给。XVI轴上左端32齿的滑移齿轮啮合时，径向进给刀架机动进给；XVI轴上右端45齿的滑移齿轮啮合时，镗铣主轴机动进给，且径向进给刀架与镗铣主轴不能同时机动进给。

T6112 卧式镗床径向进给刀架由安装在平旋盘上的梯形螺纹丝杠副Tr90×16驱动。该螺纹丝杠副具有自锁性能。当无进给输入（XIV轴不转动）时，梯形螺纹丝杠副、XX轴、XIX轴随平旋盘同步旋转，XIX轴只有绕VI轴的行星转动没有绕自身轴线的转动，XIX轴上16齿的齿轮将带动空套在平旋盘主轴上150齿的齿轮 z_t 与平旋盘同步转动，z_t 又驱动XVIII轴20齿的传动齿轮 z_{cd} 转动，即无进给运动输入时，XVIII轴的转速 n_0 为

$$n_0 = z_t/z_{cd} = (150/20)r/r_p = 7.5r/r_p$$

因此径向进给刀架进给运动传动链中须有差动机构，差动机构的传动比 $i_r = \dfrac{n_{out} - n_0}{n_{in}}$。差动机构输入转速 n_{in}、输出转速 n_{out}、行星架转速 n_H 间的关系为

$$\frac{n_{out} - n_H}{n_{in} - n_H} = -\frac{z_{in}}{z_{out}}$$

式中，z_{in}、z_{out} 分别为差动机构输入、输出齿轮齿数。

差动机构零输入，即 $n_{in}=0$ 时

$$n_0 = n_H\left(1 + \frac{z_{in}}{z_{out}}\right)r/r_p = \frac{z_t}{z_{cd}} = 7.5r/r_p$$

差动机构须有行星架运动输入。T6112 卧式镗床径向进给刀架进给运动传动链差动机构的行星架由平旋盘镗铣主轴齿轮（齿数 $z_p=112$）直接驱动，$n_H = z_p/z_H = 112/24$ （r/r_p），行星架驱动齿轮齿数为 z_H。则差动机构零输入时

$$n_{out} = \frac{112}{24} \times \left(1 + \frac{z_{in}}{z_{out}}\right) = 7.5 \qquad \frac{z_{in}}{z_{out}} = 7.5 \times \frac{24}{112} - 1 = \frac{17}{28}$$

差动机构传动比 i_r 为

$$\frac{n_{out} - n_H}{n_{in} - n_H} = -\frac{17}{28} \qquad i_r = \frac{n_{out} - n_0}{n_{in}} = -\frac{17}{28}$$

T6112 卧式镗床径向进给刀架机动进给运动传动链的表达式为

$$\text{XIV} - \frac{46}{28} - \text{XV} - \frac{4}{30} - \text{XVI} - \frac{32}{17} - \text{XVII} - i_r - \text{XVIII} - \frac{20}{150} \times \frac{150}{16} - \text{XIX} - \frac{17}{17} - \text{XX} - \frac{18}{18} - \text{XXI} - \text{Tr}90 \times 16\text{LH}$$

T6112 卧式镗床径向进给刀架机动进给运动平衡式为

$$f_r = n_f \times \frac{46}{28} \times \frac{4}{30} \times \frac{32}{17} \times i_r \times \frac{20}{150} \times \frac{150}{16} \times \frac{17}{17} \times \frac{18}{18} \times 16 \approx 5n_f$$

2. T6112 卧式镗床镗铣主轴轴向进给运动传动链

镗铣主轴轴向进给运动传动链传动路线表达式为

$$Ⅻ — \frac{46}{28} — XV — \frac{4}{30} — XⅥ — \frac{45}{47} — XⅫ — \frac{37}{37} — XⅫ — Tr44 \times 24\ (P8)$$

镗铣主轴轴向进给运动平衡式为

$$f_s = n_f \times \frac{46}{28} \times \frac{4}{30} \times \frac{45}{47} \times \frac{37}{37} \times 24 \approx 5n_f$$

3. T6112 卧式镗床镗铣主轴螺纹进给传动链

T6112 卧式镗床镗铣主轴为 12 级低速镗铣螺纹孔时，采用镗铣主轴f_{s10}（相应XⅣ轴的转速为$0.0126 \times 1.58^{6.5} r/r_s$）的部分进给传动路线、结合交换齿轮产生螺纹导程，镗铣螺纹孔的进给传动路线表达式为

$$Ⅵ — \frac{76}{23} — V — \frac{37}{49} — Ⅷ — \frac{27}{49} — Ⅸ — \frac{22}{62} — X — \frac{22}{62} \times \frac{62}{22} — Ⅻ — \frac{22}{62} — ⅩⅢ — \frac{40}{44} — ⅩⅣ — \frac{46}{28}$$

$$— XV — \frac{4}{30} — XⅥ — \frac{45}{47} — XⅫ — \frac{z_a}{z_b} \times \frac{z_c}{z_d} — XXⅢ — Tr44 \times 24\ (P8)$$

螺纹传动链运动平衡式为

$$s = \frac{76}{23} \times \frac{37}{49} \times \frac{36}{40} \times \frac{22}{62} \times \frac{62}{22} \times \frac{22}{62} \times \frac{22}{62} \times \frac{40}{44} \times \frac{46}{28} \times \frac{4}{30} \times \frac{45}{47} \times \frac{z_a}{z_b} \times \frac{z_c}{z_d} \times 24\text{mm}$$

$$= \frac{44}{34} \times \frac{z_a}{z_b} \times \frac{z_c}{z_d}\text{mm}$$

上式的相对误差 Δ 为

$$\Delta = \frac{76}{23} \times \frac{37}{49} \times \frac{36}{40} \times \frac{22}{62} \times \frac{62}{22} \times \frac{22}{62} \times \frac{22}{62} \times \frac{40}{44} \times \frac{46}{28} \times \frac{4}{30} \times \frac{45}{47} \times 24 - \frac{44}{34}$$

$$= -3.16 \times 10^{-4}$$

若 $z_a = 34$、$z_b = 44$，则

$$s = \frac{z_c}{z_d}\text{mm}$$

T6112 卧式镗床镗铣主轴为最高的 6 级转速镗铣螺纹孔时，采用镗铣主轴f_{s15}（相应XⅣ轴的转速为$3.15 \times 10^{-3} \times 1.58^{9} r/r_s$）的部分进给传动路线、结合交换齿轮产生螺纹导程，镗铣螺纹孔的进给传动路线表达式为

$$Ⅵ — \frac{44}{53} — V — \frac{37}{49} — Ⅷ — \frac{20}{56} — Ⅸ — \frac{49}{35} — X — \frac{35}{49} \times \frac{62}{22} — Ⅶ — \frac{22}{62} — ⅩⅢ — \frac{40}{44} — ⅩⅣ —$$

$$\frac{46}{28} — XV — \frac{4}{30} — XⅥ — \frac{45}{47} — XⅫ — \frac{z_a}{z_b} \frac{z_c}{z_d} — XXⅢ — Tr44 \times 24\ (P8)$$

螺纹传动链运动平衡式为

$$s = \frac{44}{53} \times \frac{37}{49} \times \frac{20}{56} \times \frac{49}{35} \times \frac{35}{49} \times \frac{62}{22} \times \frac{22}{62} \times \frac{40}{44} \times \frac{46}{28} \times \frac{4}{30} \times \frac{45}{47} \times \frac{z_a}{z_b} \times \frac{z_c}{z_d} \times 24\text{mm}$$

$$= \frac{42}{41} \times \frac{z_a}{z_b} \times \frac{z_c}{z_d}\text{mm}$$

上式的相对误差 Δ 为

$$\Delta = \frac{44}{53} \times \frac{37}{49} \times \frac{20}{56} \times \frac{49}{35} \times \frac{35}{49} \times \frac{62}{22} \times \frac{22}{62} \times \frac{40}{44} \times \frac{46}{28} \times \frac{4}{30} \times \frac{45}{47} \times 24 - \frac{42}{41}$$

$$= 7.25 \times 10^{-5}$$

若 $z_a = 41$、$z_b = 42$，则

$$s = \frac{z_c}{z_d} \text{mm}$$

T6112 卧式镗床镗铣主轴为最高的 6 级转速镗铣螺纹孔时，进给运动传动链精度较高，应提倡使用。

4. T6112 卧式镗床主轴箱的垂直进给运动传动链

离合器 M3 分离，XVI轴蜗轮空转；同时离合器 M4 分离，XXIV轴将运动和转矩经锥齿轮副向后传递，最终由梯形螺纹副驱动主轴箱垂直进给。

主轴箱的垂直进给运动传动链的传动路线表达式为

$$\text{VIV} - \frac{41}{41} - \text{XXIV} - \frac{40}{40} - \text{XXV} - \frac{22}{44} - \text{XXVI} - \text{Tr}70 \times 10\text{LH}$$

主轴箱的垂直进给运动传动链的运动平衡式为

$$f_v = n_f \times \frac{41}{41} \times \frac{40}{40} \times \frac{22}{44} \times 10 = 5n_f$$

5. T6112 卧式镗床工作台的进给运动传动链

T6112 卧式镗床工作台的进给运动由 XXIV 轴输入，工作台的进给量与主轴箱的垂直移动量相等。

三、T6112 卧式镗床进给运动部件的快速运动传动链

T6112 卧式镗床快速移动电动机型号为 Y132M-6，转速 960r/min；快速移动电动机产生的运动经两对齿轮副和一对锥齿轮副传递到进给轴 XIV 轴。快速运动传动链的传动路线表达式为

$$\text{电动机 Y132M-6} - \text{XXX} - \frac{29}{29} - \text{XXIX} - \frac{19}{45} - \text{XXVI} - \frac{41}{41} - \text{XIV}$$

进给运动部件快速移动时，X IV 轴的转速为

$$n_{fq} = 960 \times \frac{29}{29} \times \frac{19}{45} \times \frac{41}{41} \text{r/min} = 405 \text{r/min}$$

M4 接合，主轴箱快速升降；M3 接合、XVI轴左端 32 齿滑移齿轮啮合，则径向进给刀架快速移动；M3 接合、XVI右端 45 齿滑移齿轮啮合，镗铣主轴快速移动。由上述可知

$$f_r = f_s = f_v = 5n_f$$

因而，径向刀架快速移动速度 f_{rq}、镗铣主轴快速移动速度 f_{sq}、主轴箱快速垂直移动速度 f_{vq} 及工作台的快速移动速度皆为

$$f_{rq} = f_{sq} = f_{vq} = 5n_{fq} \approx 2000 \text{mm/min} = 2 \text{m/min}$$

快速移动电动机能够正反向旋转，以保证工作部件快速双向移动。另外，为避免机动进

给时快速移动电动机作为负载而旋转，快速移动电动机轴端装有离合器 M5，且机动进给双向离合器 M2 与快速移动离合器 M5 互锁，以防止机动进给运动和快速移动同时传递到 XⅣ 轴，出现运动干涉现象。

四、T6112 卧式镗床径向刀架、镗铣主轴及主轴箱的手动进给运动传动链

1. T6112 卧式镗床径向刀架、镗铣主轴的手动进给运动传动链

手柄处于中间位置，手柄轴（Ⅰb 轴）上 18 齿的齿轮与Ⅱb 轴 24 齿的齿轮啮合，同时离合器 M3 分离，空套在 XⅥ 轴上的蜗轮不转动，此时转动手柄，实现径向刀架或镗铣主轴手动进给。

T6112 卧式镗床主轴箱上的手柄转动，经一对直齿圆柱齿轮副（齿数比 18/24）和一对直齿锥齿轮副（齿数比 40/36）将运动传递到 XⅥ 轴，XⅥ 轴驱动径向刀架或镗铣主轴进给。

XⅥ 轴左端 32 齿滑移齿轮啮合时，手柄转一转，径向进给刀架的移动量 f_{rh} 为

$$f_{rh}=1\times\frac{18}{24}\times\frac{40}{36}\times\frac{32}{17}\times i_r\times\frac{20}{150}\times\frac{150}{16}\times\frac{17}{17}\times\frac{18}{18}\times16\text{mm}$$
$$=19.05\text{mm}$$

XⅥ 轴右端 45 齿滑移齿轮啮合时，手柄转一转，镗铣主轴的轴向移动量 f_{sh} 为

$$f_{sh}=1\times\frac{18}{24}\times\frac{40}{36}\times\frac{45}{47}\times\frac{37}{37}\times24\text{mm}=19.15\text{mm}$$

由于零件的径向尺寸加工精度要求高于轴向尺寸精度要求，所以镗床具有以径向进给量为依据的进给显示传动链，即进给显示传动链的两端件为径向进给刀架和具有内齿轮（齿数 120）的刻度盘。当径向进给刀架移动 1mm，显示刻度盘的转数 N_g 为

$$N_g=\frac{1}{16}\times\frac{18}{18}\times\frac{17}{17}\times\frac{16}{150}\times\frac{150}{20}\times\frac{1}{i_r}\times\frac{17}{32}\times\frac{36}{40}\times\frac{16}{40}\times\frac{16}{120}$$
$$=2.1\times10^{-3}$$

若刻度盘外圆表面均布 476 道刻度线，则显示精度为 8.4×10^{-7}。为便于读数，一般情况下，刻度盘刻线数是 5 的倍数为长刻度线，其他刻度线较短，则刻度线数应为 10 的倍数。若刻度盘外圆表面均布 480 道刻度线，则显示精度为 1.67×10^{-5}；若刻度盘外圆表面均布 500 道刻度线，则显示精度为 1×10^{-4}。T6112 卧式镗床径向进给显示盘外圆表面均布 500 道刻度线，镗铣主轴的轴向移动量的显示精度为 8.9×10^{-5}。

有的 T6112 卧式镗床的进给显示传动链Ⅱb 轴左侧齿轮齿数改变为 24，Ⅲb 轴右侧齿轮齿数改变为 30，与内齿轮啮合的齿轮齿数为 19，则

$$N_g=\frac{1}{16}\times\frac{18}{18}\times\frac{17}{17}\times\frac{16}{150}\times\frac{150}{20}\times\frac{1}{i_r}\times\frac{17}{32}\times\frac{36}{40}\times\frac{24}{30}\times\frac{19}{120}$$
$$=4.99\times10^{-3}$$

刻度盘外圆表面均布 200 道刻度线，则显示精度为 1.25×10^{-5}，镗铣主轴的轴向移动量的显示精度为 3.89×10^{-5}。像游标卡尺一样，固定基准刻度盘上带有辅助刻度（每个刻

度线对应进给量 0.9mm）时，进给精度提高 10 倍。

2. T6112 卧式镗床径向刀架、镗铣主轴的手动微量进给传动链

操作者向后拉（朝向操作者）手柄，手柄轴上 18 齿的齿轮向里移动（远离操作者），18 齿的齿轮与 XV 轴上 70 齿的齿轮啮合，XV 轴驱动蜗杆蜗轮副转动，离合器 M3 接合时，蜗轮驱动 XVI 轴转动，实现径向进给刀架或镗铣主轴微量进给。

XVI 轴左端 32 齿滑移齿轮啮合时，手柄转一转，径向进给刀架微量手动进给运动平衡式为

$$f_{rhw} = 1 \times \frac{18}{70} \times \frac{4}{30} \times \frac{32}{17} \times i_r \times \frac{20}{150} \times \frac{150}{16} \times \frac{17}{17} \times \frac{18}{18} \times 16\text{mm} = 0.784\text{mm}$$

若手柄轴带动外圆表面均布 150 道刻线的刻度盘同步旋转，则每转一道刻线，径向进给刀架移动 0.784/150mm = 5μm，显示精度为 2.245×10^{-4}。

XVI 轴右端 45 齿滑移齿轮啮合时，手柄转一转，镗铣主轴的轴向移动量 f_{shw} 为

$$f_{shw} = 1 \times \frac{18}{70} \times \frac{4}{30} \times \frac{45}{47} \times \frac{37}{37} \times 24\text{mm} = 0.788\text{mm}$$

对于镗铣主轴的轴向微量进给，显示精度为 2.523×10^{-4}。

3. 主轴箱的手动进给运动传动链

T6112 卧式镗床离合器 M4 分离时，转动手柄轴 XXVII 轴，实现主轴箱的手动垂直移动，传动链表达式为

$$\text{XXVII} - \frac{23}{23} - \text{XXVIII} - \frac{40}{40} \times \frac{40}{40} - \text{XXV} - \frac{22}{44} - \text{XXVI} - \text{Tr70} \times 10\text{LH}$$

手柄轴转一转时，主轴箱手动垂直进给量 f_{vh} 为

$$f_{vh} = 1 \times \frac{23}{23} \times \frac{40}{40} \times \frac{40}{40} \times \frac{22}{44} \times 10\text{mm} = 5\text{mm}$$

五、T6112 卧式镗床镗铣主轴和镗削主轴的结构特点

T6112 卧式镗床镗铣主轴和平旋盘结构简图如图 4-13 所示。镗铣主轴由空心主轴和镗铣进给主轴组成。空心主轴（件 5）前支承为双列交错圆柱滚子轴承 NN3038K/P5，安装在固定于主轴箱体上的法兰盘孔中，中间支承和后支承为单列圆锥滚子轴承 32034/P5，间隙可作微量调整，保证主轴有较高的旋转精度。镗铣进给主轴（件 8）上加工有两个长键槽，并装在空心主轴内，利用固定在空心主轴上的双键传递运动和转矩。同时可由尾部的轴向进给机构带动作轴向移动。平旋盘主轴安装于法兰盘外圆上，用双列圆锥滚子轴承 352968 × 2/P5 支承。镗铣进给主轴为 ϕ80mm、锥度 1∶20 的锥孔。平旋盘主轴的主运动传动齿轮（齿数 112）兼作轴承盖固定与平旋盘镗削主轴端。进给运动惰轮（齿数 150）空套于平旋盘镗削主轴上，以实现 XIX 轴、XX 轴、XXI 轴组件绕镗削主轴轴线行星旋转。

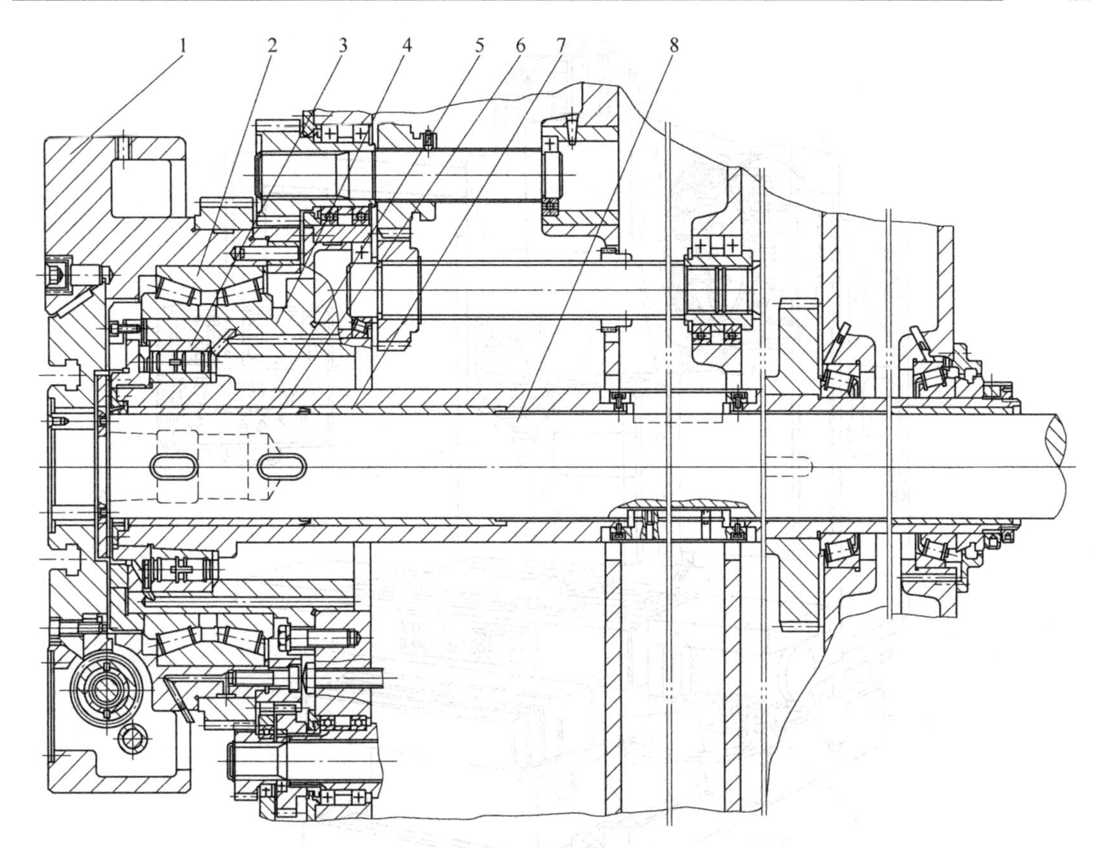

图 4-13　T6112 卧式镗床镗铣主轴和平旋盘结构简图

1—平旋盘　2—双列圆锥滚子轴承　3—镗铣主轴前轴承　4—法兰盘　5—空心主轴　6、7—衬套　8—镗铣进给主轴

第四节　JCS-018 立式镗铣中心

JCS-018 立式镗铣中心是具有自动换刀功能、主运动传动链为无级变频调速的三轴联动数控机床。JCS-018 立式镗铣中心具有刀库和自动换刀机构，配置 16 把刀具。工件一次安装后，可连续地对工件各表面完成铣平面（通常为端铣）、镗孔、钻孔、锪平面、铰孔、攻螺纹等多道工序，加工精度高，节省辅助时间，提高了加工效率。适用于小型板类、盘类、模具类和箱体类等复杂零件的多品种小批量加工。

JCS-018 立式镗铣中心是北京机床研究所研制的第 18 号机电产品，按照 GB/T 15375—2008《金属切削机床　型号编制方法》，其型号应为 TH5632，含义为工作台面宽度为 320mm、具有自动换刀功能（通用特征代号 H）、立式（组代号 5）镗铣床（系代号 6）。

JCS-018 立式镗铣中心外形如图 4-14 所示，主要技术参数为：装在床身（件 1）上的滑座（件 2）作横向进给运动（Y 轴），$f_{ymax}=400$mm；工作台（件 3）作纵向进给运动（X 轴），$f_{xmax}=750$mm；主轴箱（件 9）在立柱导轨上作垂直进给运动（Z 轴），$f_{zmax}=470$mm；粗加工时主轴转速为 22.5 ~ 750 ~ 2250r/min（无级变速），高速加工时主轴转速为 1500 ~ 4500r/min。工作台面积为 1000mm × 320mm；伺服轴的定位精度为 0.012mm/300mm。

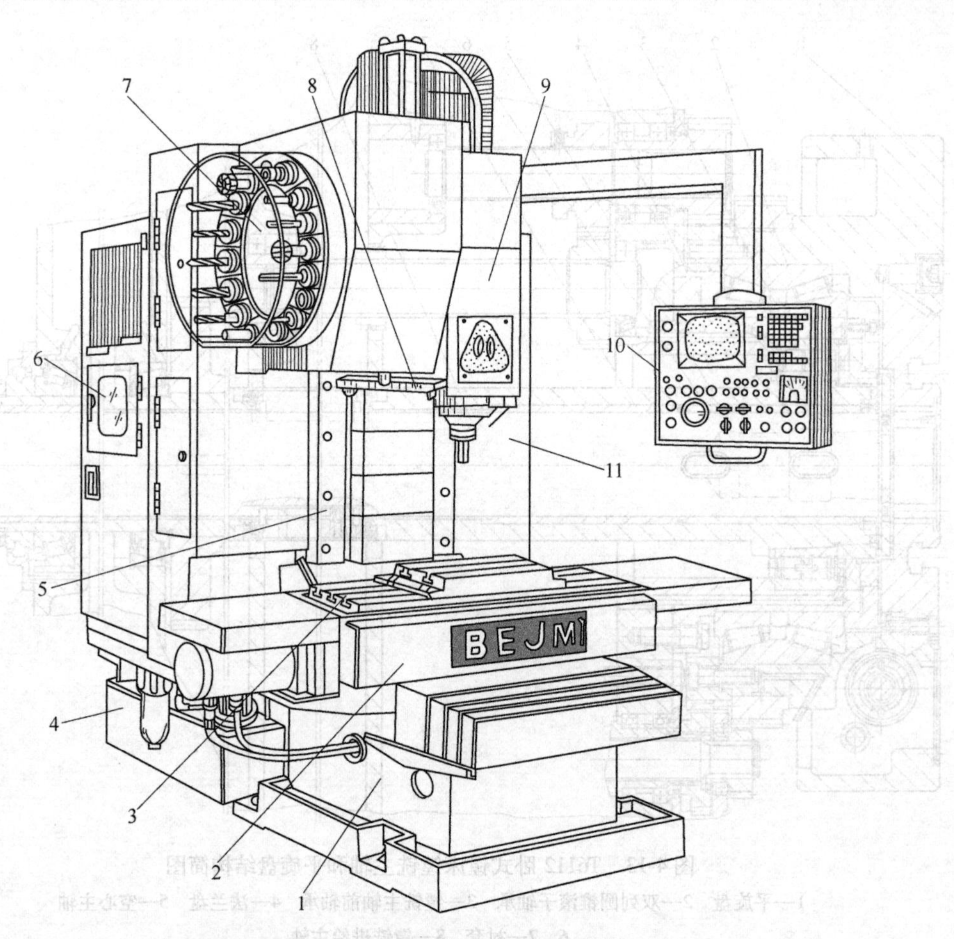

图 4-14 JCS-018 型立式镗铣中心外形

1—床身 2—滑座 3—工作台 4—底座 5—立柱 6—数控柜 7—圆盘形刀库
8—自动换刀机械手 9—主轴箱 10—悬挂式操纵箱 11—电气柜

一、JCS-018 立式镗铣加工中心传动系统

JCS-018 立式镗铣加工中心的传动系统如图 4-15 所示。

1. JCS-018 立式镗铣加工中心主运动传动链

主运动电动机采用 FANUC 交流变频主轴电动机，连续功率 $P=5.5\text{kW}$，30min 过载功率 $P_{S2}=7.5\text{kW}$，额定转速 1500r/min，电动机最高转速 4500r/min，最低工作转速 45r/min。电动机经多楔带传动直接驱动主轴。

当多楔带的传动比为 1/2（带轮直径比 119/239）时，主轴转速为

$$n=22.5\sim750\sim2250\text{r/min}$$

其中，$n<750\text{r/min}$ 为恒转矩变速，传递的最大转矩

$$M\approx9550\times\frac{7.5}{750}\text{N}\cdot\text{m}=95.5\text{N}\cdot\text{m}$$

主轴在恒转矩变速范围所传递的功率随转速的降低而线性下降。$n\geqslant750\text{r/min}$ 为恒功率变速，即从 750r/min 到最高转速都能传递最大功率 P_{S2}，转矩则随转速的升高而线性降低。

主轴转速 22.5r/min 时，主轴电动机为最低工作转速，即

$$n_{mmin}=22.5\times 2\text{r/min}=45\text{r/min}$$

主运动电动机产生的功率 P_{S2min} 为

$$P_{S2min}=\frac{7.5\times 45}{1500}\text{kW}=0.225\text{kW}$$

当多楔带的传动比为 1（带轮直径比 183.6/183.6）时，主轴转速为

$$n=45\sim 1500\sim 4500\text{r/min}$$

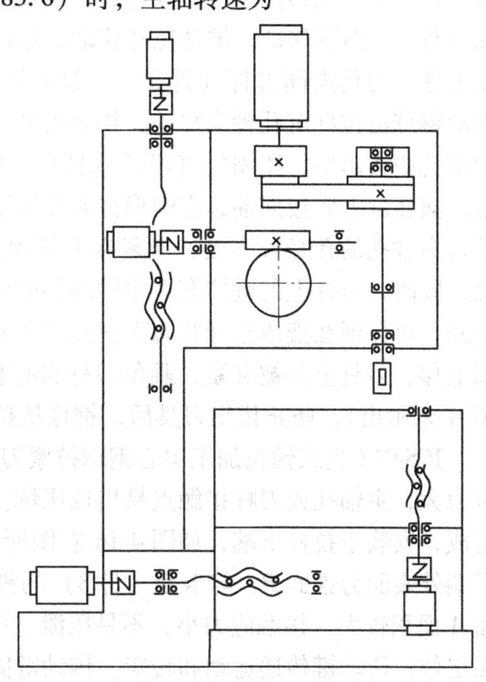

图 4-15　JCS-018 立式镗铣加工中心的传动系统

其中，$n<1500\text{r/min}$ 为恒转矩变速，传递的最大转矩 $M\approx 95.5\text{N}\cdot\text{m}$；$n\geqslant 1500\text{r/min}$ 为恒功率变速范围。

综上所述可知：利用传动比 1/2 传递运动和转矩时，主轴传递转矩大，承载能力强，转速范围 22.5～2250r/min 能满足一般切削加工的转速需求，故 JCS-018 立式镗铣加工中心利用传动比 1/2 的传动路线进行粗加工和半精加工。仅利用传动比为 1 的恒功率变速范围 1500～4500r/min 作为精加工或满足特殊切削加工的工艺需求。因此，JCS-018 立式镗铣加工中心主运动传动链多楔带正常传动比为 1/2，需要时手动将多楔带调至高速位置上。

2. JCS-018 立式镗铣加工中心进给系统

工作台的 X、Y 轴及主轴箱的垂直进给（Z 轴）运动传动链相同。进给电动机皆为 FB15 型直流伺服电动机，额定功率 1.4kW，恒转矩变速，电动机尾部带有光电旋转编码器，组成半闭环数控进给系统，以提高进给精度。经十字滑块联轴器直接驱动滚珠丝杠（直径 40mm，导程 $Ph=10\text{mm}$）。进给伺服电动机的转速范围为

$$n_f=0.1\sim 400\text{r/min}$$

进给速度为

$$f_x=f_y=f_z=1\sim 4000\text{mm/min}$$

工作台的快速进给运动速度 f_{xq}、f_{yq} 及主轴箱的快速垂直移动速度 f_{zq} 分别为

$$f_{xq}=f_{yq}=14\text{m/min}$$

$$f_{zq}=10\text{m/min}$$

3. JCS-018 立式镗铣加工中心刀库圆盘运动链

圆盘形刀库的旋转运动也采用 FB15 型直流伺服电动机驱动，以及半闭环伺服数控系统，蜗轮为圆盘形刀库旋转运动传动链的执行件，即蜗轮固定在刀库圆盘上，刀具装在标准刀杆上，16 把刀均匀布置在圆盘周边。

二、JCS-018 立式镗铣加工中心典型结构

1. 主轴组件及刀具拉紧机构

JCS-018 立式镗铣加工中心主轴组件如图 4-16 所示。主轴由两组 P4 级精度的角接触球

轴承支承。前支承为三联配轴承，配置代号 TBT，即前两个轴承串联，接触线朝下，减少主轴悬伸量，承受向上的轴向力，第三个轴承与第二个轴承背对背安装。后支承为两联配，配置代号 DT，即两轴承串联，接触线朝上，承受向下的轴向力。主轴定位锥孔锥度为 7:24，主轴端部的传动键（件 6）拨动刀具旋转。蝶形弹簧（件 3）的弹力经拉杆（件 2）拉紧刀具（图 4-16 所示为刀具拉紧状态）。当需要松开刀杆（件 5）时，液压缸上腔通压力油，活塞（件 1）向下移动，推动拉杆移动，压缩蝶形弹簧，并带动钢球（件 4）下移至主轴直径较大处，刀具连同刀杆（件 5）一起被机械手拔出，刀杆环槽的锥面（参见刀座图 4-18）推动钢球沿拉杆沉孔轴向移动，松开刀杆。活塞杆孔的上端接压缩空气，机械手把刀具从主轴锥孔中拔出后，压缩空气经活塞杆孔、拉杆中心孔吹扫主轴锥孔；装入下工步需用刀具后，液压缸上腔接回油，在蝶形弹簧作用下，拉杆上移，推动活塞向上移动，拉杆带动钢球进入主轴孔的孔径较小处，卡紧在刀杆顶部的环槽中，使刀杆锥面与主轴定位锥孔紧密接触，同时，刀杆上的键槽套在主轴端部的传动键（件 6）上。刀杆利用蝶形弹簧夹紧、液压松开，可保证在液压松开状态下突然停车时，在弹簧力作用下，进油管路油液反向流动，活塞上移，刀具重新被夹紧，避免刀杆自行松脱。另外，拉杆盛钢球的孔为球面沉孔（图 4-16 中未示出），防止拔出刀具后，钢球从拉杆中心孔里掉落。

JCS-018 立式镗铣加工中心钢球拉紧刀杆的缺点是：拉紧时钢球与拉杆为点接触，接触应力大，主轴孔或刀杆接触点易出现压坑。新式刀杆拉紧机构已改为弹性卡爪。卡爪由两瓣组成，安装于拉杆下端，如图 4-16 右图所示。夹紧刀具时，拉杆带动弹力卡爪上移，卡爪下端外表面为锥面 *B*，与卡套（件 8）的锥孔配合，从而卡紧刀杆；卡爪与刀杆的环形接触面 *A* 面积较大，接触应力小，不易压溃，可承受较大的轴向拉力。主轴与刀杆由 7:24 的锥面定位，传动键传递运动和转矩。传动键固定于主轴前端面上，嵌入刀杆的两个键槽中。自动换刀时，必须保证主轴的传动键对准刀杆的键槽，同时使每次换刀时刀具与主轴的相对圆周位置不变，提高重复定位精度。因此，主轴必须精确地停止在固定的圆周位置上。在旋转的多楔带轮上安装一厚垫片，垫片上安装一个尺寸较小的永久磁铁，在主轴箱体内主轴准确停止的对应位置上安装磁传感器，当需换刀时，数控装置发出主轴准确停止指令，主轴电动机立即降速，然后以最低转速 6r/min 缓慢转动，永久磁铁与此传感器对准时，主轴电动机停车并制动，主轴准确地停止在规定的圆周位置上。主轴的重复定位精度为 ±1°。

2. JCS-018 立式镗铣加工中心进给机构

JCS-018 立式镗铣加工中心工作台纵向（*X* 轴）进给机构简图如图 4-17 所示。FB15 型直流伺服电动机（件 1）与联轴器（件 5）用锥形锁紧环（件 4）锁紧。锥形锁紧环由壁厚较小的内环（具有圆柱孔的锥套）和外环（具有圆锥孔的圆柱套）组成。内环上的圆柱孔与伺服电动机轴配合，外环的圆柱面与联轴器的孔配合，内、外环相对移动，致使内、外环的锥面相互挤压，内环收缩而锁紧伺服电动机轴，外环直径变大锁紧联轴器。采用锥形锁紧环避免了在电动机轴和联轴器上加工键槽，进给机构的旋转零件没有质量偏心，提高了旋转精度。

3. JCS-018 立式镗铣加工中心的换刀机械手和刀库

刀库和机械手分别用于存储刀具和自动换刀。圆盘形刀库的外形如图 4-14 所示，刀座结构简图如图 4-18 所示。圆盘形刀库旋转，可将所需刀具和刀座一起旋转到最下方的换刀位置。然后，气缸的活塞杆带动拨叉上升（图中未示出），拨叉向上拉动滚轮，使刀具以及

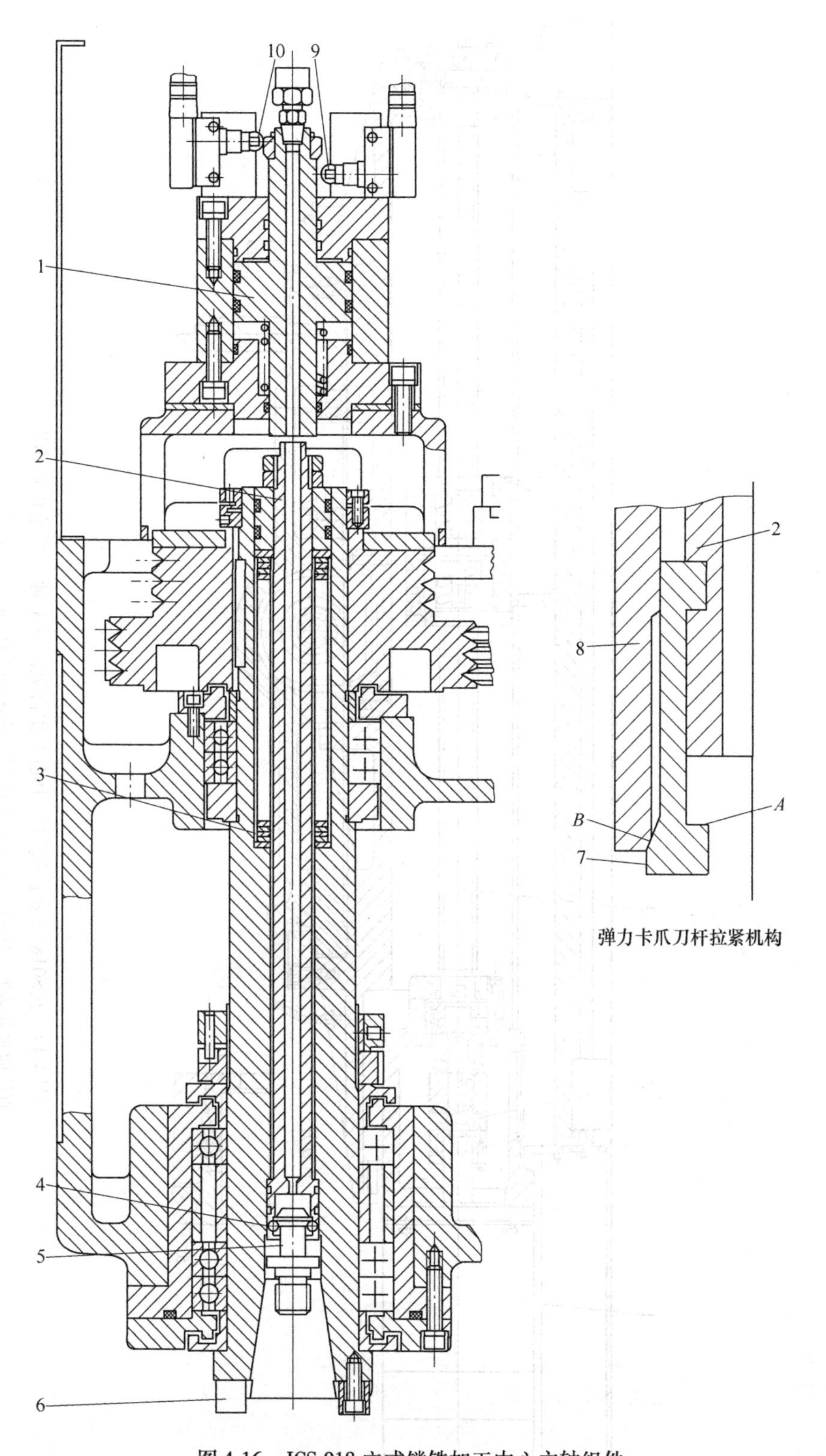

图 4-16　JCS-018 立式镗铣加工中心主轴组件

1—活塞　2—拉杆　3—蝶形弹簧　4—钢球　5—刀杆　6—传动键　7—卡爪　8—卡套　9、10—行程开关

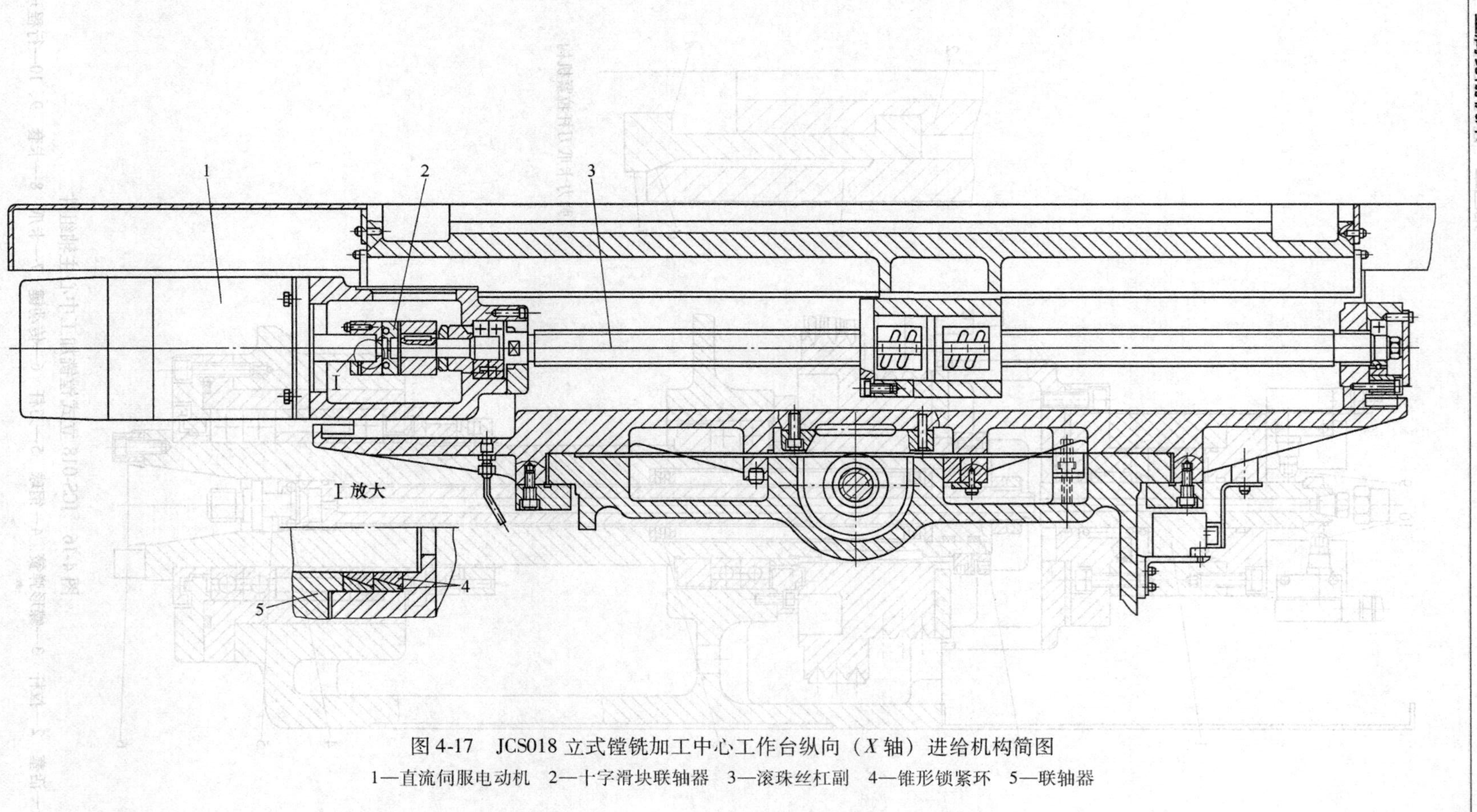

图 4-17 JCS018 立式镗铣加工中心工作台纵向（X 轴）进给机构简图

1—直流伺服电动机 2—十字滑块联轴器 3—滚珠丝杠副 4—锥形锁紧环 5—联轴器

刀座绕销轴（件2）逆时针旋转90°，即刀具轴线由水平方向旋转为铅垂方向，且刀柄朝上。此时该刀座中的刀具轴线与主轴轴线、机械手回转轴线位于同一平面中，该刀座中的刀具轴线和主轴轴线对称于机械手回转轴轴线，铅垂方向的刀座端面与主轴端面高度相等，这样机械手的两个手爪可同时从铅垂刀座的锥孔和主轴锥孔中取出或插入刀具。

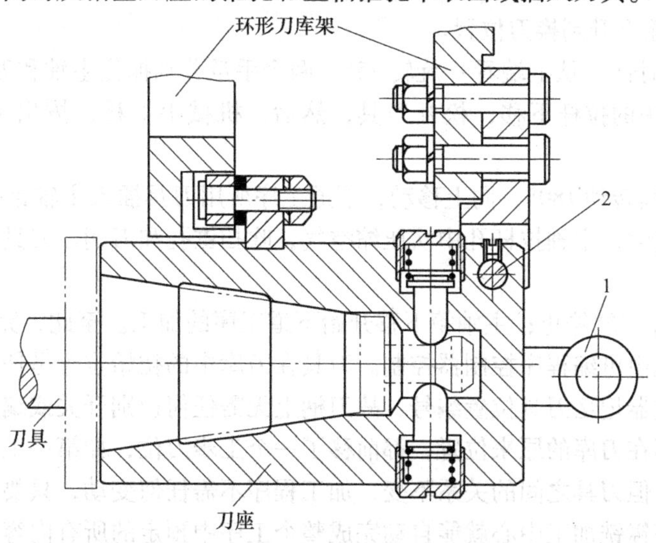

图4-18　JCS-018立式镗铣加工中心刀座结构简图

1—滚轮　2—销轴

JCS-018立式镗铣加工中心机械手的手臂结构如图4-19所示。手臂两端各有一个手爪。在弹簧（件1）的作用下，活动销（件4）将刀具顶紧在固定机械手爪（件5）上，弹簧（件3）弹起，锁紧销（件2）锁住活动销，使活动销不能退回，这就保证了机械手在换刀过程中手爪中的刀具不会滑落。当手臂处于75°位置时，锁紧销被挡块压下，活动销可退回，使机械手可以抓住或放开主轴和垂直刀座中的刀具。

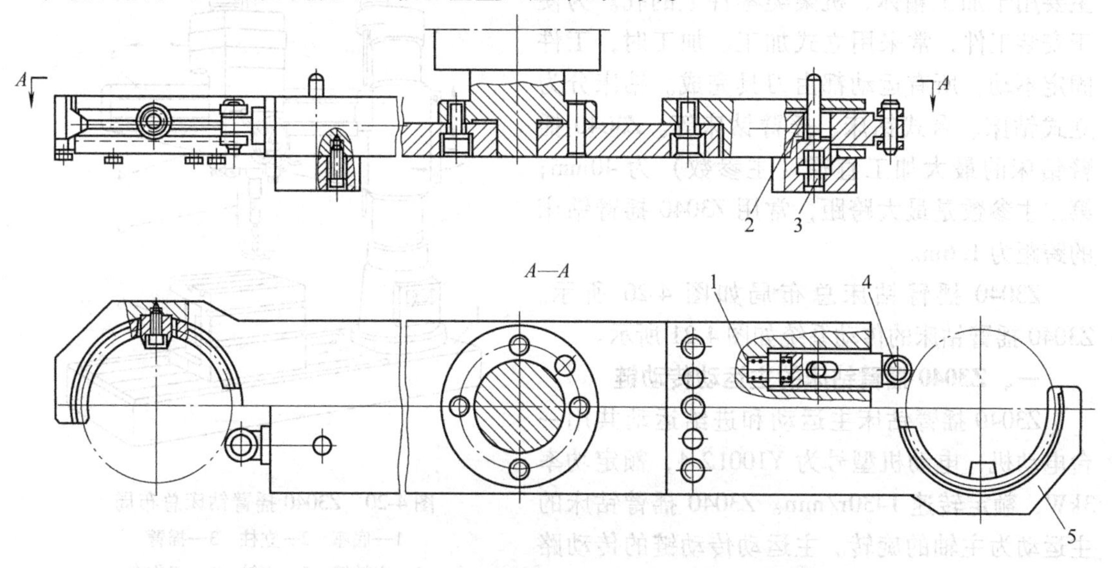

图4-19　JCS-018立式镗铣加工中心机械手的手臂结构简图

1、3—弹簧　2—锁紧销　4—活动销　5—固定机械手爪

自动换刀动作过程如下：

1）在上道工序加工过程开始的同时，数控系统发出刀库转位指令，将下一道工序所用刀具转到换刀位置。

2）上一道工序加工完毕，数控系统发出换刀指令，将刀库最下方的刀具逆时针转动90°，同时，主轴箱上升到换刀位置。

3）机械手逆时针（从上端看）旋转75°，两个手爪分别抓住主轴和刀座中的刀具。

4）主轴组件中的拉杆下移，松开刀具，然后，机械手下移，拔出主轴和刀库中的刀具。

5）机械手继续转动180°，向上移动，下道工序所用刀具插入主轴锥孔，上道工序已用刀具插入刀座；同时，主轴拉杆孔中吹压缩空气，吹扫锥孔和刀柄。刀具装入后，拉杆上移夹紧刀具。

6）机械手反转75°停止；主轴箱下移开始下道工序的加工。至此，完成整个换刀循环。

整个换刀过程由可编程序控制器控制。刀具在刀库中的初始位置是任意的，由可编程序控制器的随机存储器记忆刀具位置编号，故刀柄上无需任何识别开关或编码环。在加工过程中虽然已用刀具不在刀库的原来位置，都前移了一个工步刀位，如第一工步所用刀具插入第二工步初始刀位，但刀具之间的关系不变，加工程序不需任何变动，只要工件的第一工步用第一把刀加工，该镗铣加工中心就能自动完成整个工序中预定的所有内容。因此，换刀机构简单。

第五节　Z3040摇臂钻床

多刃刀具（切削刃布置在刀具端面）旋转并轴向移动的加工方式称为钻削。切削刃布置在刀具圆周表面时，习惯上称为铰削。钻床主要用于加工箱体、机架类零件上的孔。为便于安装工件，常采用立式加工。加工时，工件固定不动，所有运动都由刀具完成。钻床分为立式钻床、台式钻床、摇臂钻床等。Z3040摇臂钻床的最大加工直径（主参数）为40mm；第二主参数是最大跨距，常用Z3040摇臂钻床的跨距为1.6m。

Z3040摇臂钻床总布局如图4-20所示。Z3040摇臂钻床的传动系统如图4-21所示。

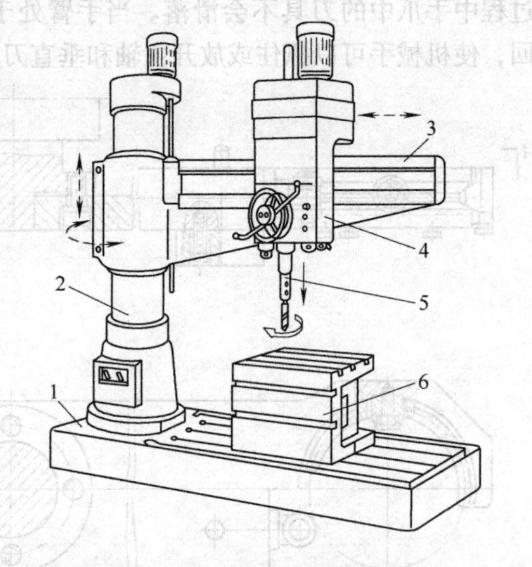

图4-20　Z3040摇臂钻床总布局

1—底座　2—立柱　3—摇臂
4—主轴箱　5—主轴　6—工作台

一、Z3040摇臂钻床的主运动传动链

Z3040摇臂钻床主运动和进给运动共用一台电动机，电动机型号为Y100L2-4，额定功率3kW，额定转速1430r/min。Z3040摇臂钻床的主运动为主轴的旋转。主运动传动链的传动路线表达式为

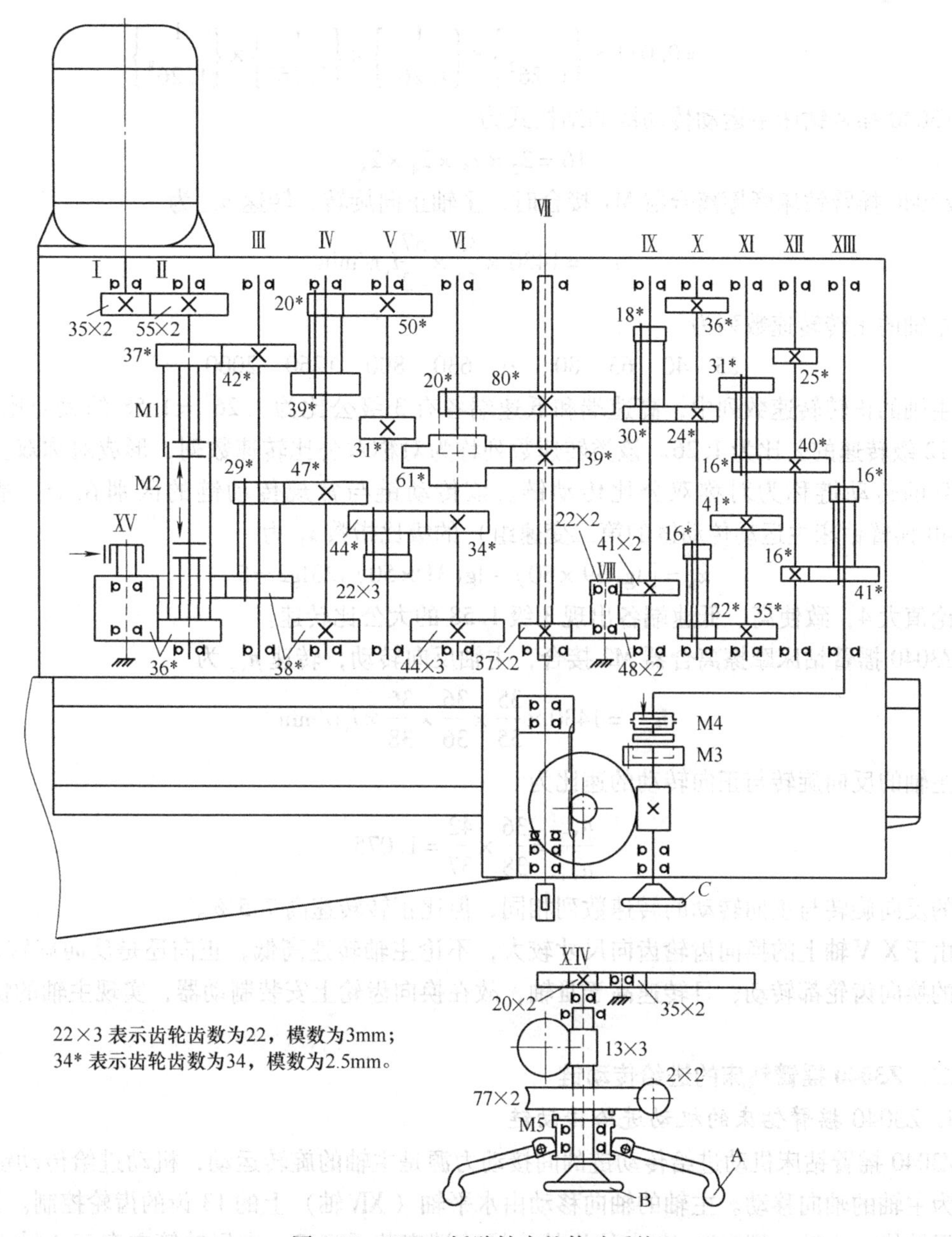

图 4-21　Z3040 摇臂钻床的传动系统

$$
\begin{matrix}\text{电动机}\\ \text{Y100L2-4}\\ 3\text{kW，}1430\text{r/min}\end{matrix}-\text{Ⅰ}-\frac{35}{55}-\text{Ⅱ}-\left\{\begin{matrix}37/42\\ 36/36-\text{ⅩⅣ}-36/38\end{matrix}\right\}-\text{Ⅲ}-\left\{\begin{matrix}29/47\\ 38/38\end{matrix}\right\}-\text{Ⅳ}-\left\{\begin{matrix}20/50\\ 39/31\end{matrix}\right\}-
$$

$$
\text{Ⅴ}-\left\{\begin{matrix}22/44\\ 44/34\end{matrix}\right\}-\text{Ⅵ}-\left\{\begin{matrix}20/80\\ 61/39\end{matrix}\right\}-\text{Ⅶ}
$$

Z3040 摇臂钻床主运动有 16 级转速，变速组的传动比 i_v 为

$$
i_v=\left\{\begin{matrix}29/47\\ 38/38\end{matrix}\right\}\times\left\{\begin{matrix}20/50\\ 39/31\end{matrix}\right\}\times\left\{\begin{matrix}22/44\\ 44/34\end{matrix}\right\}\times\left\{\begin{matrix}20/80\\ 61/39\end{matrix}\right\}
$$

$$=0.031\times\left\{\begin{matrix}1\\ \frac{1}{1.26^2}\end{matrix}\right\}\times\left\{\begin{matrix}1\\ \frac{1}{1.26^5}\end{matrix}\right\}\times\left\{\begin{matrix}1\\ \frac{1}{1.26^4}\end{matrix}\right\}\times\left\{\begin{matrix}1\\ \frac{1}{1.26^8}\end{matrix}\right\}$$

Z3040 摇臂钻床主运动传动链的结构式为

$$16=2_2\times2_5\times2_4\times2_8$$

Z3040 摇臂钻床摩擦离合器 M1 接合时，主轴正向旋转，转速 n_{v+} 为

$$n_{v+}=1430\times\frac{35}{55}\times\frac{37}{42}i_v\text{r/min}$$

主轴的正转转速数列为

25　40　63　80　…　630　800　1260　2000

主轴的正转转速数列中，高速端和低速端各有 3 级公比为 $1.26^2=1.58$ 的大公比转速，中间 12 级转速的公比为 1.26。该类转速数列称为对称双公比转速数列，形成对称双公比转速数列的传动链称为对称双公比传动链。该传动链与常规传动链的区别在于：基本组（Z3040 摇臂钻床主运动传动链的第二变速组）的级比指数 x_b 为

$$x_b=[\lg(39\times50)-\lg(31\times50)]/3\lg2\approx5$$

比理论值大 4，致使高、低速端各出现 3 级 1.58 的大公比转速。

Z3040 摇臂钻床摩擦离合器 M2 接合，主轴反向转动，转速 n_{v-} 为

$$n_{v-}=1430\times\frac{35}{55}\times\frac{36}{36}\times\frac{36}{38}\times i_v\text{r/min}$$

主轴的反向旋转与正向转动的速比为

$$\frac{n_{v-}}{n_{v+}}=\frac{36}{38}\times\frac{42}{37}=1.075$$

主轴的反向旋转与正向转动的转速数列相同，但比正转转速高 7.5%。

由于XⅤ轴上的换向齿轮齿向尺寸较大，不论主轴转速高低，正向还是反向旋转，XV 轴上的换向齿轮都转动，且转速高于Ⅲ轴，故在换向齿轮上安装制动器，实现主轴的快速停止。

二、Z3040 摇臂钻床的进给传动链

1. Z3040 摇臂钻床的机动进给传动链

Z3040 摇臂钻床机动进给传动链的间接动力源是主轴的旋转运动，机动进给传动链的执行件为主轴的轴向移动。主轴的轴向移动由水平轴（XⅣ轴）上的 13 齿的齿轮控制。XⅣ轴有三层结构，心轴一端安装 20 齿的齿轮，另一端安装手柄 B；内层轴管空套于心轴上，一端安装 13 齿的齿轮，另一端为花键轴，即内层轴管与心轴没有传动联系；外轴管的一端为花键孔且与内层轴管滑动键联接，在其圆柱外表面上有齿条，与手柄 A 上的扇形齿轮啮合，另一端为 M5 离合器的接合子，蜗轮具有圆柱孔空套在内层轴管上，端面为离合器接合子，蜗轮的运动和转矩只有通过 M5 离合器传递到外层轴管，进而传递到内层轴管上。当将手柄 A 向后拉，手柄 A 旋转，手柄 A 的扇形齿轮驱动外轴管上的齿条，使外层轴管移动，离合器 M5 接合，同时，XⅢ轴下端的手柄（图 4-21 中未示出）向下按，齿轮离合器 M3 接合，进给运动经蜗杆蜗轮传递到外层轴管，然后传递到与外层轴管花键配合的内层轴管上，内层轴管上的齿轮与主轴上的齿条啮合使主轴旋转的同时轴向移动。当主轴过载、负载力矩增大时，安全离合器 M4 脱开，起到保护作用。机动进给传动链的传动路线表达式为

$$主轴（Ⅶ轴）—\frac{37}{48}—Ⅷ—\frac{22}{41}—Ⅸ—\begin{Bmatrix}18/36\\30/24\end{Bmatrix}—Ⅹ—\begin{Bmatrix}16/41\\22/35\end{Bmatrix}—Ⅺ—\begin{Bmatrix}16/40\\31/25\end{Bmatrix}—Ⅻ—$$

$$\begin{Bmatrix}16/41\\40/16\end{Bmatrix}—ⅩⅢ—\frac{2}{77}—ⅩⅣ—13\times3\pi—Ⅶ$$

Z3040 摇臂钻床机动进给运动同样有 16 级转速，变速组的传动比 i_f 为

$$i_f=\begin{Bmatrix}18/36\\30/24\end{Bmatrix}\times\begin{Bmatrix}16/41\\22/35\end{Bmatrix}\times\begin{Bmatrix}16/40\\31/25\end{Bmatrix}\times\begin{Bmatrix}16/41\\40/16\end{Bmatrix}$$

$$=0.030\times\begin{Bmatrix}1\\1.26^4\end{Bmatrix}\times\begin{Bmatrix}1\\1.26^2\end{Bmatrix}\times\begin{Bmatrix}1\\1.26^5\end{Bmatrix}\times\begin{Bmatrix}1\\1.26^8\end{Bmatrix}$$

Z3040 摇臂钻床进给传动连的结构式为

$$16=2_4\times2_2\times2_5\times2_8$$

Z3040 摇臂钻床主轴的轴向进给量 f 为

$$f=1\times\frac{37}{48}\times\frac{22}{41}\times i_f\times\frac{2}{77}\times13\times3\pi\text{mm/r}=1.316i_f\text{mm/r}$$

主轴轴向进给量的数列为

0.04　0.063　0.1　0.126　…　1.0　1.26　2.0　3.15

主轴轴向进给量的数列同样为对称双公比传动链。Z3040 摇臂钻床的主轴最大行程为 315mm。

为使主轴上、下移动时操作力基本相等，防止主轴进给停止且进给链切断时主轴因自重下滑，主轴组件设有平衡机构，如图 4-22 所示。主轴（Ⅶ轴）上的齿轮由轴承支承在变速箱中，传动力由变速箱体承受，传动齿轮与主轴为滑动键联接，传动齿轮仅将运动及转矩传递给主轴，且允许主轴相对于传动齿轮轴向位移。内层轴管上的齿轮同时与主轴套筒（件 2）上的齿条和平衡齿轮（齿数 42，模数 3mm）啮合，平衡齿轮与凸轮（件 4）相连，链条一端固定在凸轮上，另一端固定在活动弹簧座（件 6）上。压缩弹簧上端固定。图 4-22 所示为主轴处于上端位置（初始状态），凸轮最大半径 r_0 与极坐标轴重合呈水平射线，极坐标轴极点为凸轮的旋转中心，链条为凸轮轮廓的切线。当主轴向下移动时，平衡齿轮顺时针转动，凸轮与平衡齿轮同步转动，链条卷绕在凸轮上，链条的运动经换向链轮向上拉活动弹簧座，压缩弹簧的压缩量增大。压缩弹簧产生的弹力经链条施加在凸轮上，形成的转矩与主轴重力在平衡齿轮上形成的转矩大小近似相等、方向相反，且该关系不因主轴所处位置不同而改变，即随着主轴向下移动，凸轮卷绕链条，弹簧压缩量逐渐增大，凸轮半径须逐渐减小。初始状态，弹簧压缩量小，凸轮半径大。利用调整螺栓，改变活动弹簧座位置，调节平衡力。凸轮计算半径 r 的极坐标方程为 $r=r(\theta)$。忽略链条摩擦力等因素，弹簧凸轮机构的平衡数学表达式为

$$Wr_b=r(\theta)K[\lambda_0+\lambda]\sin\alpha$$

式中　W——主轴组件的自重（N）；

r_b——平衡齿轮的节圆半径（mm）；

λ_0——凸轮位于初始位置（凸轮转角 $\gamma=0$）时，弹簧的初始压缩量（mm）；

λ——凸轮转过 γ 角时，弹簧的压缩量的增量（mm）；

K——弹簧刚度（N/mm）；

α——凸轮转过 γ 角时，极坐标极点和切点连线与链条中心线（切线）的夹角；

r——凸轮计算半径（mm），r 实际上是凸轮半径和链条滚柱半径之和。

从上式可看出：增大弹簧的初始压缩量 λ_0、减小弹簧的压缩量的增量 λ，有利于凸轮弹簧机构的力矩平衡。

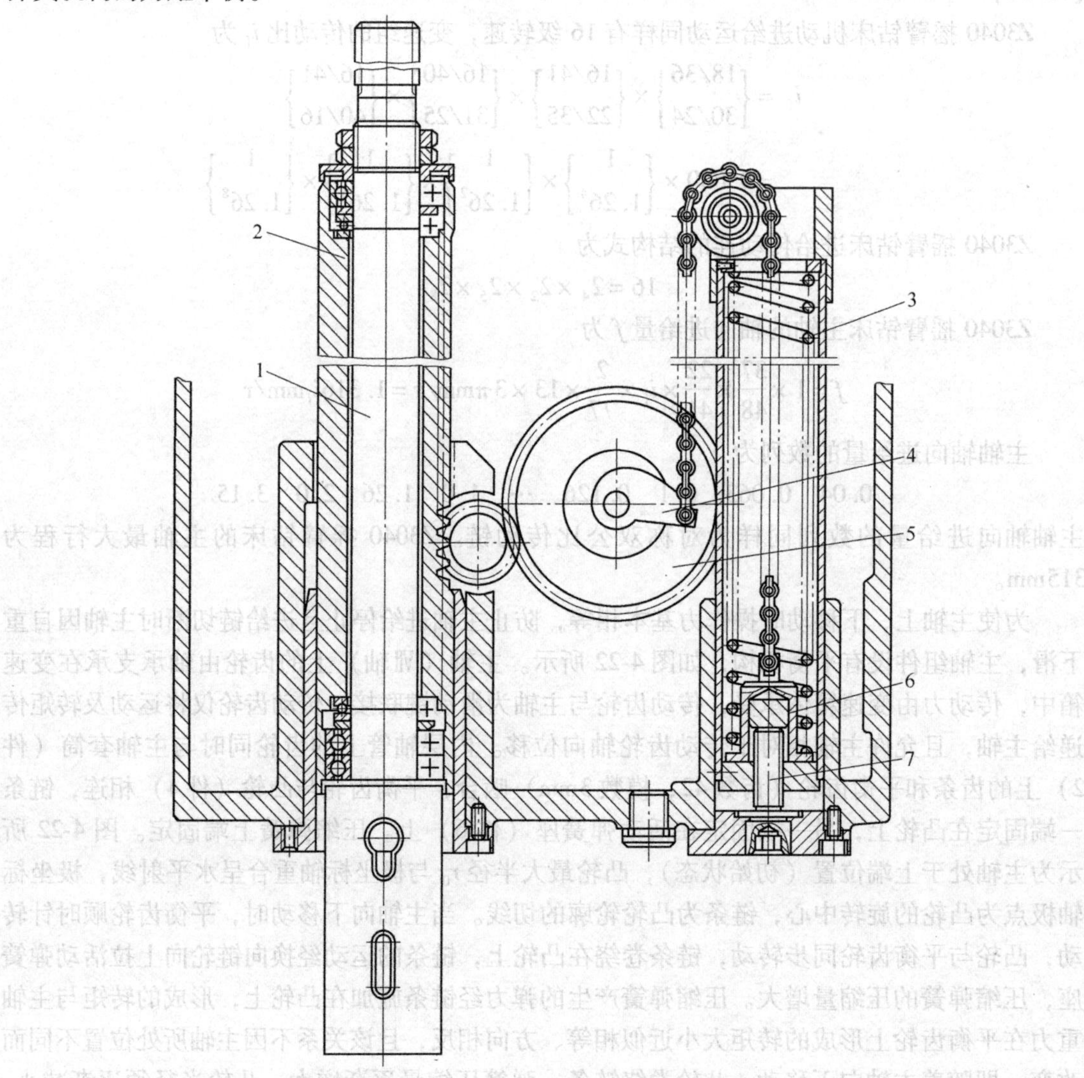

图 4-22　主轴组件及弹簧凸轮平衡装置

1—主轴　2—主轴套筒　3—弹簧　4—凸轮　5—齿轮　6—活动弹簧座　7—调整螺栓

由高等数学可知：凸轮曲线的切线与切点和极点连线之间的关系为

$$\tan\alpha = \frac{r}{\dfrac{dr}{d\theta}} = \frac{r d\theta}{dr}$$

$$\sin\alpha = \frac{r}{\sqrt{r^2 + \left(\dfrac{dr}{d\theta}\right)^2}}$$

即凸轮转过γ角时，与链条相切的凸轮半径和极坐标轴的夹角为θ。为简化计算，可将链条视为“钢丝绳”。由于凸轮与链轮间垂直中心距远大于凸轮半径的变化量，极坐标极点和切点连线与链条中心线（切线）的夹角α较大（一般$\alpha > 80°$），故可认为“钢丝绳”直线部分长度为恒定值，则弹簧的压缩量等于从凸轮半径［0，r_0］到［θ，$r(\theta)$］段的弧长。即

$$\lambda = \int_0^\theta \sqrt{r^2 + \left(\frac{dr}{d\theta}\right)^2} d\theta$$

凸轮曲线的微分方程为

$$\frac{d^2 r}{d\theta^2} = \frac{2}{r}\left(\frac{dr}{d\theta}\right)^2 + \frac{Kr^2}{Wr_b}\frac{dr}{d\theta} + r + \frac{Kr^4}{Wr_b}\left(\frac{dr}{d\theta}\right)^{-1}$$

Z3040 摇臂钻床平衡齿轮及凸轮的最大转角γ_{max}为

$$\gamma_{max} = \frac{315}{42 \times 3\pi} \times 360° \approx 287°$$

2. Z3040 摇臂钻床的手动进给传动链

XⅢ轴下端的手柄向上提，齿轮离合器 M3 分离，机动进给运动传动链被切断。当转动XⅢ轴下端手柄 C，驱动XⅢ轴旋转，运动经蜗杆副、M5 离合器至外层轴管，外层轴管的花键孔驱动内层轴管及内层轴管端部的齿轮转动，带动主轴移动。XⅢ轴下端手柄 C 旋转 1 圈，主轴轴向移动量f_{h1}为

$$f_{h1} = 1 \times \frac{2}{77} \times 13 \times 3\pi mm = 3.18mm$$

当齿轮离合器 M3、M5 离合器都处于分离位置时，旋转手柄 A，扇形齿轮带动外层轴管转动，经花键传递到内层轴管，内层轴管端部的齿轮驱动主轴移动，实现手动粗进给。手柄 A 旋转 1 圈，主轴轴向进给量f_{h2}为

$$f_{h2} = 13 \times 3\pi mm = 122.5mm$$

三、Z3040 摇臂钻床主轴箱的水平移动传动链及摇臂的垂直升降运动传动链

1. Z3040 摇臂钻床主轴箱的水平移动传动链

转动手柄 B，使心轴转动，驱动芯轴端部的齿轮副（传动比 20/35）转动、35 齿的齿轮在固定于摇臂下方的齿条上滚动，带动主轴箱沿摇臂导轨水平移动。转动手柄 B 旋转 1 圈，主轴箱水平移动量f_r为

$$f_r = 1 \times \frac{20}{35} \times 35 \times 2\pi mm = 125.66mm$$

主轴箱的最大水平移动距离 900mm。主轴箱水平移动完成后，采用液压控制的菱形块夹紧机构夹紧。

2. Z3040 摇臂钻床摇臂的垂直升降运动传动链

Z3040 摇臂钻床摇臂的垂直升降运动传动链如图 4-23 所示。Z3040 摇臂钻床摇臂的垂直升降传动链的动力源为 Y90S-4 型电动机，额定功率 1.1kW，额定转速 1400r/min。电动机产生的旋转运动，经两对齿轮副传递到驱动丝杠，螺母带动摇臂沿外立柱表面垂直移动。传动路线表达式为

$$\text{电动机 Y90S-4} — \frac{20}{42} — \frac{16}{54} — \text{Tr36} \times 6$$

Z3040 摇臂钻床摇臂的垂直升降运动速度为

$$f_v = 1400 \times \frac{20}{42} \times \frac{16}{54} \times 6\text{mm/min} = 1185\text{mm/min}$$

摇臂的最大升降距离为 600mm。垂直升降机构固定在外立柱上，如图 4-24 所示，摇臂上升或下降到终点时，行程挡铁压下行程开关，升降电动机停止转动，摇臂停止升降。若行程开关失灵，则安全离合器 M6 分离，切断升降运动传动链，摇臂升降运动停止。Tr36×6 丝杠具有自锁性能，即该螺纹的螺旋升角小于螺纹的当量摩擦角，摇臂不会因自重而下滑。

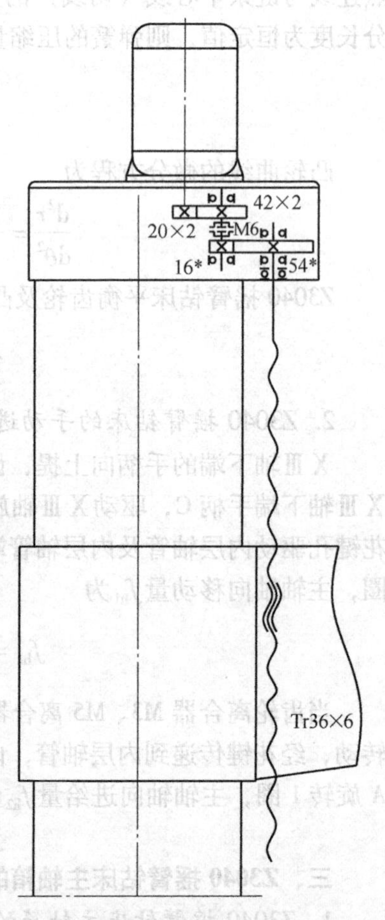

图 4-23　Z3040 摇臂钻床摇臂的垂直升降运动传动链

3. Z3040 摇臂钻床摇臂的转动运动传动链

Z3040 摇臂钻床的外立柱（件 1）与板弹簧（件 7）连接，板弹簧由推力球轴承 51117 和深沟球轴承 6217 支承在内立柱（件 9）上，且深沟球轴承外圈与孔的配合采用基孔制，这样轴承套及外立柱相对于轴承容易移动。杠杆（件 6）套装在内立柱上端，与球面滑动轴承（件 5）一起共同组成杠杆支点。由于菱形块液压夹紧机构固定于外立柱上，为减小内、外立柱转动摩擦，球面滑动轴承用推力球轴承 51117 支承于内立柱上。在板弹簧作用下，杠杆支点紧靠在内立柱上端，由双螺母通过调整杠杆支点位置保证内、外立柱的相对轴向位移为 0.2～0.3mm。

松开菱形块液压夹紧机构，如图 4-24a 所示，在板弹簧（件 7）作用下，杠杆（件 6）绕球面滑动轴承（件 5）微量顺时针摆动，同时外立柱相对于内立柱上移，锥面 *D* 处出现间隙，由于外立柱下端由圆柱滚子轴承（件 9）支承，上端由深沟球轴承支承，故外立柱可相对内立柱轻松转动；摇臂被菱形块液压夹紧机构夹紧在外立柱上，操作者手握手柄 B，推动摇臂及外立柱一起绕内立柱旋转，手动控制摇臂转角。当摇臂转到需要的位置后，液压缸（件 3）右腔通入高压油，活塞杆左移，使菱形块（件 2、4）直立，如图 4-24 b 所示。为确保菱形块 2 只推动外立柱右侧下移，而活塞杆所处位置维持不变，液压缸浮动安装于外立柱上，这样，菱形块 2 可推动外立柱右侧相对液压缸下移，菱形块 4 推动杠杆右端相对液压缸上移，使杠杆绕球面滑动轴承逆时针转动，杠杆左侧逆时针转动下压外立柱左侧，在外立柱左、右两侧推力作用下，使外立柱克服板弹簧作用力下移，使锥面 *D* 处为一定正压力，依靠摩擦力将外立柱锁紧在内立柱上。

另外，Z3040 摇臂钻床还有定程切削机构。

四、Z3040 摇臂钻床主轴箱操纵机构

Z3040 摇臂钻床主轴箱操纵机构液压系统原理如图 4-25 所示。液压泵安装于Ⅱ轴上端，也只有与Ⅱ轴连接，才能使液压泵以较高的恒定转速、单向旋转，其恒定转速 n_p 为

$$n_p = 1430 \times \frac{35}{55}\text{r/min} = 910\text{r/min}$$

Z3040摇臂钻床主轴箱操纵机构液压系统由液压泵、五位六通手动操纵阀、主运动预选转速阀、进给运动预选速阀、制动器、液压双向摩擦离合器，以及一个三位液压缸、七个双位液压缸组成。

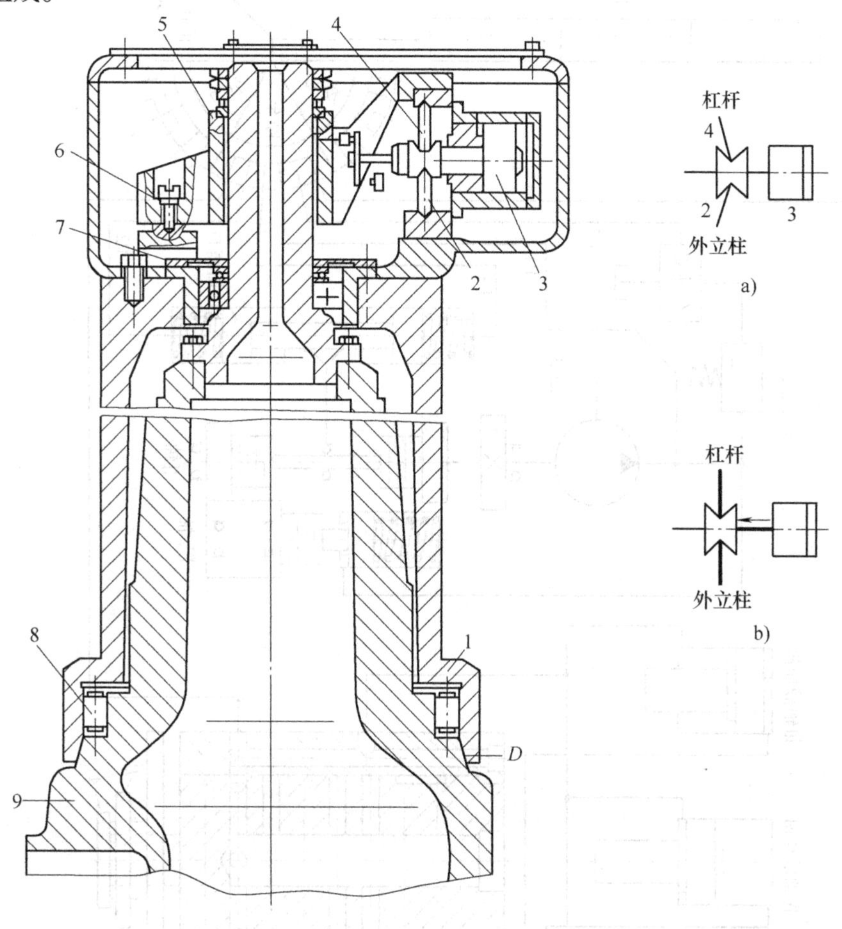

图4-24　Z3040摇臂钻床立柱夹紧机构

a）菱形块松开　b）菱形块夹紧

1—外立柱　2、4—菱形块　3—液压缸　5—球面滑动轴承　6—杠杆　7—板弹簧　8—滚子　9—内立柱

1. 五位六通手动操纵阀的功能

五位六通手动操纵阀阀芯有正反转、变速、空挡、停车五个位置，操纵手柄在水平面和垂直面中各有三个操纵位置，停车位置为水平面操纵面和垂直操纵面的交汇处。

（1）停车位置　操纵手柄水平操纵平面的中间位置（也是垂直操纵平面的中间位置），液压泵卸载，油路各通道皆接油箱，XV轴上的液压制动器在弹簧作用下制动换向齿轮。

（2）正转位置　在水平操纵平面中手柄由中间位置（停车位置）拉至正转位置，操纵阀阀芯旋转方向与主轴转向相同，阀芯相对于阀体顺时针转动45°，双向摩擦离合器左腔油路通道P2通压力油，离合器M1接合；液压泵不卸载，XV轴上的液压制动器油腔进入压力油，克服弹簧压力松开制动器；其余油路通道与油箱相通。

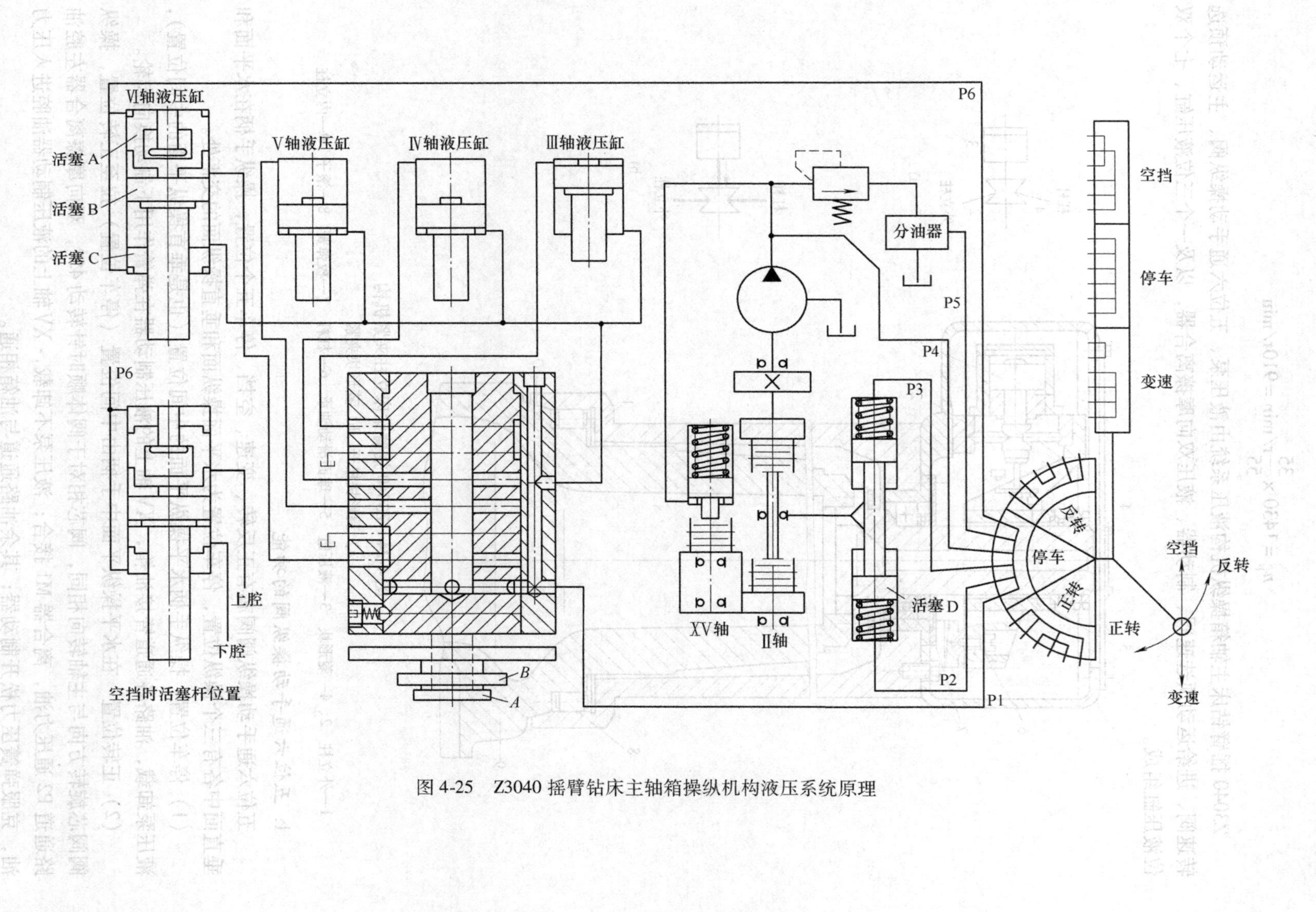

图 4-25　Z3040 摇臂钻床主轴箱操纵机构液压系统原理

（3）反转位置　在水平操纵平面中手柄由中间位置（停车位置）推至反转位置，操纵阀阀芯相对于阀体逆时针转动45°，双向摩擦离合器右腔油路通道P3通压力油，离合器M2接合，且XV轴上的液压制动器油腔进入压力油，松开制动器。

（4）空挡位置　在垂直操纵平面中手柄由中间位置（停车位置）向上提至空挡位置。Ⅵ轴的液压缸有三个活塞、四个油腔。当手柄向上提至空挡位置时，操纵阀阀芯相对于阀体上移12mm，油路通道P6为高压，活塞A的上腔和活塞C的下腔通压力油，活塞B上、下腔连接的油路通道P1接油箱回路，活塞A下移，活塞C则上移；活塞B上、下腔油液回油箱，使三个活塞靠在一起；由于活塞B的活塞杆直径较大，导致活塞A上腔截面积大于活塞C下腔截面积，活塞A移动速度小于活塞C，但活塞A上腔油液总压力大于活塞C下腔，三个活塞靠在一起后在压力差的作用下同步下移，当活塞A与固定销轴的卡环相碰时，活塞杆推动Ⅵ轴的滑移齿轮位于空挡位置，主轴与传动链分离。XV轴上的液压制动器制动。这样，可轻松手动主轴，方便装卸刀具和机床调整。

（5）变速位置　在垂直操纵平面中手柄由中间位置（停车位置）向下压至变速位置。操纵阀阀芯相对于阀体下移12mm，Ⅵ轴的液压缸活塞A上腔和活塞C下腔接油箱，油路通道P1、P2、P3通压力油；油路通道P1为高压，主运动及进给运动传动链变速；油路通道P2、P3同时为高压，因双向摩擦离合器控制液压缸活塞截面积不等，活塞D截面积略大（图4-25中未示出），在压力差作用下，逐渐压紧正转摩擦离合器M1，因压紧力较小，离合器M1内外摩擦片间有一定滑动，主运动传动链从前往后，缓慢转动，这样可使滑移齿轮顺利进入预选的啮合位置，当主轴缓慢转动时，表明各滑移齿轮已进入预选的啮合位置，变速完毕；同时，压力油松开液压制动器，保证主运动传动链正向缓慢转动。

Z3040摇臂钻床操纵阀油路压力状态见表4-6。

表4-6　Z3040摇臂钻床操纵阀油路压力状态

油路 \ 功能	正转	停车	反转	空挡	变速
变速P1	—	—	—	—	+
正转P2	+	—	—	—	+
反转P3	—	—	+	—	+
液压泵出口P4	+	—	+	+	+
回油P5	—	—	—	—	—
空挡P6	—	—	—	+	—

注："+"号表示通压力油，"—"号表示通回油。

2. Z3040摇臂钻床变速液压缸

Z3040摇臂钻床的主运动和进给运动传动链均为外联系传动链，变速液压缸全部为差动液压缸，利用有杆腔截面积小于无杆腔面积的特性，下腔始终通压力油，当上腔也通压力油时，在压力差作用下，活塞向下移动，直到活塞到下限位置，若液压缸直径为D，活塞杆直

径为 d，液压油压强为 p，滑移齿轮质量为 m，则活塞杆向下移动的驱动力为

$$P = \frac{\pi}{4}d^2 p + mg$$

当上腔通油箱回路时，活塞向上移动，直到活塞移动到上限位置，活塞杆向上移动的驱动力为

$$P = \frac{\pi}{4}(D^2 - d^2)p - mg$$

应使上下驱动力近似相等。即

$$D^2 - 2d^2 \approx \frac{8mg}{\pi p}$$

液压缸活塞是向上移动还是向下移动由旋钮 A、B 经预选速阀决定。由于只有手柄处于变速位置时，预选速阀才通入压力油，因此，只要操纵手柄在非变速位置，操作者都可选择下一工步切削用量。

3. Z3040 摇臂钻床选速阀

Z3040 摇臂钻床主运动和进给运动传动链均为 16 级高低速端各有 3 级大公比转速的对称双公比传动链，只是各变速组在传动链的位置不同，最后变速组高低速啮合齿轮轴向排列不同，故两预选速阀结构相似。

根据 Z3040 摇臂钻床主运动传动链规律形成的主运动传动链变速液压缸上腔油路压力状态见表 4-7。

表 4-7 主运动传动链变速液压缸上腔油路压力状态

液压缸 \ 转速	n_1	n_2	n_3	n_4	n_5	n_6	n_7	n_8	n_9	n_{10}	n_{11}	n_{12}	n_{13}	n_{14}	n_{15}	n_{16}
Ⅲ轴液压缸	—	+	—	—	+	+	—	—	+	+	—	—	+	+	—	+
Ⅳ轴液压缸	—	—	—	+	—	+	—	+	—	+	—	+	—	+	+	+
Ⅴ轴液压缸	+	+	—	+	—	+	+	—	+	—	—	+	—	+	—	—
Ⅵ轴液压缸	—	—	—	—	—	—	+	—	+	—	+	+	+	+	+	+

注：“+”号表示通压力油，活塞处于下端位置；“—”号表示通回油，活塞处于上端位置。

由此可知，主运动链预选速阀为 16 位、7 通（4 个液压缸上腔进回油孔和 1 个预选速阀的进油和 2 个回油孔）手动液压阀。Z3040 摇臂钻床主运动传动链预选速阀阀芯结构简图如图 4-26 所示。阀芯上压力油孔 ϕ4mm，共有 8 排，阀体上与阀芯第 1、3、4、6 排对应的孔分别与Ⅲ轴、Ⅳ轴、Ⅴ轴、Ⅵ轴液压缸上腔相通。阀体上回油孔对应于阀芯第 2、5 排孔的相应位置，即Ⅲ轴（或Ⅳ轴）液压缸上腔回油经阀芯连通第 1 排（或 3 排）不通孔和第 2 排不通孔的长槽回油箱，Ⅴ轴、Ⅵ轴液压缸上腔回油经阀芯连通第 4 排（或 6 排）不通孔和第 5 排不通孔的长槽回油箱。压力油经第 7 排孔 4 × ϕ6mm 进入阀芯中心孔。为保证 4 × ϕ6mm 与阀体上的压力油孔相通，阀芯上加工有宽度为 6mm 的环槽。阀体上有通向下腔的

压力油孔。第 8 排孔为定位孔，16 个定位孔在圆周上均布，并与 16 级变速位置对应，确保预选速旋钮每转过 22.5°，阀芯上就有一列孔和孔槽中心连线与阀体上液压缸上腔进油孔和回油孔的中心连线重合，如图 4-25 所示。

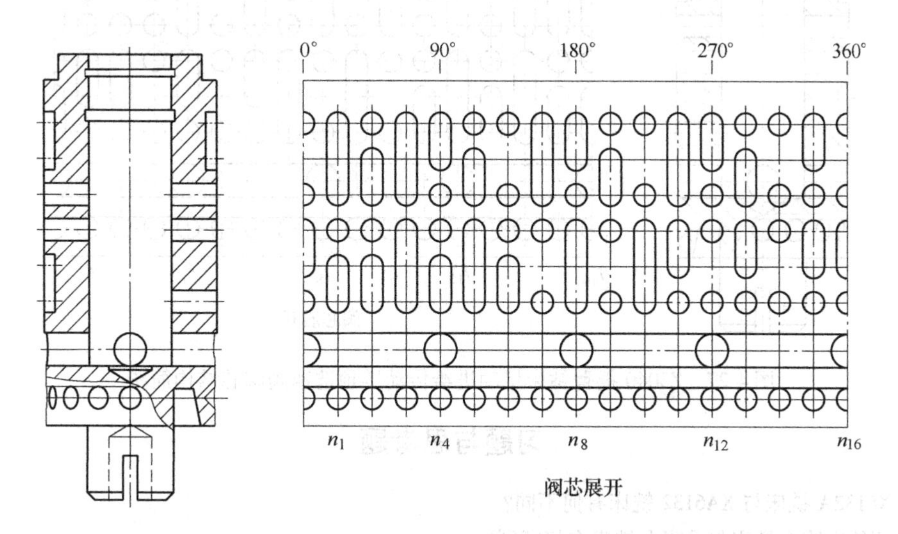

图 4-26 Z3040 摇臂钻床主运动传动链预选速阀阀芯结构简图

机动进给传动链变速液压缸上腔油液压力状态见表 4-8。与主运动传动链变速液压缸上腔油液压力状态（表 4-7）比较可知：Ⅹ轴液压缸与Ⅲ轴液压缸上腔油液压力状态相同；Ⅺ轴与Ⅳ轴、Ⅸ轴与Ⅴ轴、Ⅻ轴与Ⅵ轴液压缸油液压力状态规律相同，排列方向相反。但由于预选速阀旋钮 A、B 套装在同一条轴上，旋钮 B 的旋转运动经一对等比圆柱齿轮啮合传递到机动进给传动链变速预选速阀阀芯上，旋转方向与主运动传动链变速预选速阀相反，故实际上机动进给传动链预选速阀阀芯只有第 1 排孔与主运动传动链预选速阀阀芯排列方向相反，结构简图如图 4-27 所示。进给运动传动链预选速阀的压力油通道和回油管路分别与主运动传动链预选速阀并联（图 4-25 未示出），当操作手柄扳到变速位置时，变速分步顺序完成，首先主运动传动链变速，完成标志为主轴缓慢转动；然后进给运动传动链变速，完成标志为主轴轴向移动。若上道工序是机构进给工序，在变速开始，主轴有缓慢旋转和轴向移动，但随着变速进行，主轴停止转动和移动，直到主运动传动链变速完毕，主轴恢复缓慢转动，机动进给传动链变速完毕，主轴恢复缓慢轴向移动。

表 4-8 机动进给链变速液压缸上腔油液压力状态

液压缸 \ 进给量	f_1	f_2	f_3	f_4	f_5	f_6	f_7	f_8	f_9	f_{10}	f_{11}	f_{12}	f_{13}	f_{14}	f_{15}	f_{16}
Ⅹ轴液压缸	—	+	—	—	+	+	—	—	+	+	—	—	+	+	—	+
Ⅺ轴液压缸	+	+	+	—	+	—	+	—	+	—	+	—	+	—	—	—
Ⅸ轴液压缸	—	—	+	—	+	—	—	+	—	+	+	—	+	—	+	+
Ⅻ轴液压缸	+	+	+	+	+	+	—	+	—	+	—	—	—	—	—	—

注：“+”号表示通压力油，活塞处于下端位置；“—”号表示通回油，活塞处于上端位置。

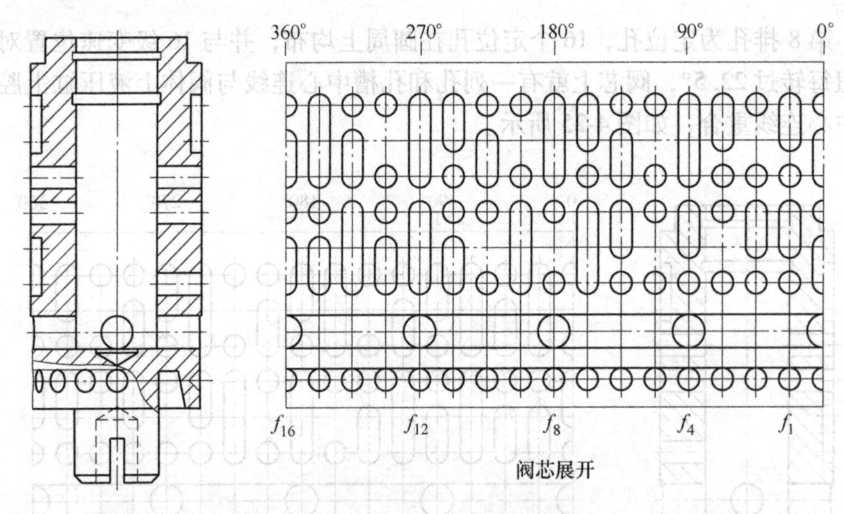

图 4-27　Z3040 摇臂钻床机动进给传动链预选速阀阀芯结构简图

习题与思考题

4-1　X6132A 铣床与 XA6132 铣床有何不同?

4-2　万能升降台铣床与升降台铣床有何区别?

4-3　X6132A 铣床的变速操纵机构有何特点? 怎样保证滑移齿轮顺利滑移啮合?

4-4　X6132A 铣床的升降台驱动丝杠是普通滑动丝杠还是滚珠丝杠螺母副?

4-5　指出 X6132A 铣床能达到的加工精度和表面精度。

4-6　X6132A 如何铣削斜面? 铣削斜面时能否存在机动纵向（X 轴）进给?

4-7　X6132A 主运动传动链和机动进给传动链都是外联系传动链，怎样铣削端面凸轮? 即如何实现绕 X 轴旋转的 A 轴与纵向进给的内联系传动链?

4-8　X6132A 主运动传动链和机动进给传动链都是外联系传动链，怎样铣削盘形凸轮? 即如何实现绕 X 轴旋转的 A 轴与横向进给的内联系传动链?

4-9　T6112 镗床主运动传动链有哪几个执行件? 这些执行件能否同时工作?

4-10　T6112 镗床主轴为什么称为镗铣主轴?

4-11　T6112 镗床进给运动传动链是非对称双公比传动链，是如何形成的?

4-12　T6112 镗床镗铣主轴如何镗削螺纹?

4-13　T6112 镗床平旋盘径向刀架进给传动链有几个运动输入?

4-14　XK5040-1 数控铣床是卧式还是立式机床? 其主运动传动链有何特点?

4-15　何谓单回曲（背轮）机构? 与分支传动有何区别?

4-16　公比 $\varphi=1.26$，24 级等比传动的变速范围应为 $R=\varphi^{23}=203$，但 XK5040-1 数控铣床为何 $R=1500/11.8=128$?

4-17　XK5040-1 数控铣床的 Z 向伺服电动机为什么带有制动器?

4-18　XK5040-1 数控铣床的机动进给量有多大? 快速移动速度能达多少?

4-19　JCS-018 数控镗铣加工中心的主运动传动链有何特点? 数控无级变速主运动传动链为何采用人工操纵变速机构?

4-20　试述 JCS-018 数控镗铣加工中心主轴组件的结构特点。

4-21　JCS-018 数控镗铣加工中心的坐标轴是如何定义的?

4-22　公比 $\varphi=1.26$，16 级等比传动的变速范围应为 $R=\varphi^{15}=32$，但 Z3040 摇臂钻床为何 $R=2000/25=80$?

4-23　试述 Z3040 摇臂钻床传动链的特点。为什么主运动传动链中既有停车工作状态，又有空挡，两者有何区别？

4-24　Z3040 摇臂钻床的主轴箱变速操纵液压泵安装在哪条传动轴上？为什么？

4-25　Z3040 摇臂钻床怎样实现传动链的缓慢转动，以保证滑移齿轮顺利到达预选速阀设定的啮合位置？

4-26　Z3040 摇臂钻床主轴如何实现主运动传动链的旋转运动同时产生进给运动传动链轴向运动？

4-27　试述 Z3040 摇臂钻床弹簧凸轮平衡机构的原理。弹簧凸轮应为何形状？

4-28　Z3040 摇臂钻床如何实现主轴箱的水平移动？水平移动精度如何控制？

4-29　Z3040 摇臂钻床如何实现手动粗进给运动和手动细小进给运动？

4-30　试述 Z3040 摇臂钻床预选速变速原理。为什么所有变速液压缸皆采用差动液压缸？

4-31　为什么自动变速常用两位液压缸？三位液压缸的中间位置是如何实现的？

4-32　Z3040 摇臂钻床变速时，为什么先是主运动传动链变速，然后才是机动进给变速？机动进给变速完成后主轴是否旋转的同时轴向移动？工作时，怎样实现选择的机动进给？

第五章　磨　床

第一节　磨削工艺特点及磨床分类

一、磨削加工工艺特点

利用磨具磨料去除工件表面材料的方法称为磨削，常用的磨具为砂轮、磨石、砂带等。

1. *磨削机理*

磨具上的磨粒是一个多面体，其每个棱角都可看做是一个切削刃，顶尖角大致为90°～120°，尖端圆弧半径仅有几微米至几十微米，见表5-1。经精细修整的磨具其磨粒表面会形成一些微小的切削刃，称为微刃。磨粒在磨削时有较大的负前角（约－60°）。磨粒的切削过程可分为三个阶段：①滑擦阶段。磨粒开始挤入工件，滑擦而过，工件表面产生弹性变形但无切屑。②耕犁阶段。磨粒挤入深度加大，工件产生塑性变形，耕犁成沟槽，磨粒两侧和前端堆高隆起。③切削阶段。切入深度继续增大，温度达到或超过工件材料的临界温度，部分工件材料明显地沿剪切面滑移而形成磨屑。

表5-1　磨粒顶尖角和圆弧半径

粒度	顶尖角/(°)		磨粒尖端圆弧半径/μm	
	刚玉	碳化硅	刚玉	碳化硅
F36	108	106.5	35.0	30.0
F60	107.2	104	17.0	16.0
F90	106.7	104	9.6	7.4

磨粒在磨具上排列的间距和高低都是随机分布的，某些磨粒的切削过程的三个阶段全部存在，有些磨粒切削过程的三个阶段部分存在。磨屑的形状有带状、挤裂状和熔融的球状等。

2. *磨削力和磨削功率*

磨削时磨粒受到工件材料变形阻力以及磨粒与工件表面间的摩擦力，形成磨削力。总磨削力分为砂轮与工件接触面切线方向的磨削分力 F_c（简称为磨削力）、垂直于 F_c 的工件接触面法向的磨削力 F_p（称为背向磨削力）和轴向进给方向的磨削分力 F_f（简称为进给磨削力）。一般背向磨削力较大，随着工件材料和砂轮特性的不同，$F_p/F_c=1.75\sim4$；磨削45钢外圆柱面时，$F_p/F_c\approx2.04$；磨削淬硬钢、未淬硬钢、非淬火钢、铸铁平面时，F_p/F_c 分别是2.04、1.75、1.82、2.86；磨削淬硬45钢内圆柱面时，$F_p/F_c=1.98\sim2.66$，磨削未淬硬45钢内圆柱面时，$F_p/F_c=1.8\sim2.06$。进给磨削力较小，一般可不予考虑。设砂轮线速度为 v_s，则磨削功率 $P_m=F_cv_s/1000$。

在磨削内外圆柱面时，砂轮架、工件及定位夹紧机构在背向磨削力作用下产生弹性变形，一次吃刀深度往往需要数次轴向进给才能完成，这种特有的加工现象称为无进给磨削，整个磨削过程直到没有磨削火花时方可结束。无进给磨削对尺寸精度要求较高的工件尤其重要。

3. 多磨粒同时磨削

单个磨粒切削深度很小，仅有几微米，切屑体积为$10^{-3} \sim 10^{-6} mm^3$；但参与切削的磨粒数量多，砂轮每平方厘米表面的磨粒数为60～1400，10%～50%的磨粒参与磨削。磨具常用的磨粒粒度组成见表5-2，粗磨一般采用F46，质量比为30%的磨粒尺寸为0.425mm，若宽度为50mm的磨具磨削加工，磨粒经过磨削区的时间为0.01～0.1ms，同时有几十个微刃参与切削，若磨削速度$v_s = 35m/s$，每秒将有数万甚至上百万个微刃参与切削。

表5-2　磨具常用的磨粒粒度组成（摘自GB/T 2481.1—1998）

粒度标记	粗粒		基本粒		混合粒		细粒	
	筛孔尺寸/μm	质量比(%)	筛孔尺寸/μm	质量比(%)	筛孔尺寸/μm	质量比(%)	筛孔尺寸/μm	质量比(%)
F36	600	25	500	45	500,425	65	355	3
F40	500	30	425	40	425,355	65	300	3
F46	425	30	355	40	355,300	65	250	3
F54	355	30	300	40	300,250	65	212	3
F60	300	30	250	40	250,212	65	180	3
F70	250	25	212	40	212,180	65	150	3
F80	212	25	180	40	180,150	65	125	3
F90	180	20	150	40	150,125	65	106	3
F100	150	20	125	40	125,106	65	75	3
F120	125	20	106	40	106,90	65	63	3
F150	106	15	75	40	75,63	65	45	3
F180	90	15	75,63	40	75,63,50	65	—	—
F220	75	15	63,50	40	63,50,45	60	—	—

4. 磨削热和磨削温度

磨削过程中所消耗的能量几乎全部转变为磨削热。试验研究表明，根据磨削条件的不同，磨削热有60%～85%进入工件，10%～30%进入砂轮，0.5%～30%进入磨屑，另有少部分以传导、对流和辐射形式散出。磨削时每颗磨粒对工件的切削都可视为一个瞬时热源，在热源周围形成温度场。磨削区平均温度为400～1000℃，瞬时接触点的最高温度可达工件材料熔点温度（1100～1600℃）。在磨粒经过磨削区极短的时间内，以极大的加热速度使工件表面局部温度迅速上升，形成瞬时热聚集现象，会影响工件表层材料的性能和砂轮的磨损。

二、磨床用途、加工精度及其分类

利用砂轮、磨石等磨具磨料对工件进行切削加工的机器称为磨床。磨床主要用于加工各种工件的内外圆柱面、圆锥面和平面，以及螺纹、齿轮和花键等特殊、复杂的成形表面。由于磨粒的硬度很高，磨具具有自锐性，因而可磨削淬硬钢、高强度合金钢、硬质合金、玻璃、陶瓷和大理石等高硬度金属和非金属材料。磨削速度（砂轮线速度）v_s =30～50m/s，超过45m/s时称为高速磨削。磨削的比功率（或称比能耗，即切除单位体积工件材料所消耗的能量）较大，金属切除率小，故磨削通常用于半精加工和精加工，尺寸公差等级可达IT8～IT5甚至更高，普通磨削表面轮廓的算术平均偏差为 Ra1.25～0.16μm，精密磨削为 Ra0.16～0.04μm，超精密磨削为 Ra0.04～0.01μm，镜面磨削为 Ra0.01μm。

为适应磨削各种工件形状、各种表面及不同生产纲领的要求，磨床的种类较多，分为通用磨床和专用磨床两大类。通用磨床主要有外圆磨床、内圆磨床、平面磨床、刀具刃磨床等；专用磨床主要有内、外圆珩磨机，平面、球面珩磨机，球轴承、滚子轴承套圈滚道磨床等。

第二节 万能外圆磨床

一、外圆磨床的工艺范围

普通外圆磨床工艺范围窄，能够磨削外圆柱面、圆锥面及其端面。普通精度外圆磨床磨削的尺寸公差等级为IT6～IT7，轮廓的算术平均偏差为 Ra1.25～0.32μm。M1332B磨床磨削直径为 ϕ8～ϕ320mm。

万能外圆磨床能够磨削圆柱体的内外表面及端面，以及圆锥体的内外表面及端面。普通精度M1432万能外圆磨床加工的尺寸公差等级为IT6～IT7，磨削回转体外表面的表面精度为 Ra1.25～0.32μm，磨削外圆柱直径为 ϕ8～ϕ320mm；磨削圆柱孔的表面精度为 Ra1.25～0.63μm；可磨削内孔直径为 ϕ30～ϕ100mm，磨孔最大深度为125mm；工作台移动速度 f_s = 0.1～4m/min；砂轮架快速移动量50mm；砂轮线速度35m/s；内圆磨具转速10000r/min、15000r/min；横向进给手轮每格刻度进给值0.0025mm/0.01mm（精/粗）；最大加工工件质量150kg。

M1432万能外圆磨床已进行两次重大改进，其型号分别为M1432A、M1432B。M1432B磨床床身刚度及热变形都优于M1432A；砂轮架主轴加粗，主轴支承采用四瓦动压轴承，电动机功率加大；砂轮架油池温升小，磨削率高。

二、万能外圆磨床总布局

外圆磨床加工示意图如图5-1所示，砂轮旋转为主运动，工件旋转为圆周进给运动。工作台支承工件并带动工件往复轴向进给运动，砂轮架带动砂轮径向（横向）进给。磨削力 F_c 和移动部件的自重使轴向进给导轨承受压力，轴向进给导轨副紧密接触，轴向进给运动稳定。切屑朝向未加工表面飞溅，以防止切削液不充分或突然断开切削液时切屑烧伤已加工表面。磨削力 F_c 小于砂轮主轴电动机的自重，见表5-3，砂轮架的自重远大于磨削力 F_c 的反力，径向进给导轨承受压力，径向进给导轨副紧密接触，径向进给运动稳定。砂轮圆心、工件圆心连线 O_1O_2 应为水

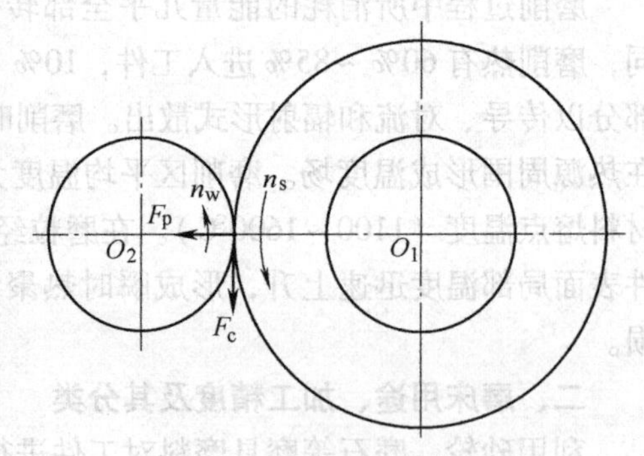

图5-1 外圆磨床加工示意图

平线，即工件轴线与砂轮轴线等高，不能像数控车床一样将砂轮架倾斜在工件后上方。这是因为：外圆磨床轴向进给导轨和径向进给导轨是分别设置的，径向进给机构安装在轴向进给支承导轨下的床身内。砂轮架倾斜在工件后上方，背向磨削力 F_p 增加了轴向进给导轨的压力，有利于轴向进给运动稳定，但同时 F_p、F_c 的反力使砂轮架及径向进给导轨承受的拉力增大，轴向进给换向时 F_p、F_c 的反力突然消失，易产生振动。另外，径向进给机构复杂。

表 5-3　外圆磨床磨削力与砂轮主轴电动机自重

磨床型号	砂轮主轴电动机			磨削线速度/(m/s)	磨削力/N
	型号	功率/kW	质量/kg		
M1432A	Y112M-4	4	43	35	114
M1432B	Y132S-4	5.5	68		157
M1332	Y132M-4	7.5	81		214
M1332B	Y160M-4	11	123		134

M1432A 万能外圆磨床总布局如图 5-2 所示。万能外圆磨床典型加工示意图如图 5-3 所示。

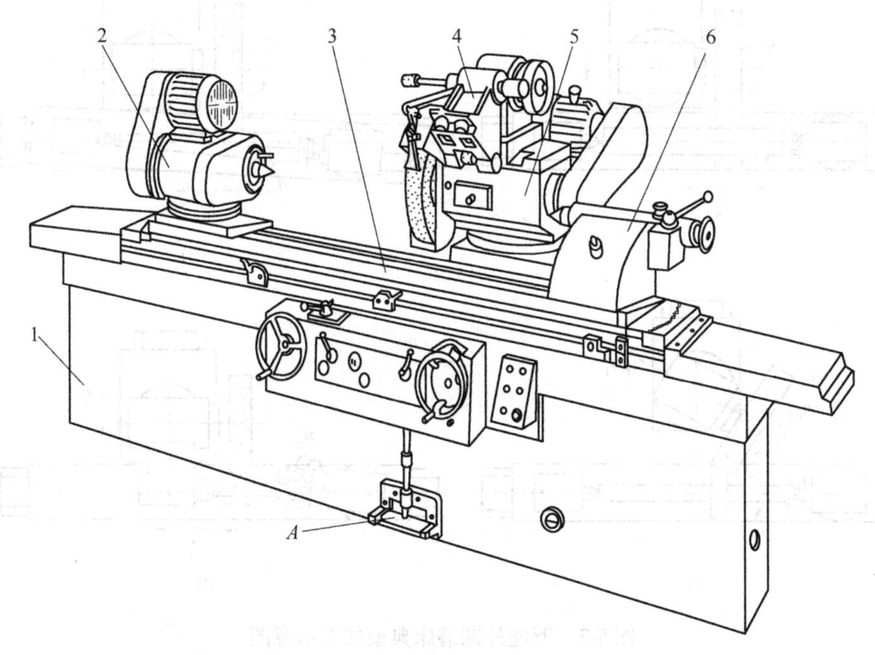

图 5-2　M1432A 万能外圆磨床总布局

1—床身　2—头架　3—工作台　4—内圆磨头　5—砂轮架　6—尾座

A—尾座顶尖脚踏操纵板

1）在床身（件 1）上的轴向进给床鞍上装有工作台，工作台面上装有头架（件 2）和尾座（件 6），被加工工件支承在头架顶尖与尾座顶尖之间，头架圆周进给传动链经传动销、鸡心夹头带动工件旋转实现圆周进给运动。由于轴向进给导轨副采用压力油润滑，为使导轨均匀承载、防止润滑油泄漏，V 形与矩形组合的轴向进给导轨副须水平放置，即 V 形导轨的对称线为铅垂线。为使头架和尾座与工作台间的固定连接可靠，防止磨屑、切削液落在导轨上产生热变形，工作台面及头架、尾座底面向后下方倾斜。工作台及安装在其上的零部件相对于轴向进给床鞍的对称中心旋转一定角度时，工件轴线相对于轴向进给轨迹倾斜，砂轮轴线仍与轴向进给轨迹平行，磨削出的工件将是圆锥体。由《机械工程手册》（第2版）机械制造工艺及设备卷（二）P1-37可知，磨削力 $F_c = C_F a_p^{0.6}(v_w f_a)^{0.7} = 2.23 C_F a_p^{0.6} f_a^{0.7} n_w^{0.7} d_w^{0.7}$，对系数 C_F，淬火钢 $C_F = 22$，未淬火钢 $C_F = 21$，磨削深度 a_p、轴向进给量 f_a、工件转速 n_w 一定，工件直径 d_w 越大，磨削力 F_c 越大，施加给工件的扭转力矩 $F_c d_w/2$ 就越大（与 $d_w^{1.7}$ 成正比）。工作台相对轴向进给床鞍的对称中心顺时针旋转（俯视旋向）时，磨削出的锥体小端靠近头架，锥体从左到右直径线性增大，这样磨削锥体大端尺寸时，砂轮施加给工件的扭转力矩 $F_c d_w/2$ 最大，且扭转长度（锥体大端到鸡心夹头的距离）最长，扭转变形大，故工作台相对轴向进给床鞍的对称中心顺时针旋转角度应小些。M1432A×10、M1432A×15、M1432A×20 万能外圆磨床工作台顺时针旋转角皆为3°，逆时针旋转角度分别是7°、6°、5°，这样 M1432A×10 可磨削锥角不大于14°的长锥体外表面。在工作台尾部（安装尾座的一端）装有活动标尺，轴向进给床鞍上装有固定标尺，以方便工作台的旋转，并提高旋转精度。M1332B 普通外圆磨床工作台也可顺时针旋转角度为3°，逆时针旋转角度为7°。

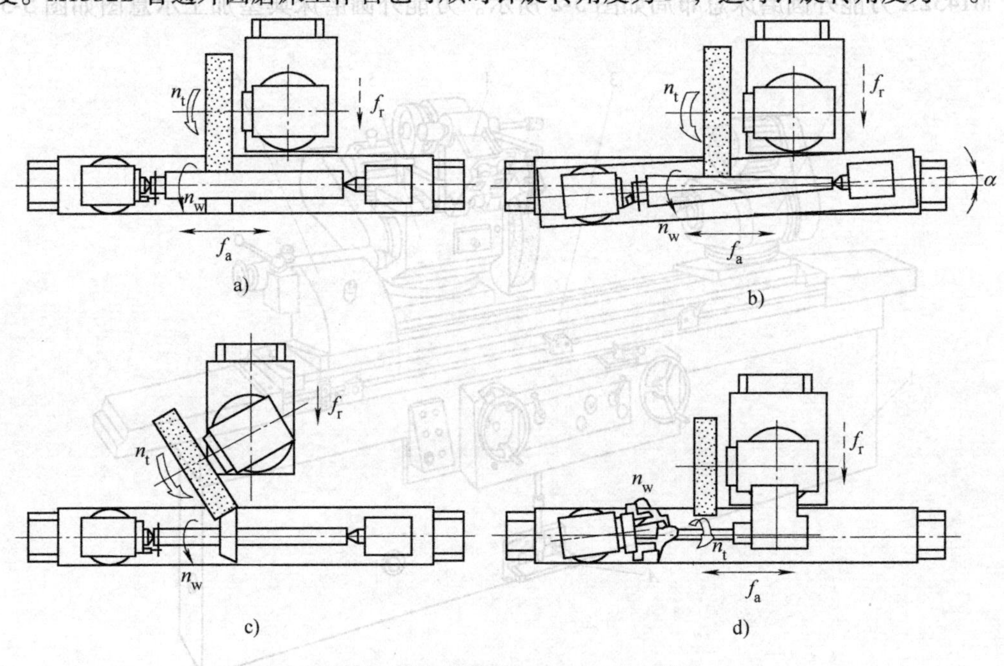

图5-3 万能外圆磨床典型加工示意图

a）纵磨法磨削外圆柱面 b）纵磨法磨削小锥度轴向尺寸大的锥体

c）切入法磨削大锥度锥体母线长度小于砂轮宽度的锥体 d）纵磨法磨削内锥孔

2）万能外圆磨床工作台上的头架单独旋转一定角度，可利用自定心卡盘夹持工件，磨削锥角较大的锥体。头架在水平面内顺时针（俯视旋向）旋转时，工件的定位夹紧部位为锥体小端，截面最小，随悬伸长度 l 的增大，磨削的锥体直径逐渐增大，磨削力、背向磨削力逐渐增大，磨削力、背向磨削力作用于卡爪夹持端部的弯曲力矩 $M = l\sqrt{F_c^2 + F_P^2}$，导致工件截面最小部位承受的弯矩最大，工件弯曲变形大；磨削锥体大端尺寸时磨削力最大导致扭转力矩大，且扭转长度大，工件扭转变形大；故万能外圆磨床只在水平面内逆时针旋转，从而可利用头架主轴上的自定心卡盘夹持工件大端，磨削锥角大的锥体。M1432A 万能外圆磨床头架在水平面内可逆时针旋转 90°。M1332B 普通外圆磨床头架不能旋转。

3）砂轮旋转实现磨削运动。万能外圆磨床的砂轮架（件 5）可在水平面内旋转一定角度。M1432A ×10 万能外圆磨床的砂轮架可旋转 ±30°，从而可采用双顶尖支承工件，磨削锥体母线长度小于砂轮宽度、锥角不大于 74°（工作台逆时针旋转 7°）的锥体。由于砂轮架旋转磨削锥体时没有轴向进给运动，故万能外圆磨床砂轮架双向旋转的角度相等。M1332B 普通外圆磨床砂轮架不能旋转，因而砂轮架刚度高。

4）万能外圆磨床具有内圆磨头（件 4），由独立的电动机驱动，可磨削尺寸较大的圆柱孔或圆锥孔。

5）万能外圆磨床砂轮架结构可在水平面内旋转，因而刚度比普通外圆磨床低。规格相同的磨床，万能外圆磨床的主电动机功率较小，砂轮的直径、宽度也小。M1332B 普通外圆磨床主电动机功率为 11kW，砂轮尺寸 ϕ600mm ×75mm，砂轮转速 1100r/min，磨削速度 35m/s；M1432A 万能外圆磨床主电动机功率仅为 4kW，砂轮尺寸 ϕ400mm ×50mm，砂轮转速 1670r/min，磨削速度 35m/s。显然，普通外圆磨床的磨削效率较高，因而普通外圆磨床适合于大、中批量生产模式，万能外圆磨床适合于单件、小批量生产的机械制造行业。

三、M1432A 万能外圆磨床的运动及结构

（一）M1432A 万能外圆磨床的主运动传动链

1. M1432A 万能外圆磨床外圆磨削主运动传动链

M1432A 万能外圆磨床外圆磨削主电动机型号为 Y112M-4，额定功率 4kW（M1432B 万能外圆磨床主电动机型号 Y132S-4，额定功率 5.5kW），额定转速 1440r/min，运动经 V 带（传动比 130/112）直接传递到砂轮主轴，传动链短，转速恒定，运动平稳，砂轮的转速 n_s 为

$$n_s = 1440 \times \frac{130}{112} \text{r/min} \approx 1670 \text{r/min}$$

M1432A 万能外圆磨床采用的砂轮尺寸为 ϕ400mm，砂轮线速度 v_s 为

$$v_s = \frac{\pi n_s \times 0.4}{60} \text{m/s} \approx 35 \text{m/s}$$

M1432A 万能外圆磨床砂轮架结构如图 5-4 所示。砂轮主轴（件 3）的前后支承均采用短三瓦动压轴承，每个轴承由均布在圆周上的三块轴瓦（件 11）组成，轴承的宽度（轴向长度）与直径之比为 0.75（宽径比），故称为短三瓦。每块轴瓦所夹的圆心角为 60°，轴瓦支承在球头螺钉（件 12）的球面上，且球头螺钉支承中心与扇形轴瓦对称面上的弧长中点不重合，即球头螺钉轴线将扇形轴瓦弧长分为 l_1、l_2 两段，$l_1 \approx 1.5 l_2$。动压轴承工作在油液中，当主轴以 $l_1 l_2$ 旋向高速旋转时，吸附在主轴圆柱表面的油液就会带入轴瓦与主轴间缝隙中，由于 l_1 侧轴瓦的弧长较大，因而 l_1 侧轴瓦油膜总面积大于 l_2 侧，在压力差的作用下，扇形轴瓦绕球头螺钉球面微量摆动，致使 l_1 侧间隙增大，压强减小，而 l_2 侧间隙减小，压强增大，间隙比为 2.2 时，l_1、l_2 两侧轴瓦油膜压力相等，轴瓦停止摆动；油液从宽敞处向狭窄处流动形成动压油楔，将主轴悬浮支承于短三瓦轴承中心。球头螺钉的另一端有十字

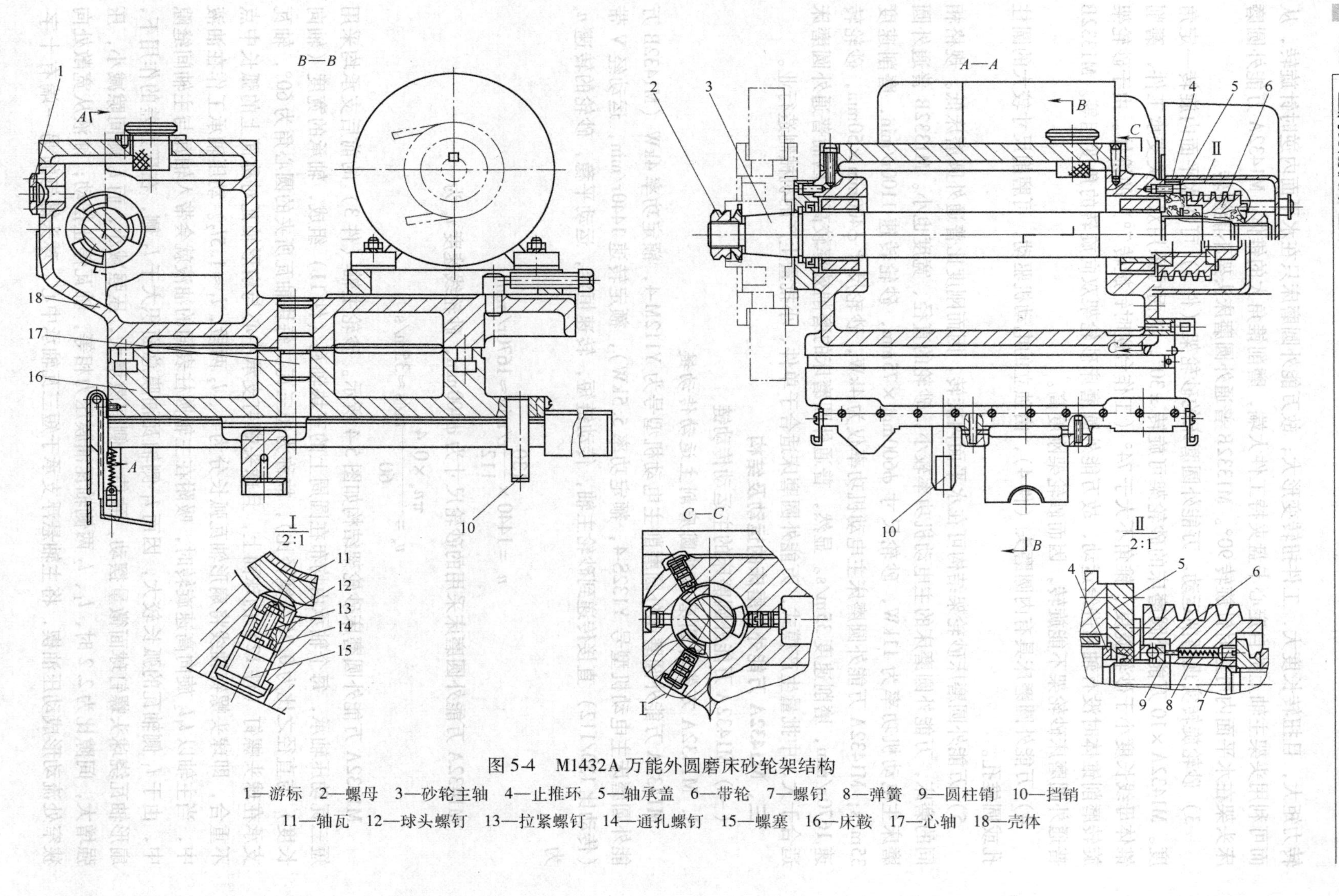

图5-4 M1432A万能外圆磨床砂轮架结构

1—游标 2—螺母 3—砂轮主轴 4—止推环 5—轴承盖 6—带轮 7—螺钉 8—弹簧 9—圆柱销 10—挡销 11—轴瓦 12—球头螺钉 13—拉紧螺钉 14—通孔螺钉 15—螺塞 16—床鞍 17—心轴 18—壳体

槽，旋转球头螺钉，可调整轴瓦与主轴间的间隙，通常动压轴承间隙为0.01～0.02mm。间隙调整完毕后，用通孔螺钉（件14）和拉紧螺钉（件13）锁紧，以防止球头螺钉松动改变轴承间隙。轴瓦除径向微量摆动外，还能轴向微量摆动，以消除边缘压力，故轴瓦的支承螺钉为球头螺钉，接触的球面须配对研磨，实际接触面积须大于80%，以保证接触刚度。

在轴颈尺寸一定的情况下，动压轴承的承载性能取决于轴瓦的填充系数（轴瓦的总包角与周角的比值）和宽径比。由于磨床属轻载负荷，且背向磨削力大，磨削力的反力与砂轮组件的重力相反，故M1432A万能外圆磨床砂轮主轴采用短三瓦动压轴承（通常称为可倾轴瓦径向轴承），且背向磨削力与其中一个轴瓦球头螺钉的轴线重合。但短三瓦动压轴承安装较复杂，须辅助定位螺钉，轴瓦垂直载荷承载面积为水平载荷的$\sqrt{3}/2$。为便于装配，M1432B万能外圆磨床采用短四瓦动压轴承，四方向承受载荷相等。

砂轮主轴的轴向定位如图5-4中A—A视图所示。向右的轴向力通过主轴右端轴肩作用在装入轴承盖（件5）中的止推环（件4）上，向左的轴向力则由固定在主轴右端的带轮（件6）中的螺钉（件7），经弹簧（件8）、圆柱销（件9）及推力轴承，最后传递到轴承盖上。弹簧的作用是给推力轴承预加负荷，并在止推环磨损后自动补偿，消除止推滑动轴承的间隙。

砂轮的线速度较高，为使砂轮转动平稳，砂轮组件须进行静平衡。为防止砂轮碎裂飞溅酿成人员伤亡和设备损坏事故，砂轮须设置防护罩。另外，床鞍（件16）上须设置保护罩，防止磨屑和切削液进入横向进给导轨副产生磨粒磨损。

砂轮架壳体（件18）采用T形螺栓紧固在床鞍上，砂轮架可绕床鞍上的心轴（件17）旋转±30°。床鞍上加工有V形和平面组合导轨，磨削时，床鞍带动砂轮架沿床身垫板上的滚动导轨（图5-4中未示出）移动，实现径向进给运动。

2. M1432A万能外圆磨床内圆磨削主运动传动链

利用内圆磨具磨削内圆时，电动机（M1432A万能外圆磨床内圆磨具电动机为Y802-2，额定转速2830r/min，额定功率1.1kW）产生的运动和转矩，经高速平带直接传递到内圆磨具的砂轮主轴。更换带轮直径使砂轮主轴获得10000r/min、15000r/min两种转速。

M1432B万能外圆内圆磨具采用130SZKX-08J型（或130YZD-04J型）稀土永磁直流电动机，额定功率1.2kW，采用双电压驱动，可不用更换带轮就能获得10000r/min、15000r/min两种转速，且功率因数高。

M1432A万能外圆磨床内圆磨具结构简图如图5-5所示。由于内圆磨具的砂轮主轴套筒直径较小，为保证砂轮主轴支承刚度，砂轮主轴采用四套7206C/P5型角接触球轴承支承，四套轴承分为两组，每组中的两套轴承同向安装（串联），配置代号DT。为增加同组轴承的支承刚度，两轴承间用隔套隔开。为保证同组轴承的预紧力相等，内、外圈隔套须同时磨削端面。两组轴承背对背安装，配置代号DB，两组轴承间有两个轴承外圈隔套，前轴承外圈隔套（件2）由定位螺钉固定，形成内孔挡肩，前轴承外圈利用内孔挡肩轴向定位。两轴承外圈隔套之间有八个预紧弹簧（件3），且八个弹簧长度相等（同时磨削端面），当两组轴承内圈由主轴轴肩、隔套、螺母紧固时，这八个弹簧提供预紧力。为使两组轴承的预紧力相等，内圆磨具主轴装配后方可将前轴承外圈隔套轴向固定。预紧力由设计者决定，一般不作调整，所以这种预紧方式称为“定压”预紧。也可用一个直径较大、两端磨平的弹簧代替。由于磨削时轴向负荷较小，且磨削内孔时砂轮直径小，转速高，轴向力方向由前向后，故主轴支承采用接触角较小的 P5 级精度的轻宽系列球轴承支承，并前端轴向定位。另外，内圆磨具的轴承采用高速锂基润滑脂润滑，装配时将润滑脂填充在轴承滚动体之间，工作期间不再充注润滑脂。

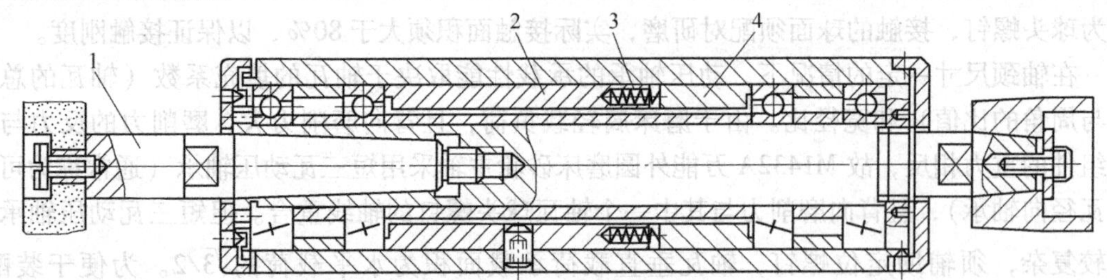

图 5-5　M1432A 万能外圆磨床内圆磨具结构简图

1—内圆磨具砂轮轴　2—前轴承外圈隔套　3—预紧弹簧　4—轴承外圈隔套

M1432A 万能外圆磨床内圆磨具支架结构简图如图 5-6 所示。万能外圆磨床的基本功能是磨削外圆柱面，为简化结构，避免重复设置径向进给等机构，内圆磨具支架固定在砂轮架上，如图 5-2 所示。内圆磨具安装在支架管孔中，磨具支架的另一端安装内圆磨具的驱动电动机，高速平带将两者连接形成内圆磨削传动链。由于共用径向进给机构，磨削内圆柱面时砂轮与靠近操纵者的孔壁接触形成磨削区（面对头架看，磨削区为孔壁左侧）。磨削内圆柱表面时，砂轮直径受工件孔径的限制，通常砂轮直径与工件孔径的比值 $k=0.5\sim0.9$，内圆柱直径小时，磨削速度低，k 取大值，否则 k 取小值，这样内圆磨具的砂轮主轴轴线与工件旋转轴线的偏心距 $e=D(1-k)/2$，其中 D 为磨削的孔径。若 M1432A 万能外圆磨床磨削最大孔径，$k_{\min}=0.5$，则 $e_{\max}=25\text{mm}$。外圆磨削砂轮主轴、内圆磨具主轴、工件旋转轴线在同一个水平面中，并与轴向进给轨迹平面平行。为防止磨削内圆柱（圆锥）面时，外圆磨削砂轮与工件干涉，外圆磨削砂轮主轴与内圆磨削砂轮主轴轴距须大于 385mm（最大工件半径——主参数的 1/2、外圆磨削砂轮半径、$e_{\max}$之和），内圆磨削砂轮侧面至内圆磨具套筒端面的距离不小于 125mm（内圆柱面磨削最大深度）。由于内圆磨削砂轮轴（有的称为内圆砂轮轴接杆）为悬臂安装，为提高磨削不同孔深的砂轮轴刚度，M1432A 万能外圆磨床共有六套不同长度的砂轮轴供选择，尽量减少砂轮轴长度。为防止磨削外圆时内圆磨具与工件干涉，内圆磨具支架分成内圆磨具电动机座和内圆磨具支架体两部分，用心轴铰接在一起，内圆磨具支架体可相对于内圆磨具电动机座转动。为使内圆磨具定位准确，将内圆磨具支架体做成扇形，磨削内圆柱（圆锥）面时，内圆磨具支架翻转下，扇形支架体的一直边与外圆砂轮架体接触而定位，且铰接心轴轴

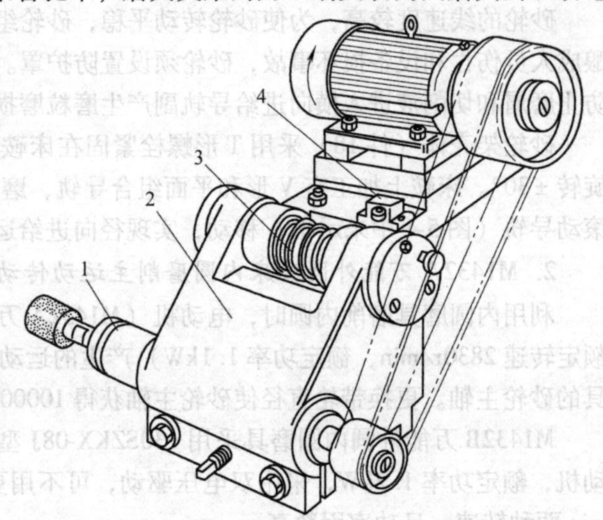

图 5-6　M1432A 万能外圆磨床内圆磨具支架结构简图

1—内圆磨具　2—内圆磨具扇形支架　3—铰接轴　4—限位挡铁

线不在高速平带的两带轮轴心连线上，以确保传动稳定。磨削外圆柱面时，卸下平带，将内圆磨具支架体收起，在内圆磨具电动机座上设限位块，扇形支架体的另一直边限定内圆磨具位置，确保内圆磨削砂轮表面至工件轴线的距离大于160mm、高度方向高于头架体。另外，可通过调整内圆磨具电动机位置，调整平带松紧度。

在限位块上设有行程开关（图5-6中未示出），利用行程开关的动合、动断触点实现内圆磨具电动机和外圆磨削砂轮主轴电动机的电气互锁，保证两者不能同时工作，且只有当内圆磨具翻到工作位置，内圆磨具电动机才能起动。内圆磨具翻到工作位置时，电磁铁动作锁住快动阀阀芯（参见图5-9），砂轮架不能快速径向移动。但内圆磨具电动机起动后，可起动切削液泵电动机，利用切削液冷却工件磨削区域。

（二）M1432A万能外圆磨床的圆周进给传动链

M1432A万能外圆磨床头架主轴为外圆磨床圆周进给链的执行件。由于磨床的圆周进给速度 v_w 较低（一般 $v_w = 5 \sim 30$m/min），由圆周进给链驱动电动机［型号YD100L-8/4，额定转速（700r/min）/(1410r/min)］产生的运动和转矩，经塔式带轮变速和两级V带减速至头架主轴。为减小头架结构尺寸，从动塔式带轮支承在管轴上，管轴端法兰盘兼为头架主轴的轴承透盖，塔式带轮上的运动和转矩经两级定比减速后又绕回头架主轴。

M1432A万能外圆磨床圆周进给链的传动路线表达式为

$$\begin{matrix}\text{电动机} \\ (700\text{r/min})/(1410\text{r/min})\end{matrix} — \left\{\begin{matrix}49/165 \\ 112/110 \\ 131/91\end{matrix}\right\} \frac{61}{183} \frac{69}{178} — \text{头架主轴}$$

M1432A万能外圆磨床头架主轴的转速数列见表5-4。

表5-4　M1432A万能外圆磨床头架主轴的转速数列

电动机转速/(r/min)	700	1410	700		1410	
塔轮传动比	49/165		112/110	131/91	112/110	131/91
头架主轴转速/(r/min)	27	54	92	130	185	270

由于双速电动机转速级比为2，塔轮较高的两级转速的比值为 $\frac{131}{91} \times \frac{110}{112} \approx 1.414$，头架主轴较高的4级转速数列为等比数列，公比为1.41；塔轮较低的两级转速的比值为 $\frac{112}{110} \times \frac{165}{49} \approx 1.41^{3.55}$，头架主轴较低的2级转速都是塔轮最小传动比产生的，最低的两级转速间的比值为2，第3、2级转速间的比值为 $1.41^{3.55}/2 \approx 1.71$。故称该类传动链为非对称混合公比传动链。

M1432A万能外圆磨床圆周进给传动链塔轮传动比为112/110，圆周进给速度为30m/min，磨削工件的最大直径为

$$d_{92\max} = \frac{1000 v_{w\max}}{n_{w3}\pi} = \frac{30 \times 1000}{92\pi}\text{mm} = 104\text{mm}$$

即磨削的工件直径 >104mm 时，须采用塔轮最小传动比。利用塔轮最小传动比可磨削工件的最小直径为

$$d_{54\min}=\frac{1000v_{\mathrm{wmin}}}{n_{\mathrm{w2}}\pi}=\frac{5\times1000}{54\pi}\mathrm{mm}=30\mathrm{mm}$$

即利用塔轮最小传动比可磨削直径≥30mm的工件。塔轮最小传动比可磨削的工件直径范围大，对于单件小批量生产，可减少塔轮传动比的调整时间，提高加工效率。故V带一般处于塔轮最小传动比位置。只有磨削批量较大、直径<106mm的工件时，才利用塔轮其他传动比，以获得最佳圆周进给速度。

M1432A万能外圆磨床头架结构如图5-7所示。头架主轴（件10）支承在四套7012AC/P5型角接触球轴承上，四套轴承分为两组，每组中的两套轴承配置代号DT，两组轴承配置代号DB，修磨轴承隔套（件4、5、9）可实现轴承预紧。头架上的塔轮由两套6006型轴承支承在管轴上，管轴端部的法兰盘为头架主轴后支承透盖。同样，圆周进给传动链末端输出带轮也由两套61824型轴承支承在头架壳体上，使头架主轴组件只承受磨削力和工件形成的重力。V形塔轮轴承座上有螺孔，转动螺杆（件1），使螺杆端面顶紧摩擦环（件2），空心头架主轴被固定不动，插入空心主轴锥孔中的顶尖便不能转动，圆周进给运动经拨盘（件8）、鸡心夹头带动工件旋转，可消除顶尖与头架主轴同轴度误差的影响，提高圆周进给链的旋转精度，由于在恒功率传动系统中，转速越低需传递的转矩越大，故圆周进给链的最后定比传动副采用两根V带；中间传动轴安装于偏心套筒（件11）中，旋转偏心套筒可涨紧V带。当磨削工件内圆柱表面或轴向尺寸较小的工件时，将法兰盘（件12）的锥柄插入主轴锥孔中，并通过头架空心主轴中的拉杆拉紧法兰盘，保证法兰盘的锥柄准确定位。在法兰盘上安装自定心卡盘。圆周进给运动经传动销带动法兰盘、卡盘旋转，如图5-7b所示。当需修磨自身的顶尖时，首先将螺杆（件1）松开，使头架空心主轴能相对于塔轮轴承座自由转动；其次，用连接板（件6）将带轮和头架空心主轴连接在一起，圆周进给运动经传动销带动连接板、空心主轴、顶尖转动，如图5-7c所示；最后，头架绕头架底座（件14）中的心轴（件13）逆时针旋转30°或砂轮架顺时针旋转30°。由于自定心卡盘经连接盘由顶尖锥孔定位，传动销仅经拨盘或连接盘带动工件和卡盘旋转，磨削的特点之一是多微刃同时磨削，瞬时切削力远大于零，传动销可与拨盘或连接盘有一定初始间隙，在加工时将自动消除，故圆周进给链的末端输出带轮由0级精度轴承支承。

当圆周进给运动由拨盘和鸡心夹头传递到工件时，须采用双顶尖支承工件。为提高定位精度，双顶尖皆固定不动，通常称为“死顶尖”。为减少工件与顶尖间的摩擦，安装工件时，在顶尖上涂抹润滑脂。M1432A万能外圆磨床尾座结构如图5-8所示。后顶尖安装于尾座套筒（件3）的莫氏锥孔中，为防止顶尖与工件中心孔的接触压力过大，套筒中安装预紧弹簧（件2），通过调整螺杆、螺母（件14、件12）可调整工件中心孔与顶尖的接触压力，同时弹簧与套筒、调整螺母间形成的摩擦力矩确保顶尖不能旋转。

为了在批量磨削工件时快速安装工件，后顶尖设置了手动、液压两种顶尖退回功能。

1）上转臂（件1）插入套筒孔中，顺时针（俯视）扳动手柄（件8）40°，使顶尖退回；松开手柄，在弹簧作用下，顶尖伸出、手柄回位。

2）尾座中设置液压缸，在弹簧作用下，下转臂（件5）与活塞杆保持接触，当液压缸左腔进入压力油时，活塞杆推动下转臂顺时针摆动，转臂套筒（件10）带动上转臂同步摆动，使顶尖退回；当液压缸左腔接通回油时，在弹簧作用下，顶尖伸出，上、下转臂反转，活塞杆回位。顶尖液压退回是由尾座顶尖脚踏操纵板A（参见图5-2）控制的。当然，只有

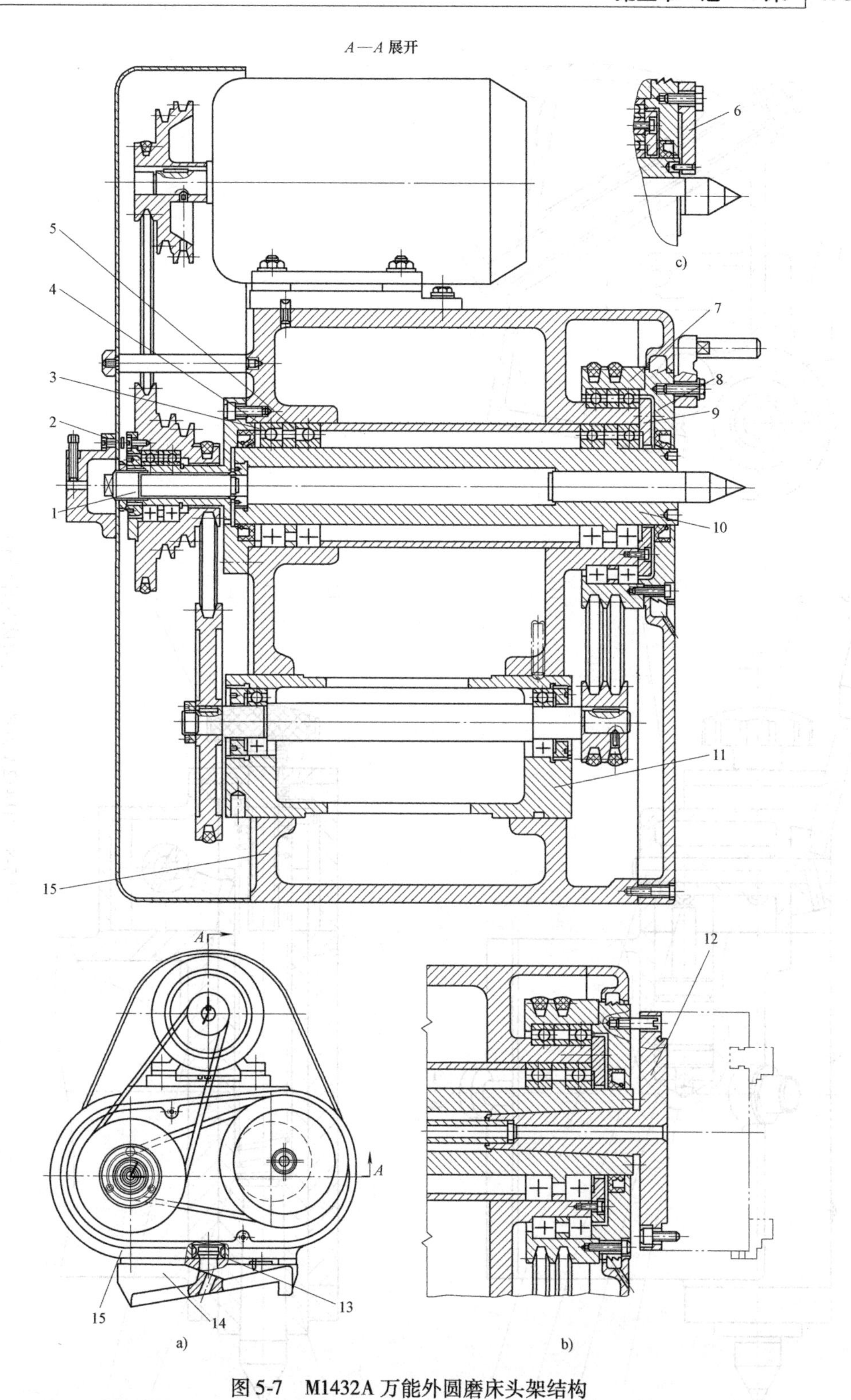

图 5-7 M1432A 万能外圆磨床头架结构

1—螺杆 2—摩擦环 3—垫圈 4、5、9—轴承隔套 6—连接板 7—带轮 8—拨盘 10—头架主轴 11—偏心套筒 12—法兰盘 13—心轴 14—底座 15—头架壳体

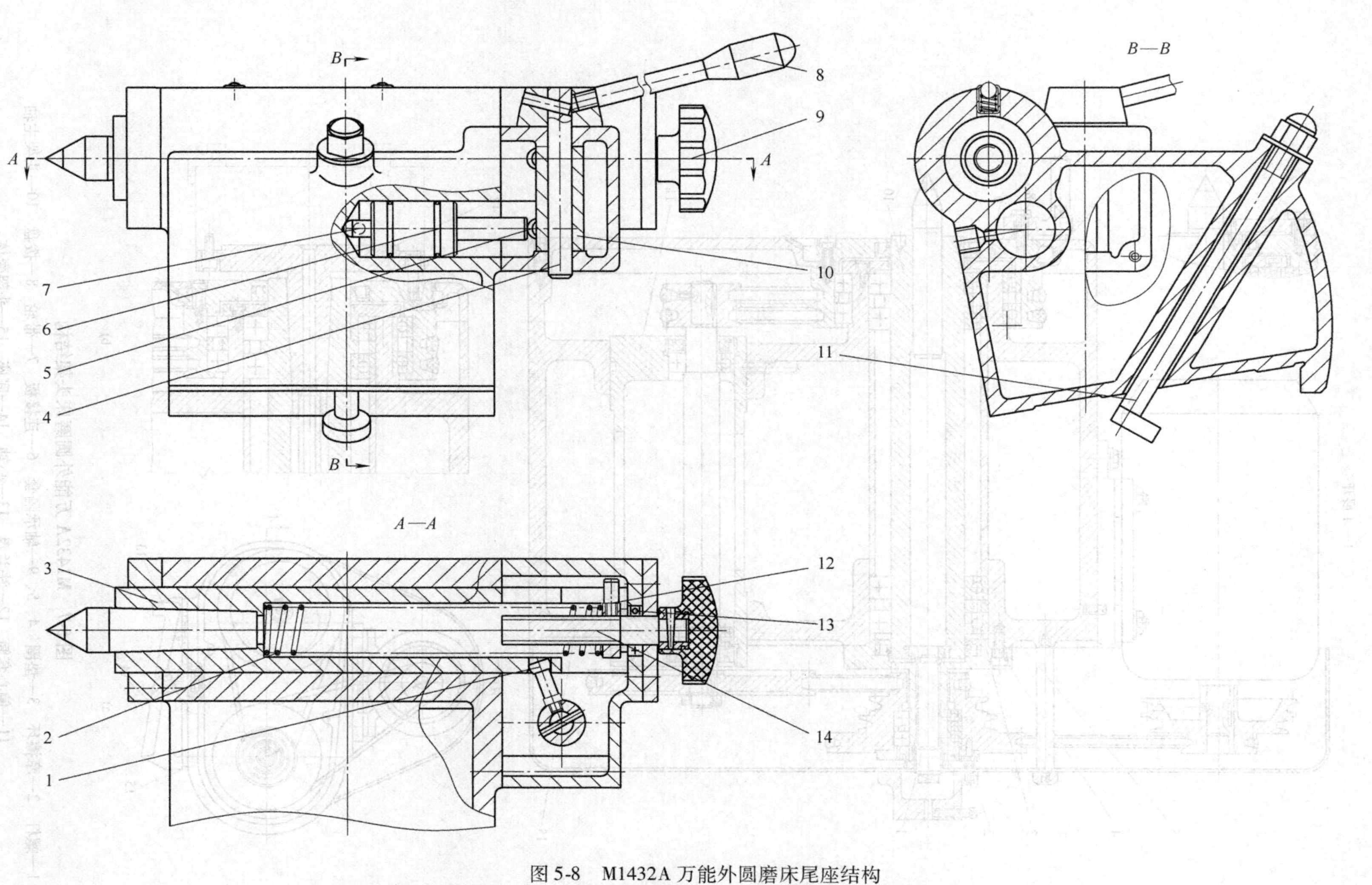

图 5-8　M1432A 万能外圆磨床尾座结构

1—上转臂　2—预紧弹簧　3—尾座套筒　4—手柄轴　5—下转臂　6—活塞　7—液压缸体　8—手柄　9—星形把手
10—转臂套筒　11—螺栓　12—调整螺母　13—推力球轴承　14—调整螺杆

在砂轮快速退离工件后且快动缸有杆腔维持通压力油时，踩下操纵板，接通尾座阀、尾座液压缸左腔，才可使顶尖快速退回；一旦砂轮架快动阀回位，踩下操纵板，顶尖也不会退回，如图5-9所示。这样可避免误操作酿成事故。另外，尾座上还设置有砂轮修整器（俗称“金刚笔”），图5-8中未示出。

（三）M1432A万能外圆磨床的轴向进给传动链

M1432A万能外圆磨床的轴向进给速度为$f_a = 0.1 \sim 4\text{m/min}$。若由机械传动链实现M1432A万能外圆磨床轴向进给运动，执行件为齿轮齿条副或滚珠丝杠螺母副。该传动链的执行件若为齿轮齿条（模数$m = 2.5\text{mm}$）副、齿轮齿数$z = 14$，则齿轮的转速为0.91～36r/min，磨床轴向进给运动为外联系传动链，采用六极电动机（额定转速为910r/min）作动力源时，传动链的最小传动比（各级传动最小传动比乘积）为

$$i_{\min} = \frac{0.91}{910} = \frac{1}{1000}$$

由于进给系统中一对传动副的最小传动比为1/5，因此$i_{\min}$须五级传动串联，传动链长、传动精度低、变速范围为40的变速机构产生的轴向进给速度为等比数列进给，且机械离合器换向机构复杂。该传动链的执行件若为滚珠丝杠螺母副、丝杠型号FFZD4010，则丝杠转速范围为10～400r/min，传动链的最小传动比为

$$i_{\min} = \frac{10}{910} = \frac{1}{91}$$

$i_{\min}$须三级传动串联，变速范围为40的变速机构需三个变速组，传动链比齿轮齿条副为执行件时少两级传动，但只能采用电动机换向才能实现往复轴向进给。采用液压传动，执行件为液压缸，节流阀背压调速，行程挡铁控制带有先导阀的液控换向阀自动换向，传动环节少，运动平稳，且为无级变速。

M1432A万能外圆磨床的轴向进给传动链如图5-9所示。

M1432A万能外圆磨床轴向进给液压缸缸体固定于工作台下面，双活塞杆固定于床身上，这样液压缸左腔通入高压油，液压缸缸体带动工作台向左运动。由于磨床工作台不论是向左运动还是向右运动都是工作进给，故工作台驱动液压缸双活塞杆的直径相等，使向左、向右的运动速度相等。

M1432A万能外圆磨床工作台自动换向过程如下：

1）当液压缸左腔通入压力油、工作台向左移动、固定于工作台上的挡块推动拨杆使二位七通先导阀阀芯右移时，先导阀阀芯的左制动锥使液压缸右腔回油油路的截面积逐渐关小，回油阻力增大、流量减小，工作台减速，这一过程称为预制动。先导阀阀芯右移越过中位，控制压力油道接通，控制压力油经先导阀左端控制压力油口a_1流入液控换向阀左控制油腔，如图5-10所示。同时，控制压力油经油口a_1或a_2为循环径向进给提供动力。

2）控制压力油经先导阀左腔、油口a_1、单向阀I_1、换向阀左控制油腔推动阀芯右移，二位六通液控换向阀右控制油腔回油经油口d_2、油口a_2、先导阀右油腔回油箱。由于回油经油口d_2直接回油箱，不经节流阀J_2，回油阻力小，换向阀阀芯右移速度较快，但阀芯堵住油口d_2时，回油就只能经节流阀J_2、先导阀油口a_2、先导阀回油箱，回油阻力增大，阀芯右移速度变缓，因而将运动速度快且持续时间短的运动称为快跳，孔d_2称为快跳孔。换向阀阀芯堵住快跳孔时，第一次快跳结束，此时，压力油同时接通液压缸的两腔，液压缸运

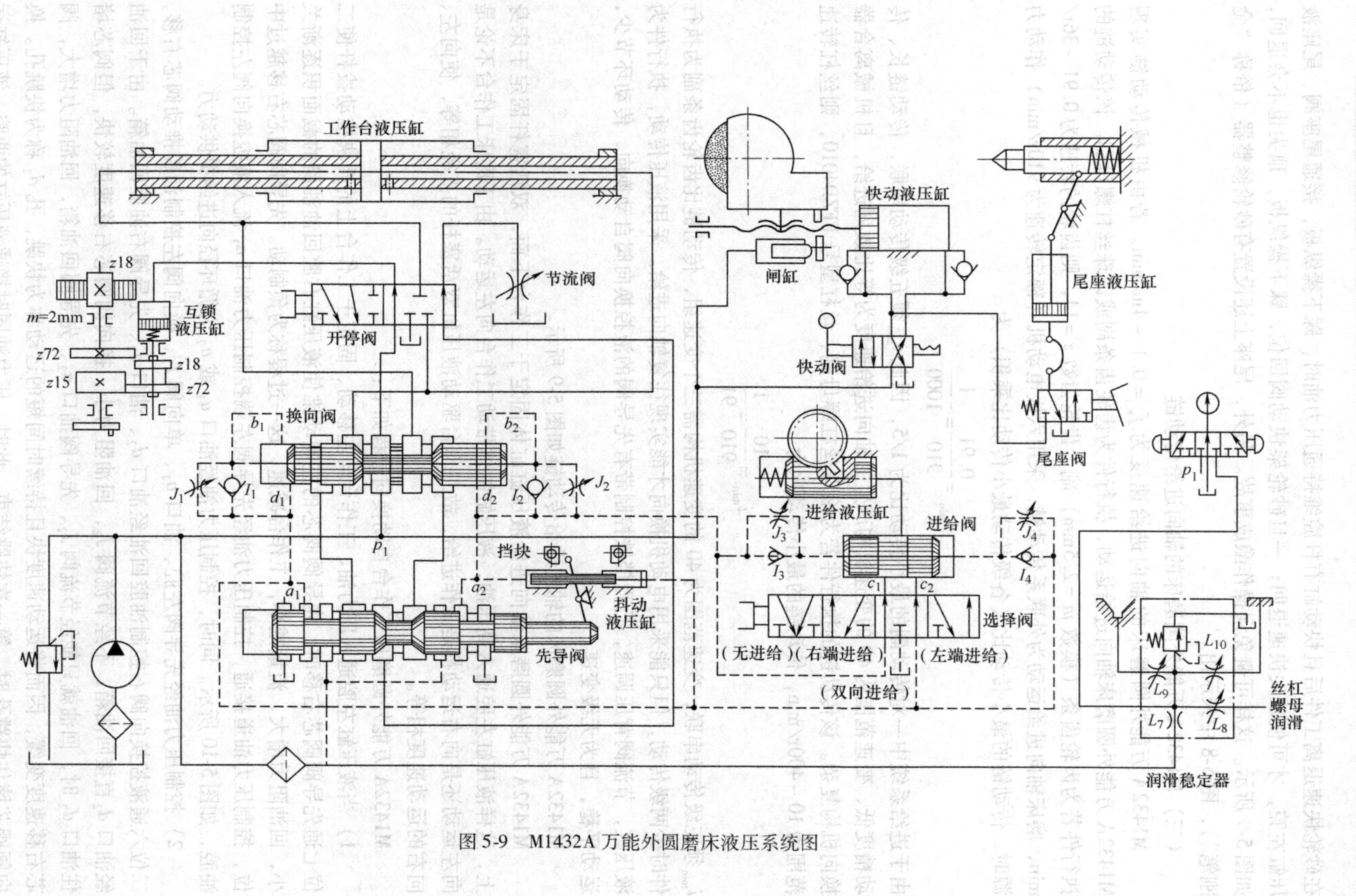

图5-9 M1432A万能外圆磨床液压系统图

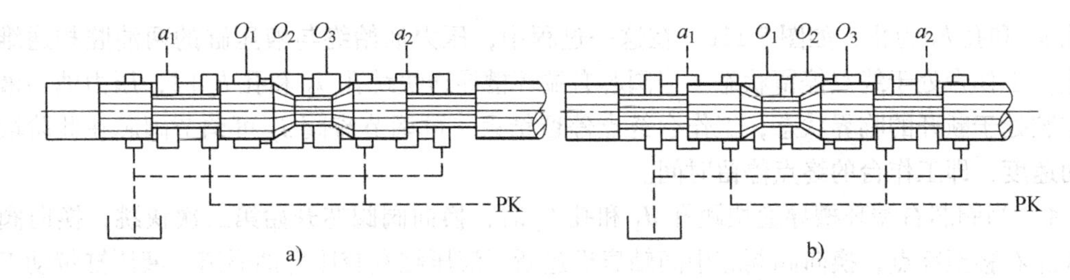

图 5-10　先导阀工作原理

a）阀芯右移时油口状态　b）阀芯左移时油口状态

动停止，如图 5-11b 所示。为使工作台停止后先导阀阀芯到达右端位置，液控压力油经先导阀左控制油腔油口 a_1 至右抖动液压缸，右抖动液压缸柱塞推动拨杆继续使先导阀阀芯右移至右端位置，同时拨杆向左推动左抖动液压缸柱塞，左抖动液压缸回油经油口 a_2、先导阀右控制油腔回油箱。工作台移动很小距离就能使先导阀、液控换向阀换向，工作台能够在很小的行程中往复移动。此时，控制压力油经先导阀油口 a_1 进入径向进给方式选择阀和经节流阀 J_4 进入循环径向进给阀，若径向进给方式选择阀在双向进给位置（图 5-9 中所示位置）或左端进给位置，控制液压油经选择阀油口 c_2、进给阀阀芯的环槽进入进给液压缸，推动带有棘爪的柱塞移动，棘爪推动 200 齿的棘轮转动；控制压力油同时经节流阀 J_4 进入进给阀右腔，推动进给阀芯（工作台向左移动停止时进给阀阀芯在右端位置）缓慢左移，进给阀左腔回油经单向阀 I_3、先导阀油口 a_2 回油箱；当进给阀阀芯完全堵住油口 c_2 时，进给液压缸柱塞左移停止；进给阀阀芯继续左移，阀芯环槽接通油口 c_1 时，进给液压缸柱塞在弹簧作用下退回，进给液压缸右腔回油经进给阀阀芯环槽、油口 c_1、先导阀油口 a_2 回油箱或选择阀回油口（左端或右端进给时）直接回油箱。节流阀 J_4 的作用是调节进给阀阀芯移动速度，控制流入进给液压缸压力油的流量，从而控制进给液压缸柱塞的位移大小。

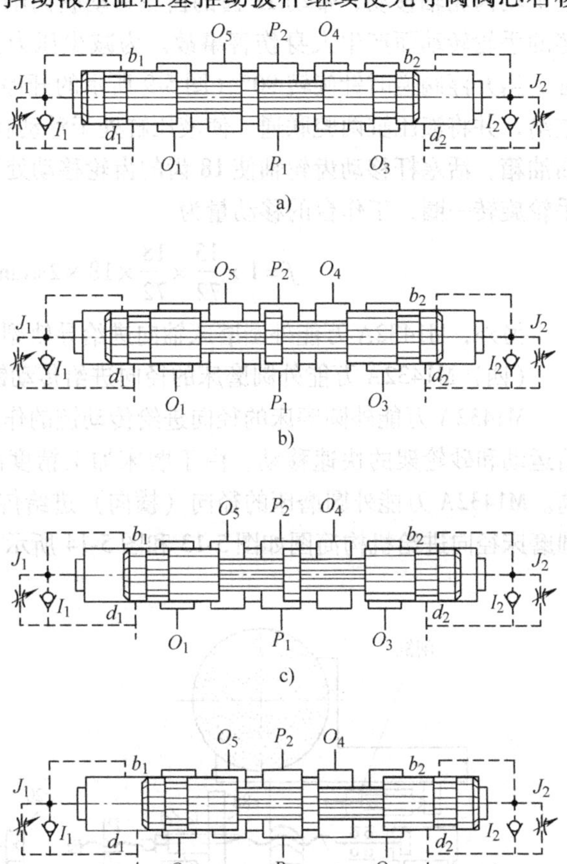

图 5-11　M1432A 万能外圆磨床换向阀工作原理

a）换向阀初始状态　b）换向阀第一次快跳结束　c）工作台左移停止　d）换向阀第二次快跳换向结束

3）第一次快跳结束后，换向阀阀芯继续向右移动，缓慢右移直到阀芯右端环槽导通快

跳孔 d_2 和孔 b_2 为止，如图 5-11c。在这一过程中，压力油始终与液压缸的两油腔相通维持静止，工作台处于终点停留状态。当阀芯右端环槽导通快跳孔 d_2 和孔 b_2 时，压力油与液压缸左腔处于断开的临界状态，工作台终点停留结束。可调节流阀 J_2 可调节阀芯在此阶段的移动速度，即工作台的终点停留时间。

4）当阀芯右端环槽导通快跳孔 d_2 和孔 b_2 时，换向阀阀芯开始第二次快跳，换向阀阀芯快速右移至终点；换向阀阀芯中间轴肩迅速断开液压缸左腔压力油通道，液压缸带动工作台向右移动，液压缸左腔回油经油口 O_4、O_3、先导阀油口 O_3、O_2（图 5-10a）、开停阀、节流阀回油箱。

开停阀的作用是手工驱动或液压驱动工作台的连锁。图 5-9 所示开停阀处于液压驱动工作台往复轴向运动位置，液压驱动工作台往复轴向运动的同时，压力油进入互锁液压缸，活塞推动齿轮轴移动，带动 18 齿的齿轮移动脱离啮合，避免工作台带动人工驱动工作台运动链的手轮转动而产生人身伤害事故。为减少压力损失，压力油不经过开停阀直接进入液压缸。当开停阀逆时针旋转 90°（图 5-9 所示的开停阀阀芯左端位置）时，切断液压驱动轴向进给，并将液压缸两腔联通，使液压缸处于浮动状态，同时在弹簧作用下互锁液压缸的油液回油箱，活塞杆移动齿轮轴使 18 齿的齿轮移动处于啮合位置，转动手轮可驱动工作台移动，手轮旋转一圈，工作台的移动量为

$$f = 1 \times \frac{15}{72} \times \frac{18}{72} \times 18 \times 2\pi\text{mm} = 5.89\text{mm} \approx 6\text{mm}$$

另外，M1432A 万能外圆磨床轴向进给导轨副采用小孔节流润滑，如图 5-9 所示。

（四）M1432A 万能外圆磨床的径向进给传动链

M1432A 万能外圆磨床的径向进给传动链的作用是实现砂轮循环径向进给和手动径向进给运动和砂轮架的快速移动。由于磨床加工精度高，因而，磨床径向进给量小、进给精度高。M1432A 万能外圆磨床的径向（横向）进给传动系统图如图 5-12 所示；M1432A 万能外圆磨床径向进给机构简图如图 5-13 和图 5-14 所示。

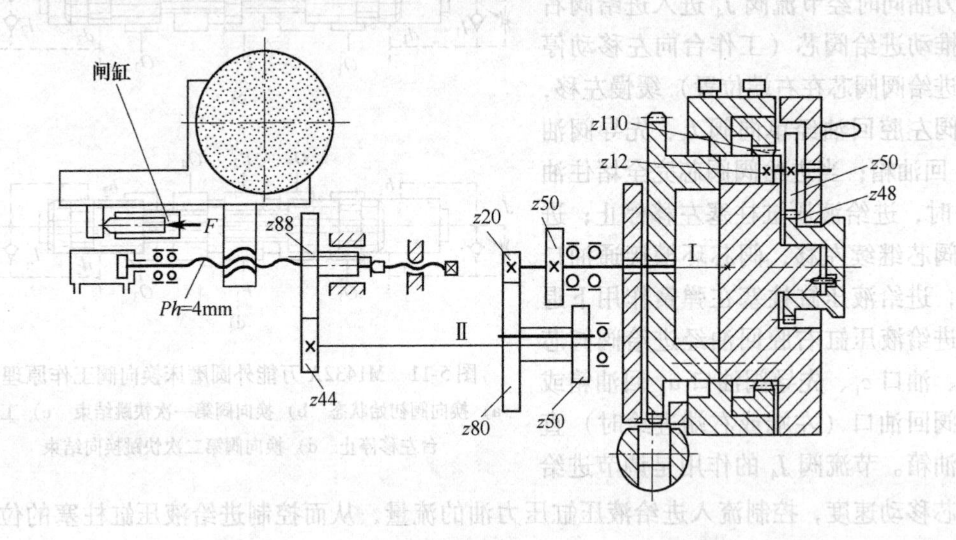

图 5-12　M1432A 万能外圆磨床径向进给传动系统图

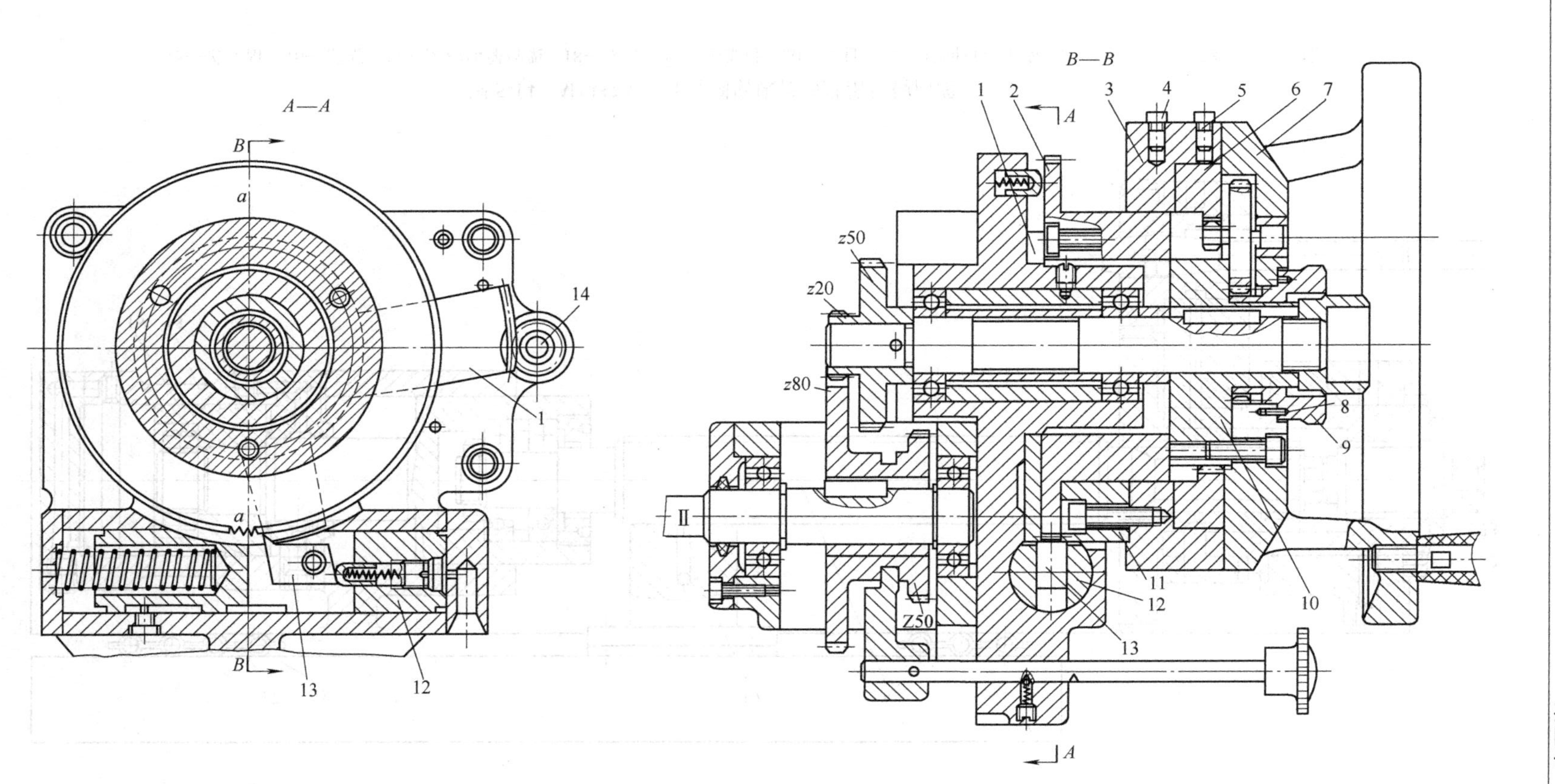

图 5-13 M1432A 万能外圆径向进给机构简图（一）

1—进给量调整板 2—棘轮 3—刻度盘 4—调整挡销 5—紧固螺栓 6—大太阳轮 7—手轮 8—销钉 9—旋钮 10—中间体 11—挡块 12—活塞 13—棘齿 14—齿轮

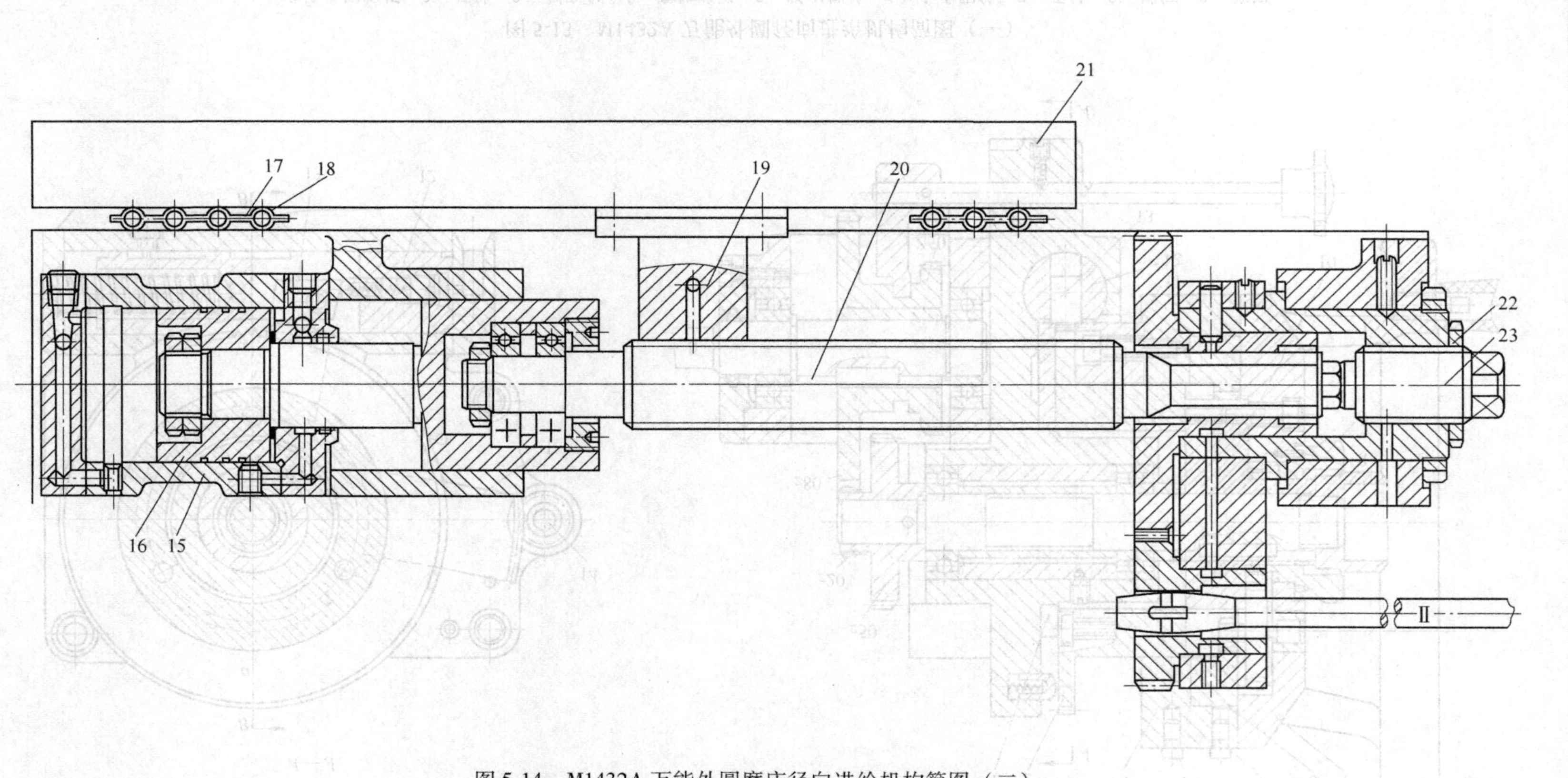

图 5-14　M1432A 万能外圆磨床径向进给机构简图（二）

15—液压缸　16—活塞　17—滚动体保持架　18—滚柱　19—半螺母　20—丝杠　21—径向进给滑鞍　22—锁紧螺母　23—限位螺栓

1. 手动进给传动链

径向进给传动链结构如图 5-13 和图 5-14 所示。手动径向进给的操作件为行星轮机构，手轮（件 7）与中间体（件 10）连接在一起组成行星架，旋钮（件 9）与小太阳轮 z48 连接在一起，行星齿轮为双联齿轮 z50 和 z12，大太阳轮 z100 外圆表面套装均布有 200 道刻线的刻度盘，刻度盘通过紧固螺栓（件 5）连接在一起。旋钮转速 n_x、手轮转速 n_h、刻度盘转速 n_k 之间的关系为

$$\frac{n_k - n_h}{n_x - n_h} = -\frac{48}{50} \times \frac{12}{110}$$

中间体与 I 轴为键联接，当旋钮通过销钉（件 8）与手轮连接在一起，即 $n_x - n_h = 0$ 时，手轮直接带动 I 轴旋转，经双速变速组将运动传递到 II 轴，然后经定比传动驱动丝杠（导程 $Ph = 4\text{mm}$）旋转，半螺母（件 19）带动砂轮架径向进给。手轮顺时针旋转一圈，砂轮架的径向移动量为

$$f_r = 1 \times \begin{Bmatrix} 20/80 \\ 50/50 \end{Bmatrix} \times \frac{44}{88} \times 4\text{mm} = \begin{Bmatrix} 0.5\text{mm} \\ 2\text{mm} \end{Bmatrix}$$

此时，$n_k - n_h = 0$，手轮旋转一圈，刻度盘转动一圈，即 200 道刻线，每格刻线对应的进给量为

$$\frac{f_r}{200} = \begin{Bmatrix} 0.0025\text{mm} \\ 0.01\text{mm} \end{Bmatrix}$$

当 $n_k - n_h = 0$ 时，行星轮、太阳轮皆不转动，因而，手轮旋转方向与刻度盘相同；当 $n_k - n_h \neq 0$ 时，旋钮的旋转方向与刻度盘相反。

2. 批量加工砂轮磨损和修整补偿

磨削一批工件时，首先松开锁紧螺母（件 22），推出限位螺钉（件 23），对首件工件进行试磨，达到尺寸要求后，松开紧固螺栓（件 5），将调整挡销（件 4）调整到手轮旋转中心上方恰好处于铅垂线 $a-a$ 上，然后拧紧紧固螺栓，使刻度盘的位置固定。将手轮反转，刻度盘反转过的刻线数与进给量对应，砂轮退离工件的距离就是进给量的大小。然后，拧紧限位螺栓、锁紧螺母，确定快速移动终了位置。这样，扳动快进阀，使压力油进入快进液压缸右腔，快速液压缸活塞推动丝杠左移至限位螺栓停止，快速阀维持快进状态。开停阀顺时针旋转 90°，砂轮开始工作进给，在磨削过程中，只要挡销与固定在床身前罩上的定位爪相碰时，停止径向进给，工件无火花磨削完成后，就可获得需要的工件尺寸。

砂轮磨损和修整后直径变小，若挡销固定位置不变，则导致工件的磨削直径变大。必须在无径向进给的前提下，增加挡销与定位爪间距离，即刻度盘逆时针转动一定角度，进行砂轮磨损补偿，增大径向进给量。旋钮与手轮接触的圆环面上均布 21 个孔，与孔配合的销钉（件 8）固定在手轮上，当拔出旋钮，手轮固定不动，旋钮相对手轮沿径向进给方向旋转一个孔距，$n_x - n_h = n_x = 1/21$ 时，刻度盘的转过的刻线数为

$$(n_k - n_h) \times 200 = -\frac{1}{21} \times \frac{48}{50} \times \frac{12}{110} \times 200 = -1$$

即采用细小进给，$f_r/200 = 0.0025\text{mm}$ 时，旋钮每转动 $n_x - n_h = 1/21$ 转，径向进给量增加 0.0025mm；采用粗进给，$f_r/200 = 0.01\text{mm}$ 时，旋钮每转动 1/21 转，径向进给量增加 0.01mm。调整完毕，推入旋钮，销钉插入销孔中，手轮、旋钮连接在一起，刻度盘与手轮

转速相等，方向相同。由于砂轮磨损和修整后砂轮直径变小，且变化量较小，因而快进行程不需要调整。

3. 液动周期径向进给

液动周期径向进给机构由径向进给液压缸、棘爪、棘轮组成。棘爪安装于进给液压缸柱塞的矩形槽中，可绕销轴上下摆动，靠弹簧使棘爪与棘轮保持接触。200 齿的棘轮与中间体连接在一起，棘轮能驱动Ⅰ轴旋转，手轮也随之转动。L 形进给量调整板（件 1）的长臂上为扇形齿轮，短臂为圆柱面，且半径与棘轮顶圆半径相等，这样棘爪与进给量调整板接触时，就无法推动棘轮转动。转动齿轮（件 14）使进给量调整板旋转一定角度，就可改变棘爪推动棘轮转过的齿数，从而改变进给量的大小。棘轮上有 200 个齿，并与刻度盘上的刻线对应，即棘轮每转一个齿，中间体、手轮转 1/200 转，刻度盘转一格。棘爪每次进给最多可使棘轮转过 4 个齿。在刻度盘上还安装有扇形挡块（件 11）与挡销呈 180°，其外径与棘轮顶圆直径相等，当径向进给至所需工件尺寸后，扇形挡块恰好处于铅垂线 $a-a$ 上（即手轮回转中心最下方），扇形挡块压下棘爪，周期径向进给停止。

4. 快速径向快速径向移动链

砂轮架快速径向移动链为液压传动（图 5-9），快动阀控制快动液压缸的动作，并保证尾座液压缸与砂轮架快动液压缸互锁。扳动快动阀手柄，使快动阀阀芯处于左端位置，压力油经快动阀至快动液压缸的无杆腔，有杆腔的油液经快动阀回油箱。丝杠由滚动轴承支承在活塞杆端孔内，丝杠与传动齿轮为滑动花键配合，因而活塞杆可带动丝杠螺母副快速径向移动，由限位螺栓限位。传动齿轮利用花键可带动丝杠旋转实现径向工作进给，由挡销或挡块确定径向工作进给量。且扳动快动阀手柄，使砂轮架快速靠近工件时，手柄同时压下行程开关（图 5-9 中未示出），使头架电动机和切削液泵电动机起动，即磨削过程中，快动液压缸无杆腔始终通压力油，当快动液压缸有杆腔通压力油，砂轮架快退时，工件同时停止转动、切削液停止喷溅。M1432A 万能外圆磨床砂轮架最大快速移动量为 50mm。

M1432A 万能外圆磨床最小进给量为 0.0025mm。为防止微量进给爬行，提高定位精度，M1432A 万能外圆磨床径向进给采用非循环式 V 形和平面组合滚动导轨，如图 5-15 所示，以减少静摩擦因数和静、动摩擦因数之差。另外，M1432A 万能外圆磨床闸缸自动消除径向进给时丝杠和螺母间的间隙，提高定位精度。闸缸固定于床身垫板上，闸缸的柱塞顶在砂轮架的挡销 A（图 5-4 中件 10）上，使砂轮架及其半螺母受到与径向进给力相反的力 F（图 5-12），消除丝杠副的间隙。由于闸缸始终通压力油，因而在径向进

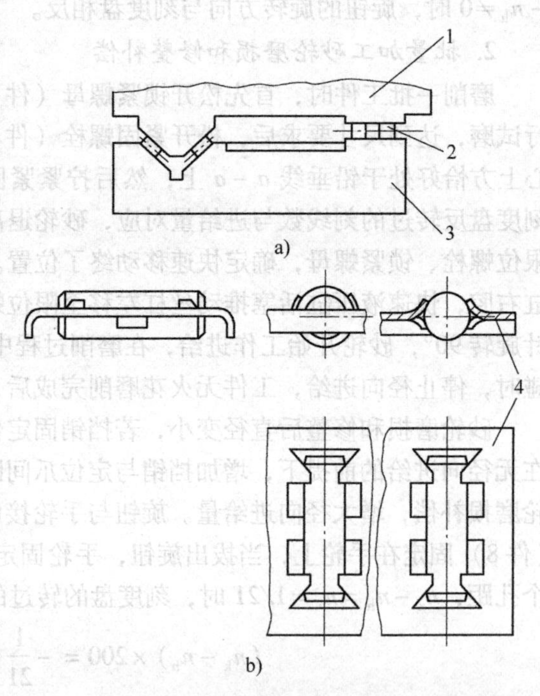

图 5-15 M1432A 万能外圆磨床径向进给导轨

a）滚动导轨示意图 b）滚子及保持架结构简图

1—床鞍 2—滚子 3—导轨垫板 4—保持架

给过程中，砂轮架的挡销 A 推压闸缸柱塞，闸缸油液压力高于系统压力而溢油回油，这样，在闸缸溢油回油的条件下微量进给，并且溢油阻力随进给速度增加而增大，恰好弥补滚动导轨静摩擦因数小、动摩擦因数随进给速度的增加而减少的不足，避免砂轮架因惯性引起爬行，提高进给精度。快速退回时，闸缸柱塞的推力 F 可提高砂轮架快速退回的灵敏度。

第三节 卧轴矩台平面磨床

顾名思义，平面磨床采用电磁吸盘安装工件，主要磨削工件的各种端面。按照砂轮的工作面不同分为砂轮轮缘（圆周表面）磨削和砂轮端面磨削两类。砂轮轮缘磨削的平面磨床，砂轮主轴水平布置的称为卧式平面磨床；砂轮端面磨削的平面磨床，砂轮主轴为铅垂布置的称为立式平面磨床；工作台面为矩形的卧式平面磨床称为卧轴矩台平面磨床，工作台面为圆形的立式平面磨床称为立轴圆台平面磨床。

立轴平面磨床的磨削速度不等。为使立轴平面磨床的磨削速度近似相等，立轴平面磨床采用杯形砂轮，并且杯形砂轮的壁厚相对较小、直径较大，因此立轴平面磨床瞬时磨削面积较大，能同时磨出工件整个平面，效率较高。但砂轮与工件接触面积大，磨削热量大，冷却和排屑条件相对较差，因而加工精度相对较低，适合于工件的粗磨。圆台平面磨床能连续径向进给，没有矩台平面磨床行程换向时间损失，生产效率高。但由于圆工作台恒速旋转，砂轮径向进给也是等速的，在圆工作台上安装的工件位置不同，磨削时间不同，磨削质量也不同。另外，矩台平面磨床还能用砂轮端面磨削工件的沟槽、台阶等侧平面。

卧轴矩台平面磨床分为砂轮架横向进给和工作台横向进给两类。砂轮架沿滑板上的燕尾形导轨横向进给的卧轴矩台平面磨床，砂轮架重心位置变化会引起构件变形，热变形影响大，横向进给精度低；砂轮架为两维（横向和铅垂方向）移动，结构刚度低，垂直进给的灵敏度差，适合于大中型工件的普通磨削。工作台横向进给的卧轴矩台平面磨床，砂轮架悬伸量固定，热变形小，精度稳定性好，垂直进给灵敏度高，操作方便。但结构复杂，工艺要求高，适合于精密工件的磨削。

一、MM7132A 精密卧轴矩台平面磨床的布局和工艺范围

MM7132A 精密卧轴矩台平面磨床总布局如图 5-16 所示。工作台（件 3）由液压驱动，沿床鞍（件 2）上的导轨纵向运动；床鞍沿床身（件 1）导轨横向进给运动。砂轮主轴由内连式交流异步电动机直接驱动，电动机轴就是砂轮主轴，砂轮架（件 4）可沿龙门式立柱（件 5）的双矩形导轨垂直进给运动。

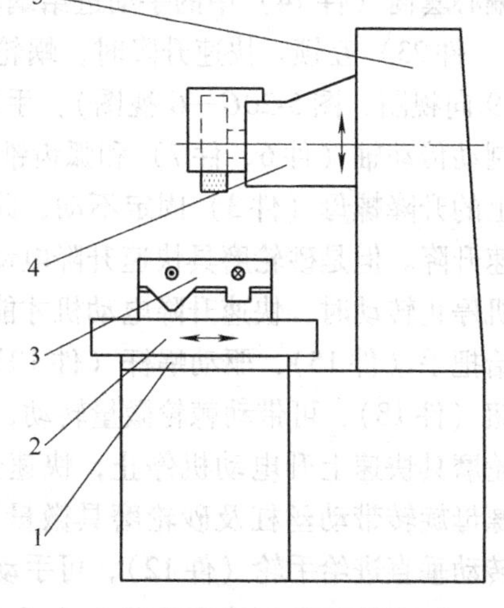

图 5-16 MM7132A 精密卧轴矩台平面磨床总布局
1—床身 2—床鞍 3—工作台 4—砂轮架 5—立柱

MM7132A 精密卧轴矩台平面磨床工作台面宽度为 320mm，长度为 1000mm；工作台纵向移动速度为 3～25m/min（液压传动无级变速），工作台纵向最大行程为 1050mm、最小行程为 150mm；工件最大磨削尺寸为 1000mm×320mm×400mm；工作台每行程（断续）横

向进给量为0.1～10mm，连续横向进给速度为10～2000mm/min（无级变速），工作台（床鞍）横向行程为350mm；工作台（床鞍）微动横向进给量为0.005mm；磨头垂直移动距离为450mm；磨头最小垂直进给量为0.002mm；砂轮架快速上升速度为210mm/min；砂轮尺寸为ϕ300mm×ϕ75mm×32mm；加工表面对基面的平行度公差为0.01mm/1000mm，加工表面的表面粗糙度为Ra0.16μm。

二、MM7132A 精密卧轴矩台平面磨床的砂轮磨具及其垂直进给传动链

MM7132A精密卧轴矩台平面磨床的砂轮主轴用内连式双速交流异步电动机直接驱动，电动机轴就是砂轮主轴。砂轮磨具结构简图如图5-17所示。Y132S-4型电动机定子装入砂轮磨具壳体中，转子轴（砂轮主轴）前后支承、推力轴承皆采用小孔节流的静压轴承支承。静压轴承的径向间隙和轴向间隙皆为0.038～0.042mm，靠修磨调整垫片（件1）保证。转子与定子的同轴度由圆周上均布的四个螺钉（件3）调整，调整完毕后，用圆周上均布的四块楔铁（件4）紧固。叶片泵产生的液压油经节流板（件7）上的五个小孔（直径0.4～0.45mm），分别进入前后支承的四个径向油腔和一个轴向油腔。静压轴承额定压强为0.5MPa，前静压轴承油腔压力低于0.2MPa时，压力继电器（图5-17中未示出）断开，砂轮主轴电动机停止转动。

MM7132A精密卧轴矩台平面磨床砂轮模具电动机的功率为5.5kW，额定转速为1440r/min，砂轮的线速度为

$$v=\frac{1440}{60}\times300\pi\times10^{-3}\text{m/s}=22.6\text{m/s}$$

MM7132A精密卧轴矩台平面磨床砂轮磨具外形如图5-18所示。砂轮磨具固定在垂直进给机构的顶端，由升降丝杠（件9）带动磨头在龙门式立柱导轨（件8）上垂直升降。砂轮磨具的垂直进给运动机构如图5-19和图5-20所示。垂直进给运动分为：砂轮磨具快速升降运动、手动垂直进给、手动细垂直进给和微量垂直进给四种情况。四种垂直运动是由安装于偏心套筒（件14）中的手动进给蜗轮、蜗杆（件9、件10）副和快速升降蜗轮蜗杆副（件1、件23）互锁。快速升降时，蜗轮蜗杆啮合脱开操作手柄（件13）逆时针旋转90°（图5-19向视图、图5-20G—G视图），手动进给链传动链中的蜗杆与蜗轮（件9、件10）啮合，制动传动轴（件6、件7）和弧齿锥齿轮副（件4、件5），安装于弧齿锥齿轮（件4）轮毂上的升降螺母（件3）固定不动，此时若起动砂轮磨具快速升降电动机，可实现砂轮磨具快速升降。但是砂轮磨具快速升降电动机与砂轮主轴电动机有电气联锁，只有在砂轮主轴电动机停止转动时，快速升降电动机才能反转，驱动砂轮磨具快速下降。此时，若转动手动细进给把手（件15），驱动蜗杆（件10）转动，可实现细小垂直进给；若按动手动微量进给按钮（件18），可带动棘轮微量转动，经蜗杆蜗轮副、弧齿锥齿轮副、螺母微量旋转，由于砂轮磨具快速上升电动机停止，快速升降蜗杆蜗轮副（件23、件1）自锁使丝杠不能旋转，螺母旋转带动丝杠及砂轮磨具微量下降；当手动进给蜗杆蜗轮副（件9、件10）脱开时，转动垂直进给手轮（件12），可手动垂直进给。

1. *MM7132A 精密卧轴矩台平面磨床砂轮磨具快速升降传动链*

MM7132A精密卧轴矩台平面磨床快速升降传动链由安装于砂轮磨具底部的AO-7214型快速上升电动机（件25）驱动，经快速升降蜗杆蜗轮副（件23、件1）带动升降丝杠（件2）旋转并垂直快速升降。为使升降机构重心位于立柱导轨对称线上，快速升降电动机倾斜

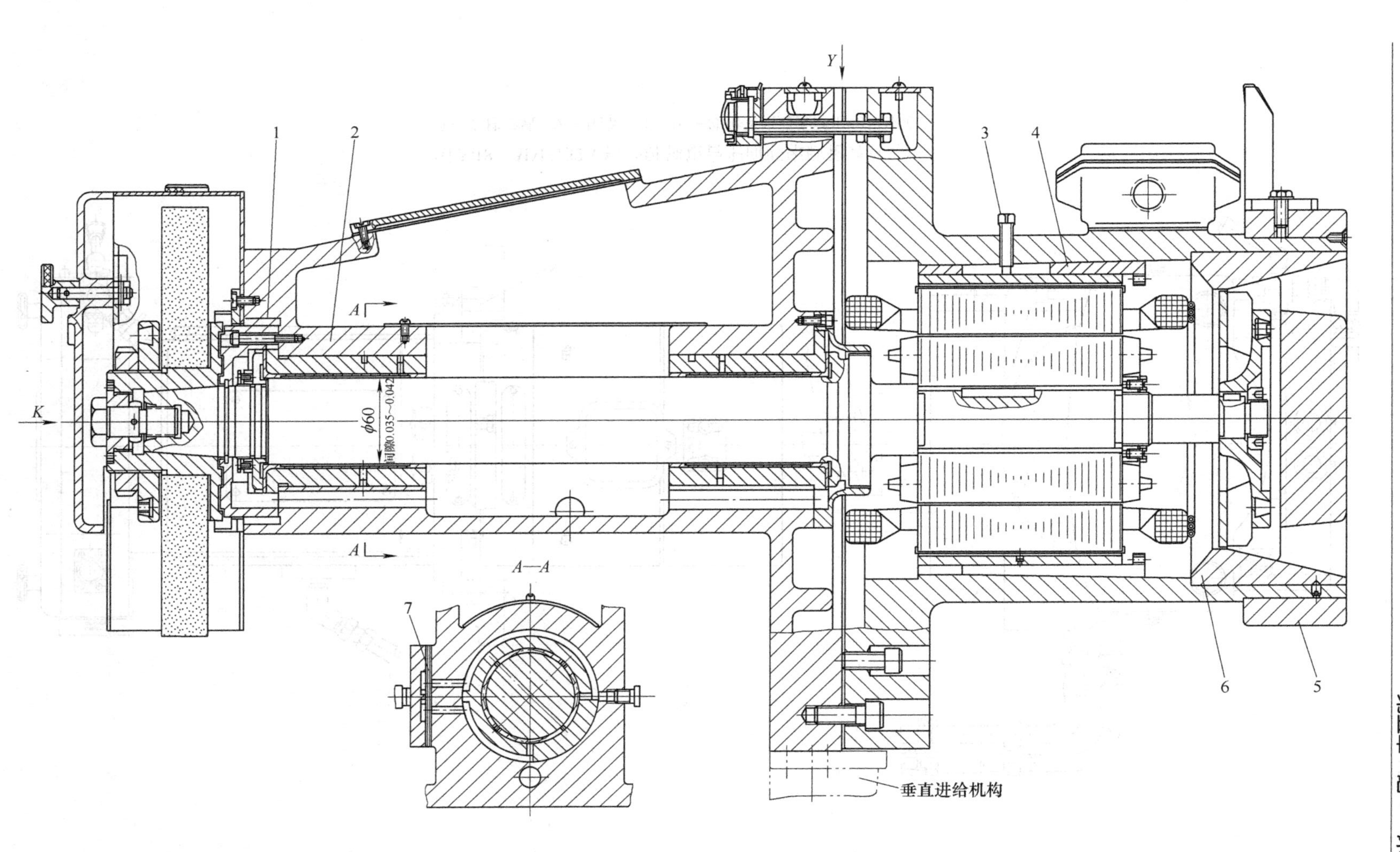

图5-17 MM7132A 精密卧轴矩台平面磨床砂轮磨具结构简图

1—调整垫片 2—砂轮主轴壳体 3—螺钉 4—楔铁 5—外平衡块 6—内平衡块 7—节流板

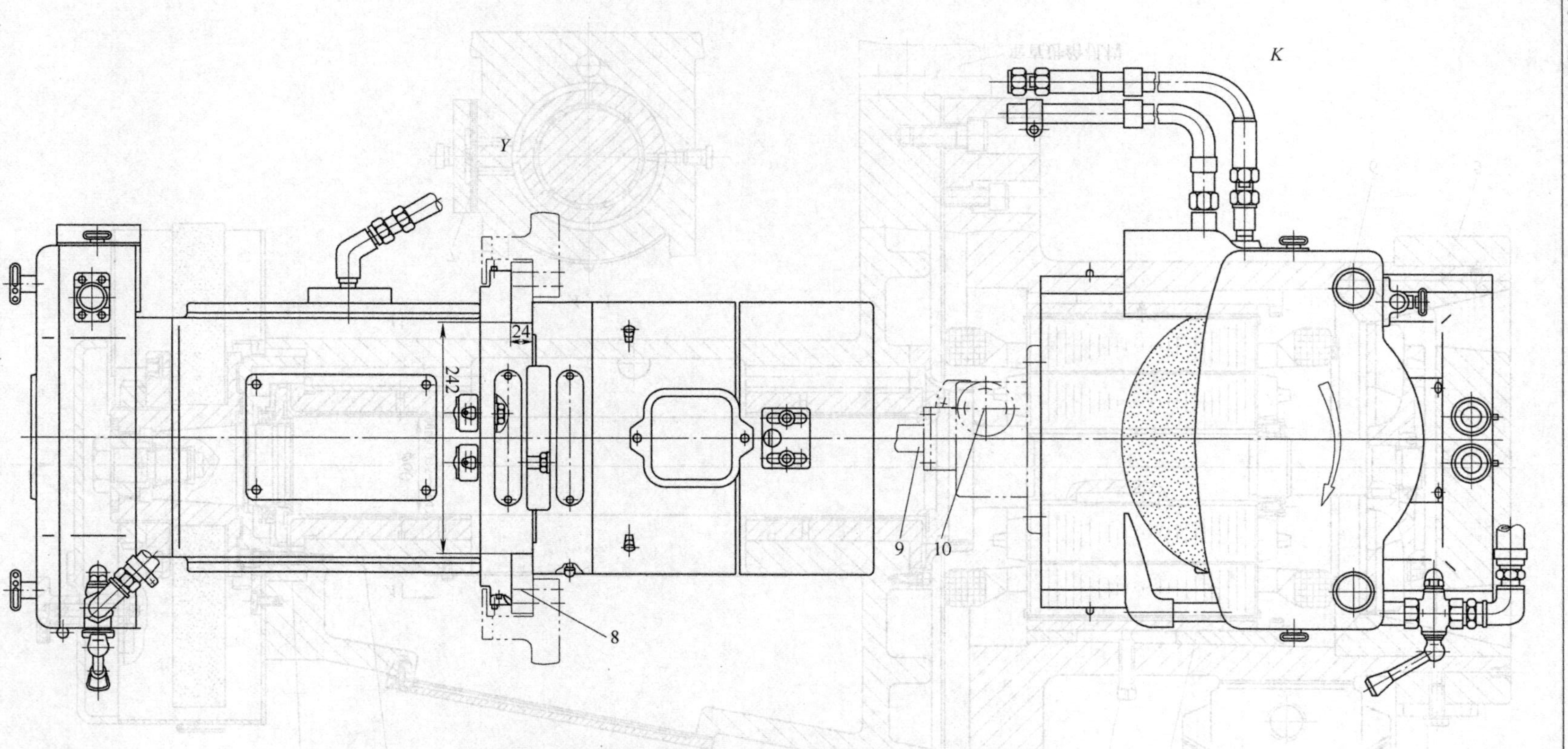

图 5-18 MM7132A 精密卧轴矩台平面磨床砂轮磨具外形

8—立柱导轨 9—升降丝杠 10—砂轮架快速升降电动机中心

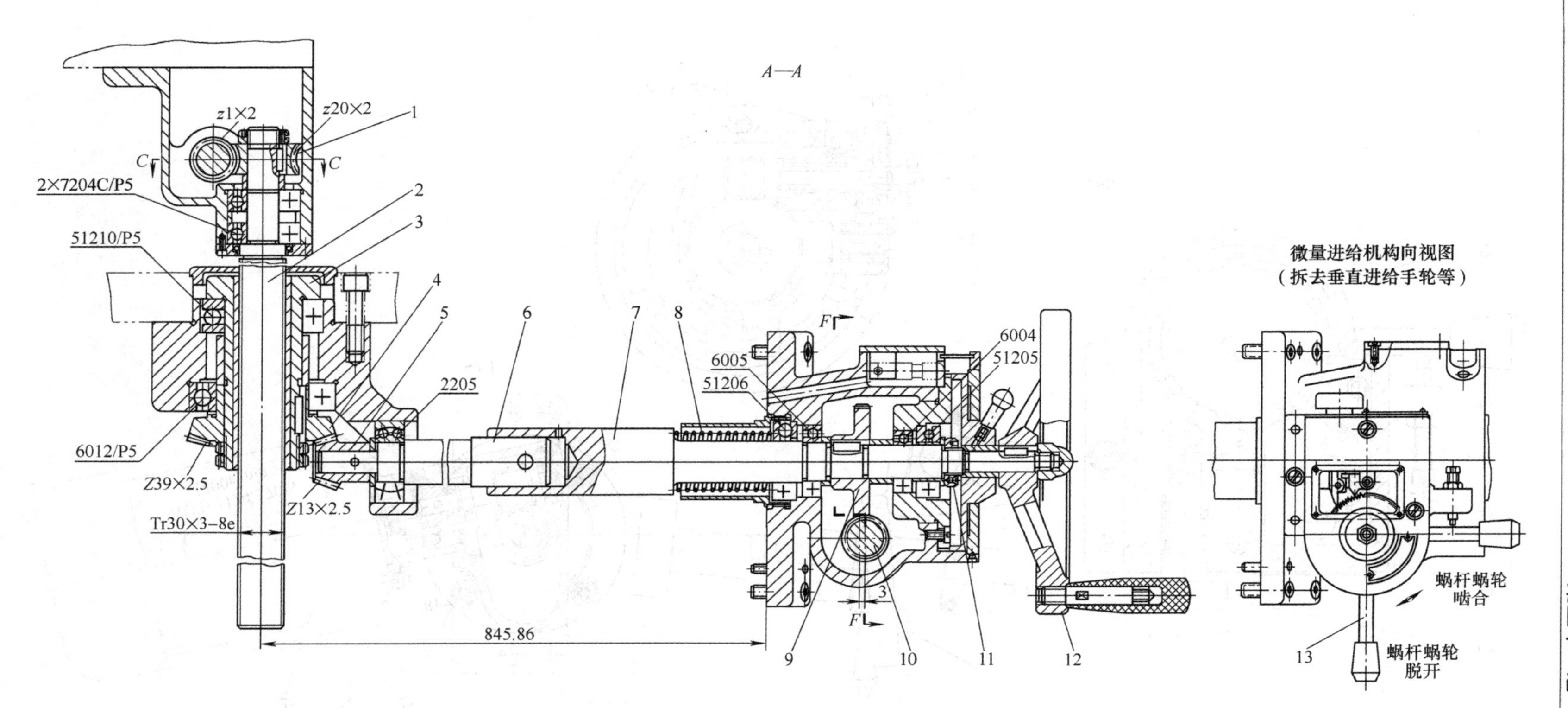

图 5-19　MM7132A 精密卧轴矩台平面磨床垂直进给机构（一）

1—快速升降蜗轮　2—升降丝杠　3—升降螺母　4、5—弧齿锥齿轮　6、7—传动轴　8—弹簧　9—手动进给蜗轮　10—手动进给蜗杆　11—调整螺母　12—垂直进给手轮　13—蜗轮蜗杆啮合脱开操作手柄

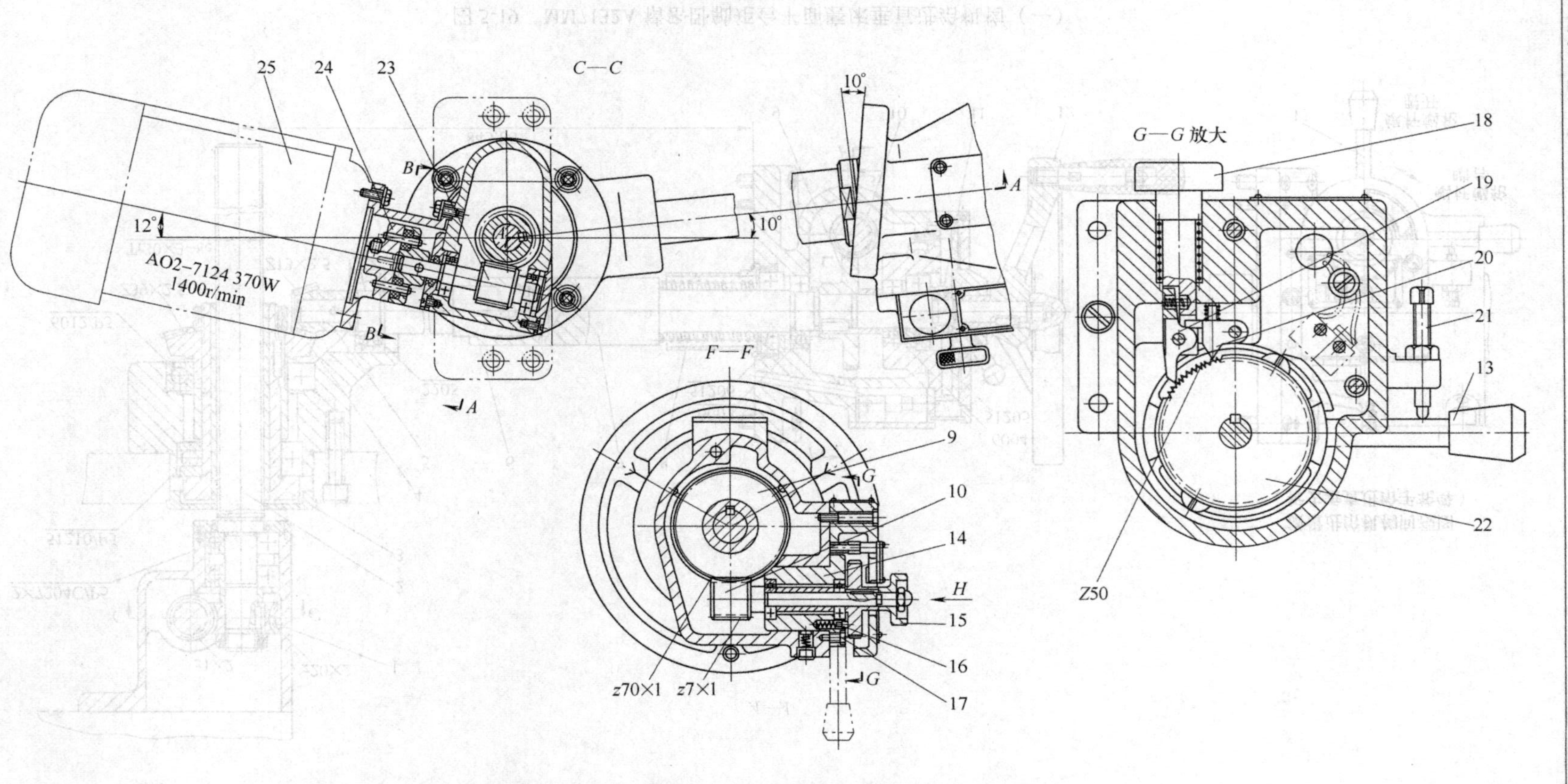

图 5-20 MM7132A 精密卧轴矩台平面磨床垂直进给机构（二）

14—偏心套筒 15—手动细进给把手 16—铜块 17—弹簧 18—微量进给按钮 19—微量进给棘爪 20—制动棘爪 21—紧固螺钉 22—棘轮 23—快速升降蜗杆 24—联轴器 25—快速上升电动机

安装，且利用砂轮主轴电动机尾部的平衡块（图5-17中件5、件6）调整，使丝杠中心线尽可能与砂轮磨具重心重合，这样，砂轮磨具升降时，弯曲力矩小，砂轮磨具导轨摩擦阻力小，升降灵活，位移精度高。

MM7132A精密卧轴矩台平面磨床砂轮磨具快速升降速度 v_c 为

$$v_c = 1400 \times \frac{1}{20} \times 3\text{mm/min} = 210\text{mm/min}$$

2. MM7132A精密卧轴矩台平面磨床砂轮磨具手动垂直进给链

蜗轮蜗杆啮合脱开操作手柄（件13）顺时针旋转90°，使手动进给蜗杆蜗轮（件9、件10）脱离啮合，然后转动垂直进给手轮（件12）使弧齿锥齿轮副转动，弧齿锥齿轮（件4）带动螺母旋转，从而使丝杠及砂轮磨具升降。手轮旋转一圈，砂轮磨具的移动量 f_c 为

$$f_c = 1 \times \frac{13}{39} \times 3\text{mm} = 1\text{mm}$$

3. MM7132A精密卧轴矩台平面磨床砂轮磨具细小和微量垂直进给链

蜗轮蜗杆啮合脱开操作手柄（件13）逆时针旋转90°，转动偏心套筒，使手动进给蜗杆蜗轮（件9、件10）处于啮合状态，并用紧固螺钉（件21）调节到最小间隙，此时垂直进给手轮（件12）便不能转动，当转动手动细进给把手（件15），直接驱动手动进给蜗杆蜗轮副（件9、件10）转动，可实现砂轮磨具的细小垂直进给。把手旋转一圈，砂轮磨具的垂直进给量 f_{cx} 为

$$f_{cx} = 1 \times \frac{7}{70} \times \frac{13}{39} \times 3\text{mm} = 0.1\text{mm}$$

当按下安装于偏心套筒上的微量进给按钮，微量进给棘爪（件19）推动棘轮（件22）转动，同时制动棘爪（件20）绕其支点顺时针转动，并压缩弹簧。棘轮转过一个齿后，制动棘爪在弹簧作用下回位。当棘轮继续转动时，棘轮将推动制动棘爪重复摆动过程，但按下微量进给按钮时，按钮推杆的下端面限制制动棘爪摆动，因而每按一次微量进给按钮，按钮行程为 l_t，棘轮转一个齿，即MM7132A磨床的最小垂直进给量为

$$f_{cw} = \frac{1}{50} \times \frac{7}{70} \times \frac{13}{39} \times 3\text{mm}/l_t = 0.002\text{mm}/l_t$$

砂轮磨具只有细小和微量垂直进给，靠微量进给棘爪来保证，棘轮单向旋转的特性决定了砂轮磨具只能垂直向下细进给、微量进给，不能细小和微量上升。手动进给蜗轮（件9）制成斜齿圆柱齿轮，以保证偏心套筒能够转动，使手动进给蜗杆蜗轮副能够啮合和分离。为使微量垂直进给机构有足够的操作空间，传动轴（件6、件7）与横向进给方向的夹角为10°。弹簧（件17）和铜块（件16）增加手动进给蜗杆（件10）的转动阻力，并用弹簧（件8）和调整螺母（件11）消除弧齿锥齿轮副（件4、件5）的啮合间隙，保证进给精度。另外，升降丝杠的制造精度高，并且由5级精度的背对背配置的角接触球轴承支承。弧齿锥齿轮（件4）采用5级精度的深沟球轴承支承，以提高其旋转精度。而升降螺母插入弧齿锥齿轮的内孔中，由键带动升降螺母转动，升降螺母须轴向固定才能驱动升降丝杠垂直运动。为减少升降螺母端面与床身的摩擦，床身与升降螺母间设置有5级精度的推力球轴承。丝杠与升降螺母旋合长度大，轴向间隙小。利用砂轮磨具的重力，消除丝杠螺母副的轴向间隙。

三、MM7132A 精密卧轴矩台平面磨床的纵向和横向进给传动链

MM7132A 精密卧轴矩台平面磨床利用十字导轨，作纵向和横向进给运动。纵向进给运动采用液压传动，工作台液压缸体固定在床鞍上，可实现无级变速，行程挡铁自动换向，且纵向往复行程的大小可调节，也可由人工操纵。纵向进给导轨采用静压导轨。

1. MM7132A 精密卧轴矩台平面磨床的纵向往复运动

MM7132A 精密卧轴矩台平面磨床的液压系统原理图如图 5-21 所示。工作台纵向进给运动驱动液压泵为变向变量叶片泵。这是因为两叶片间的密封容积远大于叶片截面积，且采用数量较多的奇数叶片，流量脉动小，工作台运动平稳。改变叶片泵转子和定子之间的偏心距就能调节流量，即工作台纵向运动速度。转子相对定子的偏心距减少时，密封的工作腔容积变化小，输出流量减小，工作台运动速度减缓。当偏心距减小到零时，转子与定子同心，叶片泵的吸油腔与压油腔容积相等，输出流量为零，工作台运动停止。偏心距反向，叶片泵的进出油口交换，工作台反向运动。这样可将变向变量叶片泵的变向调速机构看做是一个弹簧回位的三位液控阀，“阀芯”由叶片泵定子和两换向液压缸的柱塞连接而成，液控阀两端接通回油时，“阀芯”在弹簧作用下回中位。叶片泵定子与转子同心，叶片泵无压力油输出，“阀芯”的行程就是叶片泵定子相对转子的偏心距，“阀芯”向左移还是向右移，则由工作台上的行程挡铁控制。当工作台液压缸右腔通压力油，工作台向左运动至终点时，行程挡铁使换向阀（件 9）换向，阀芯处于左端位置（图 5-21 所示状态），控制压力油进入变向变量

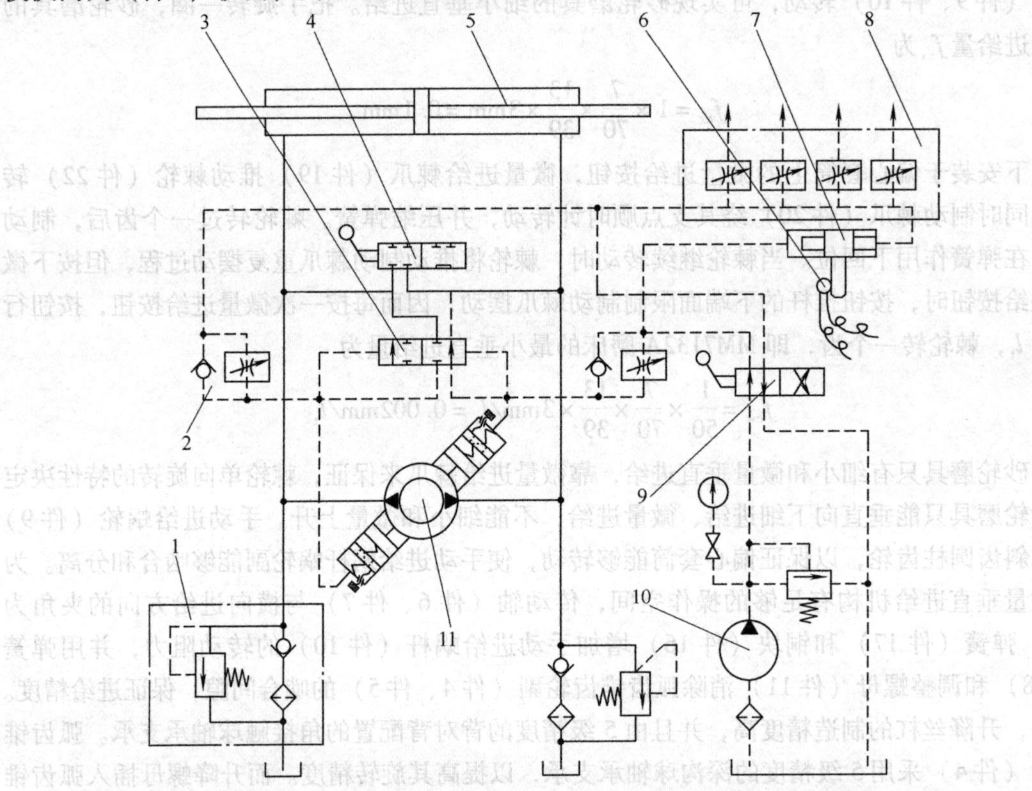

图 5-21　MM7132A 精密卧轴矩台平面磨床的液压系统原理图

1—稳压器　2—调速器　3—控制油路卸载阀　4—开停阀　5—工作台液压缸　6—接近开关　7—开关操纵阀　8—静压轴承、静压导轨分油器　9—换向阀　10—控制液压泵　11—变向变量叶片泵

叶片泵右换向液压缸，右换向液压缸的柱塞推动叶片泵定子左移，叶片泵进、出油口交换，叶片泵压力油进入工作台液压缸的左腔，而具有一定背压（背压值由稳压器设定）的右腔油液返回到叶片泵吸油口形成闭式回路。工作台向右运动，实现反向，同时，控制压力油经控制油路卸载阀（件3）与工作台液压缸右腔回油油路导通，为油液回油提供背压，使工作台运行平稳。工作台向右运动至终点时，换向阀再次换向，控制压力油进入左换向液压缸，叶片泵交换进、出油口，压力油进入工作台液压缸右腔，工作台反向向左移动。调速器（件2）可调节变向变量叶片泵的换向速度。工作台在运行和换向过程中，压力油不会从溢流阀溢出，这种闭式系统的热量仅由泵内机械摩擦和油液与管路的摩擦产生，系统温升可控制在5℃以下，仅为一般定量泵系统的30%左右。

开停阀（件4）顺时针旋转90°时，阀芯位于图5-21所示的右端位置，工作台液压缸两端油路导通，工作台液压缸处于浮动状态，同时控制油路卸载阀使控制液压泵卸荷，叶片泵的定子回到中位，叶片泵无压力油输出也处于卸荷状态，这时可人工操纵工作台的纵向移动。

接近开关（件6）的作用是利用工作台换向的时机，进行一次断续横向进给。即行程挡铁使换向阀换向的同时，开关操纵阀（件7）通入控制压力油，阀芯带动的金属片靠近接近开关，接近开关动作，起动横向进给电动机，产生持续1s（时间继电器控制）的横向进给，变向变量叶片泵压力油变向后，控制压力油压强下降，在弹簧作用下，挡铁回位。换向阀（件9）每换向一次，断续横向进给一次，即MM7132A精密卧轴矩台平面磨床横向断续进给方式为工作台两端终点进给。

MM7132A精密卧轴矩台平面磨床工作台人工纵向移动操纵机构如图5-22所示。齿条位于工作台前下方，传动机构布置在床鞍上，运动由手轮输入，经四对定比传动副减速，28齿齿轮带动齿条（即工作台）纵向移动。手轮旋转一圈，工作台的纵向移动量f_z为

$$f_{zh}=1\times\frac{18}{36}\times\frac{18}{36}\times\frac{18}{36}\times\frac{18}{36}\times 28\times 1.5\pi\text{mm}=8.25\text{mm}$$

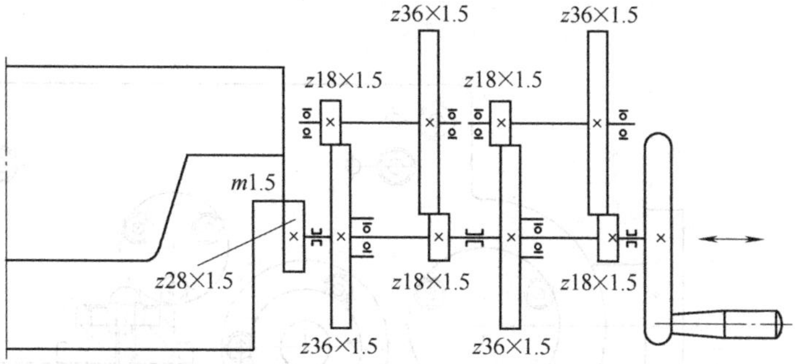

图5-22　MM7132A精密卧轴矩台平面磨床工作台人工纵向移动操纵机构

手轮轴及轴上的五个齿轮可轴向移动。当液压驱动工作台时，拉出手轮轴，使齿轮齿条副脱离啮合，以防止液压驱动工作台纵向往复运动时手轮高速转动。

2. MM7132A精密卧轴矩台平面磨床的横向进给运动传动链

MM7132A精密卧轴矩台平面磨床横向进给运动传动链如图5-23所示。床鞍及工作台的横向进给运动由微型直流电动机或交流伺服电动机驱动，横向进给运动传动链的末端件是丝

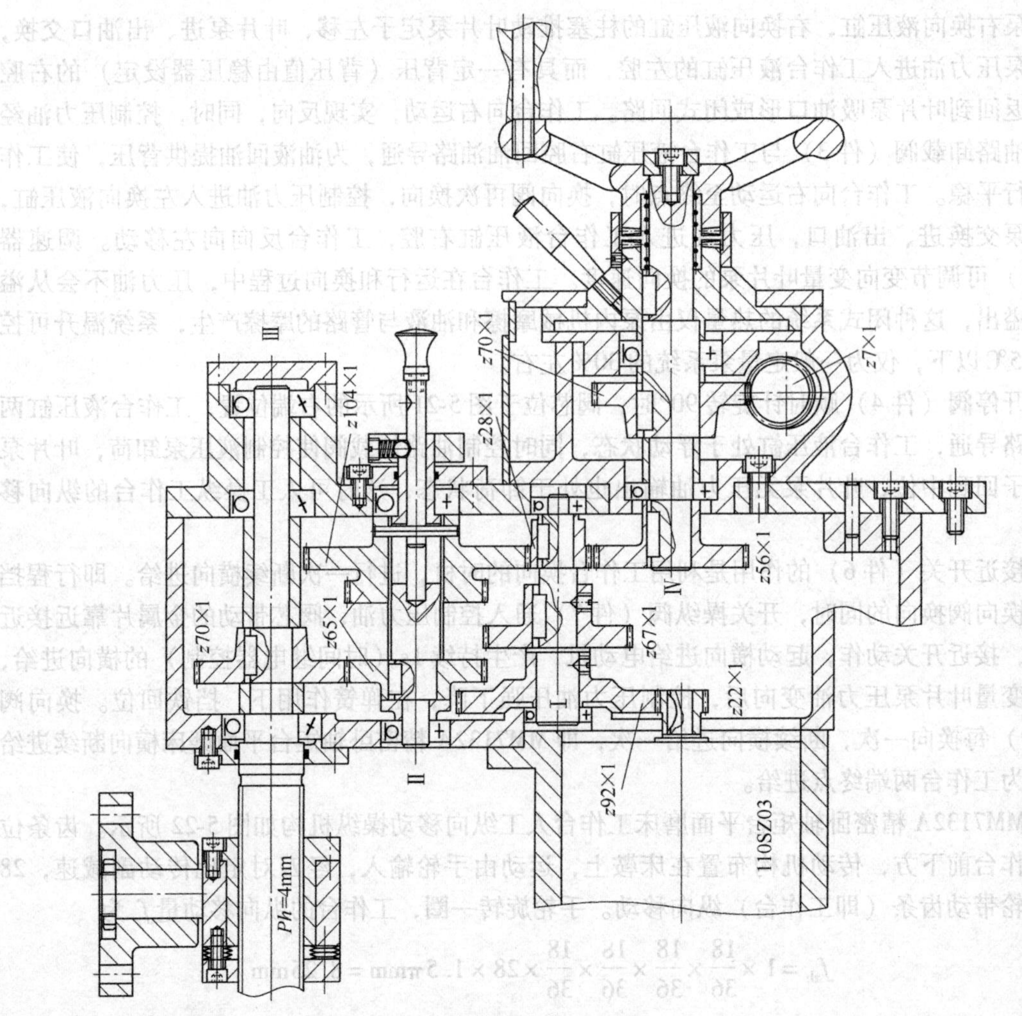

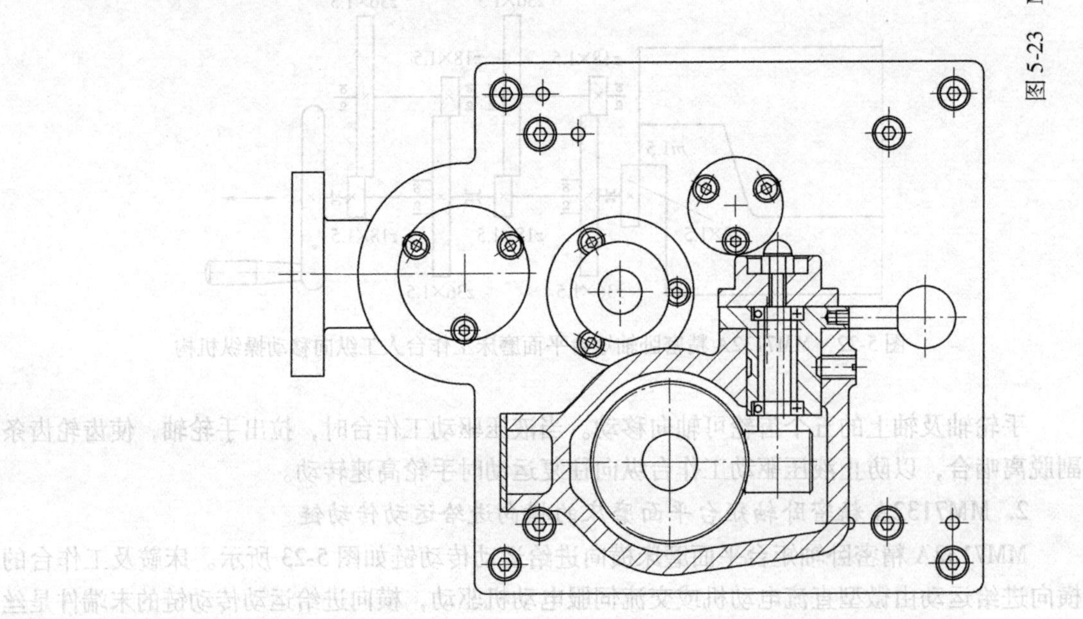

图 5-23 MM7132A 型精密卧轴矩台平面磨床横向进给机构简图

杠螺母副（Ⅲ轴），由螺母带动床鞍及工作台横向进给运动，能够实现连续、断续横向机动进给运动和手动进给。

（1）MM7132A 精密卧轴矩台平面磨床横向机动进给运动传动链 MM7132A 精密卧轴矩台平面磨床横向机动进给运动由微型直流电动机（172W，额定转速 2700r/min）或交流伺服电动机（额定转速 3000r/min）提供动力。横向连续进给传动路线表达式为

$$电动机—\frac{22}{92}—Ⅰ—\begin{Bmatrix}28/104\\67/65\end{Bmatrix}—Ⅱ—\frac{65}{70}—Ⅲ（丝杠\ Ph=4\text{mm}）$$

MM7132A 精密卧轴矩台平面磨床连续横向进给范围 $f_{\text{hl}}=10\sim2000\text{mm/min}$，电动机的最高转速 n_{mmax} 为

$$n_{\text{mmax}}=\frac{2000}{4}\times\frac{70}{65}\times\frac{65}{67}\times\frac{92}{22}\text{r/min}=2185\text{r/min}$$

电动机的最低转速 n_{mmin} 为

$$n_{\text{mmin}}=\frac{10}{4}\times\frac{70}{65}\times\frac{104}{28}\times\frac{92}{22}\text{r/min}=42\text{r/min}$$

MM7132A 精密卧轴矩台平面磨床连续横向进给，电动机的转速取决于横向进给量的大小。传动比 67/65 形成的连续最小进给量 f_{hl2min} 为

$$f_{\text{hl2min}}=10\times\frac{67}{65}\times\frac{104}{28}\text{mm/min}=38.3\text{mm/min}$$

传动比 28/104 形成连续最大进给量 f_{hl1max} 为

$$f_{\text{hl1max}}=2700\times\frac{22}{92}\times\frac{28}{104}\times\frac{65}{70}\times4\text{mm/min}=645.6\text{mm/min}$$

即降低直流电动机电枢电压恒转矩调速，传动比为 67/65 和 28/104 时，连续横向进给范围分别是 $f_{\text{hl2}}=38.3\sim2000\text{mm/min}$、$f_{\text{hl1}}=10\sim645.6\text{mm/min}$。

横向断续进给传动路线表达式为

$$电动机—\frac{22}{92}—Ⅰ—\frac{28}{104}—Ⅱ—\frac{65}{70}—Ⅲ（丝杠\ Ph=4\text{mm}）$$

当工作台单向移动行程终了时，开关操纵阀（图 5-21 中件 7）通入控制压力油，阀芯带动的金属片靠近接近开关，接近开关动作，起动横向进给电动机，产生持续 1s（时间继电器控制）的横向进给，断续进给范围 $f_{\text{hj}}=0.1\sim10\text{mm/s}=6\sim600\text{mm/min}$，此时横向进给电动机的最低转速为

$$n_{\text{mmin}}=\frac{6}{4}\times\frac{70}{65}\times\frac{104}{28}\times\frac{92}{22}\text{r/min}=25\text{r/min}$$

断续横向进给时，横向进给电动机的最高转速为

$$n_{\text{mmax}}=\frac{600}{4}\times\frac{70}{65}\times\frac{104}{28}\times\frac{92}{22}\text{r/min}=2500\text{r/min}$$

改变横向进给电动机的转速，可改变断续横向进给量。

（2）MM7132A 精密卧轴矩台平面磨床横向手动进给运动链 MM7132A 精密卧轴矩台平面磨床可用砂轮端面磨削工件侧面，因而需小进给量手动横向进给，横向手动进给运动链传动路线表达式为

$$手轮Ⅳ—\frac{56}{104}—Ⅱ—\frac{65}{70}—Ⅲ（丝杠 Ph=4\text{mm}）$$

手轮旋转一圈，横向进给量f_{hh}为

$$f_{hh}=1\times\frac{56}{104}\times\frac{65}{70}\times 4\text{mm}=2\text{mm}$$

为防止连续进给时手轮转动酿成事故，手轮上设置牙嵌式离合器，只有横向手动进给时，牙嵌式离合器才接合。

MM7132A 精密卧轴矩台平面磨床横向手动细小进给机构与细垂直进给机构相似，蜗杆同样安装在偏心套筒中，不同之处是细小横向进给机构没有棘爪棘轮。需细小横向进给时，首先转动偏心套筒，使蜗杆蜗轮副啮合，然后转动旋钮，运动经蜗杆蜗轮副传递到Ⅵ轴，然后经齿轮传动驱动丝杠转动，带动螺母及横向床鞍、工作台移动，实现工作台细小横向进给。由于蜗杆蜗轮传动比为7/70，因此，旋钮旋转一圈，横向进给量f_{hx}为

$$f_{hx}=\frac{f_{hh}}{10}=0.2\text{mm}$$

为防止运动干涉，在非细小手动横向进给时，应转动偏心套筒，使蜗杆蜗轮副脱开啮合。

第四节 MKS1332 数控高速外圆磨床

MKS1332 磨床为三轴两联动数控外圆磨床，采用西门子 810D 数控系统或 FANUC 0i 数控系统，数控运动为砂轮径向进给（X 轴），工作台移动（Z 轴）及工件旋转（C 轴），X、Z 轴联动。该磨床可实现自动跳挡、定程切入磨削、量仪控制磨削及砂轮自动修整及补偿。

MKS1332 数控外圆磨床砂轮主轴采用动静压轴承支承，独立温控主轴润滑油箱。交流电动机经 V 带驱动砂轮轴旋转。砂轮直径为 $\phi600\text{mm}\times\phi305\text{mm}\times32\text{mm}$，砂轮线速度为 45m/s，可选配有 SBS 砂轮自动在线平衡装置，提高加工精度。

交流伺服电动机直接驱动滚珠丝杠螺母带动砂轮架或工作台移动，砂轮架最大移动量为 280mm，最大移动速度 5m/min，最小移动量 1μm；工作台最大移动量 1m，最小移动量 1μm，最大移动速度 10m/min，最小移动速度 0.1mm/min。X、Z 轴采用全闭环控制系统，反馈元件为光栅尺。

头架主轴也由交流伺服电动机驱动，交流伺服电动机经同步带（或多楔带）驱动头架主轴旋转，工件转速 30～300r/min。尾座主轴套筒采用 THK 密集轴承，液压驱动长行程(60mm)，具有手动、液动两种操作形式。尾座锥孔为莫氏 5 号锥孔。

工作台、砂轮架为平面—V 形组合的液压卸荷导轨，动导轨粘贴聚四氟乙烯软带，刚性好、精度高，并采用风琴式折叠罩保护。工作台面向后下方倾斜 10°。工作台可绕座体顺时针转动 2°、逆时针转动 3°，可磨削小锥度锥体。

习题与思考题

5-1 简述磨削加工工艺特点。

5-2 M1432A 万能外圆磨床与 M1332 外圆磨床有何异同？

5-3 M1432A 万能外圆磨床磨削圆柱体需要哪些运动？形成这些运动的传动链是否存在内联系传动链？

5-4 M1432A 万能外圆磨床砂轮架为何不能像多数数控车床一样向后方倾斜？

5-5 M1432A 万能外圆磨床工作台为什么向后下方倾斜？

5-6 M1432A 万能外圆磨床工作台为什么顺时针转角小于逆时针转角？

5-7 M1432A 万能外圆磨床砂轮架为什么顺时针旋转角度与逆时针旋转角度相等？

5-8 M1432A×10 万能外圆磨床采用双顶尖支承工件，磨削锥体母线长度小于 50mm 的锥体时，锥体的最大锥角为多少？

5-9 指出 M1432A 万能外圆磨床加工精度可达多少？轮廓的算术平均偏差可达多少？M1432A 万能外圆磨床最小径向进给量是多少？

5-10 M1432A 万能外圆磨床磨削内外圆时，工件有哪几种装夹方法？各适用于什么场合？采用不同的装夹方法时，头架的调整状况有何不同？工件怎样获得圆周进给（旋转）运动？

5-11 如果 M1432A 万能外圆磨床头架和尾座的锥孔中心线在垂直平面内存在高度误差，磨削的工件将是什么形状？将产生什么误差？如何解决？如两者在水平面内存在同轴度误差，磨削的工件又将产生什么误差？如何解决？

5-12 试述 M1432A 万能外圆磨床的传动链及其结构特点。

5-13 M1432A 万能外圆磨床能否磨削丝杠？为什么？

5-14 怎样防止同时起动 M1432A 万能外圆磨床的外圆磨削砂轮主轴电动机和内圆磨具电动机？

5-15 在外圆磨削过程中误踩脚踏操纵板会产生什么结果？

5-16 M1432A 万能外圆磨床磨削内圆时，可否使用砂轮架快速径向移动？为什么？

5-17 M1432A 万能外圆磨床磨削外圆柱面时，头架电动机、切削液泵电动机何时起动？

5-18 M1432A 万能外圆磨床的闸缸除消除丝杠螺母副的间隙外，还有什么功能？

5-19 试述 M1432A 万能外圆磨床轴向进给运动的换向过程。

5-20 M1432A 万能外圆磨床轴向进给液压系统中的开停阀有何作用？

5-21 人工操纵 M1432A 万能外圆磨床工作台的轴向移动时，工作台液压缸油腔通道呈何状态？

5-22 M1432A 万能外圆磨床圆周进给链中串联的两定比 V 带传动（传动比 61/183、69/178）如何张紧？该机构有何优缺点？如何改进？

5-23 M1432A 万能外圆磨床轴向进给导轨和径向进给导轨有什么特点？

5-24 何谓卧轴矩台平面磨床、立轴圆台平面磨床？其工艺特点有何不同？

5-25 试分析卧轴矩台平面磨床与立轴圆台平面磨床在磨削方法、加工质量、生产效率等方面有何不同？其适用范围有何不同？

5-26 平面磨床的磨削速度是怎样形成的？

5-27 试述 MM7132A 精密卧轴矩台平面磨床主运动有何特点？

5-28 MM7132A 精密卧轴矩台平面磨床垂直进给运动传动链有哪几种进给？MM7132A 精密卧轴矩台平面磨床微量进给怎样保证其进给精度？怎样避免微量进给和细小进给与手动进给的干涉？

5-29 MM7132A 精密卧轴矩台平面磨床工作台的纵向往复运动为何没有微量移动？

5-30 MM7132A 精密卧轴矩台平面磨床工作台的液压驱动有什么特点？

5-31 MM7132A 精密卧轴矩台平面磨床有哪几种横向进给运动？MM7132A 精密卧轴矩台平面磨床细小横向进给有何用处？

5-32 为什么 MKS1332 数控高速外圆磨床的三个数控轴都采用交流伺服电动机直接驱动丝杠的驱动形式？何谓动静压轴承？有何特点？

附录 常用机床统一名称和类、组、系划分表（摘自 GB/T 15375—2008）

类	组		系		主参数	
	代号	名称	代号	名　称	代号	名　称
车床	1	单轴自动车床	1	单轴纵切自动车床	1	最大棒料直径
			2	单轴横切自动车床	1	最大棒料直径
			3	单轴转塔自动车床	1	最大棒料直径
			4	单轴卡盘自动车床	1/10	床身上最大回转直径
	2	多轴自动、自动车床	1	多轴棒料自动车床	1	最大棒料直径
			2	多轴卡盘自动车床	1/10	卡盘直径
			4	多轴可调棒料自动车床	1	最大棒料直径
			5	多轴可调卡盘自动车床	1/10	卡盘直径
			6	立式多轴半自动车床	1/10	最大切削直径
	3	回转、转塔车床	0	回轮车床	1	最大棒料直径
			1	滑鞍转塔车床	1/10	卡盘直径
			2	棒料滑枕转塔车床	1	最大棒料直径
			3	滑枕转塔车床	1/10	卡盘直径
			4	组合式转塔车床	1/10	最大车削直径
			5	横移转塔车床	1/10	最大车削直径
	4	曲轴及凸轮轴车床	1	曲轴车床	1/10	最大工件回转直径
			2	曲轴主轴颈车床	1/10	最大工件回转直径
			3	曲轴连杆轴颈车床	1/10	最大工件回转直径
			6	凸轮轴车床	1/10	最大工件回转直径
			7	凸轮轴中轴颈车床	1/10	最大工件回转直径
			8	凸轮轴端轴颈车床	1/10	最大工件回转直径
			9	凸轮轴凸轮车床	1/10	最大工件回转直径
	5	立式车床	1	单柱立式车床	1/100	最大车削直径
			2	双柱立式车床	1/100	最大车削直径
			3	单柱移动立式车床	1/100	最大车削直径
			4	双柱移动立式车床	1/100	最大车削直径
			5	工作台移动立式车床	1/100	最大车削直径
	6	落地及卧式车床	0	落地车床	1/100	最大回转直径
			1	卧式车床	1/10	床身上最大回转直径
			2	马鞍车床	1/10	床身上最大回转直径

（续）

类	组		系		主参数	
	代号	名称	代号	名称	代号	名称
车床	6	落地及卧式车床	3	轴车床	1/10	床身上最大回转直径
			4	卡盘车床	1/10	床身上最大回转直径
			5	球面车床	1/10	床身上最大回转直径
	7	仿形及多刀车床	1	仿形车床	1/10	刀架上最大车削直径
			2	卡盘仿形车床	1/10	刀架上最大车削直径
			5	多刀车床	1/10	刀架上最大车削直径
			6	卡盘多刀车床	1/10	刀架上最大车削直径
钻床	1	坐标镗钻床	0	台式坐标镗钻床	1/10	工作台面宽度
			3	立式坐标镗钻床	1/10	工作台面宽度
			4	转塔坐标镗钻床	1/10	工作台面宽度
	2	深孔钻床	1	深孔钻床	1/10	最大钻孔深度
	3	摇钻床臂	0	摇臂钻床	1	最大钻孔直径
			1	万向摇臂钻床	1	最大钻孔直径
			4	坐标摇臂钻床	1	最大钻孔直径
	4	台式钻床	0	台式钻床	1	最大钻孔直径
			4	台式攻钻床	1	最大钻孔直径
	5	立式钻床	0	圆柱立式钻床	1	最大钻孔直径
			1	方柱立式钻床	1	最大钻孔直径
			2	可调多轴立式钻床	1	最大钻孔直径
	7	铣钻床	0	台式铣钻床	1	最大钻孔直径
			1	立式铣钻床	1	最大钻孔直径
			6	镗铣钻床	1	最大钻孔直径
			7	磨铣钻床	1	最大钻孔直径
	8	中心孔钻床	1	中心孔钻床	1/10	最大工件直径
			2	平端面中心孔钻床	1/10	最大工件直径
镗床	4	坐标镗床	1	立式单柱坐标镗床	1/10	工作台面宽度
			2	立式双柱坐标镗床	1/10	工作台面宽度
			6	卧式坐标镗床	1/10	工作台面宽度
	5	立式镗床	1	立式镗床	1/10	最大镗孔直径
			6	立式铣镗床	1/10	镗轴直径
	6	卧式铣镗床	1	卧式镗床	1/10	镗轴直径
			2	落地镗床	1/10	镗轴直径
			3	卧式铣镗床	1/10	镗轴直径
			9	落地铣镗床	1/10	镗轴直径
	7	精镗床	0	单面卧式精镗床	1/10	工作台面宽度

（续）

类	组		系		主参数	
	代号	名称	代号	名称	代号	名称
镗床	7	精镗床	1	双面卧式精镗床	1/10	工作台面宽度
			2	立式精镗床	1/10	最大镗孔直径
磨床	0	仪表磨床	4	抛光机		—
			6	刀具磨床		—
	1	外圆磨床	0	无心外圆磨床	1	最大磨削直径
			1	宽砂轮无心外圆磨床	1	最大磨削直径
			3	外圆磨床	1/10	最大磨削直径
			4	万能外圆磨床	1/10	最大磨削直径
			5	宽砂轮外圆磨床	1/10	最大磨削直径
			6	端面外圆磨床	1/10	最大回转直径
	2	内圆磨床	1	内圆磨床	1/10	最大磨削直径
			6	深孔内圆磨床	1/10	最大磨削直径
			8	立式内圆磨床	1/10	最大磨削直径
	3	砂轮机	0	落地砂轮机	1/10	最大砂轮直径
			2	台式砂轮机	1/10	最大砂轮直径
	5	导轨磨床	0	落地导轨磨床	1/100	最大磨削宽度
			2	龙门导轨磨床	1/100	最大磨削宽度
	6	刀具刃磨床	0	万能工具磨床	1/10	最大回转直径
			3	钻头刃磨床	1	最大刃磨钻头直径
			4	滚刀刃磨床	1/10	最大刃磨滚刀直径
			5	铣刀刃磨床	1/10	最大刃磨铣刀直径
			7	弧齿锥齿轮铣刀盘刃磨床	1/10	最大刃磨铣刀盘直径
			8	插齿刀刃磨床	1/10	最大刃磨插齿刀直径
	7	平面及端面磨床	1	卧轴矩台平面磨床	1/10	工作台面宽度
			2	立轴矩台平面磨床	1/10	工作台面宽度
			3	卧轴圆台平面磨床	1/10	工作台面直径
			4	立轴圆台平面磨床	1/10	工作台面直径
			5	龙门平面磨床	1/10	工作台面宽度
	8	曲轴、凸轮轴、花键轴、轧辊磨床	1	曲轴主轴颈磨床	1/10	最大回转直径
			2	曲轴磨床	1/10	最大回转直径
			3	凸轮轴磨床	1/10	最大回转直径
			6	花键轴磨床	1/10	最大磨削直径
齿轮加工机床	2	锥齿轮加工机	0	弧齿锥齿轮磨齿机	1/10	最大工件直径
			2	弧齿锥齿轮铣齿机	1/10	最大工件直径
			3	直齿锥齿轮刨齿机	1/10	最大工件直径
			9	弧齿锥齿轮拉齿机	1/10	最大工件直径

（续）

类	组		系		主参数	
	代号	名称	代号	名称	代号	名称
齿轮加工机床	3	滚齿机铣齿机	1	滚齿机	1/10	最大工件直径
			6	卧式滚齿机	1/10	最大工件直径
	4	剃齿机珩齿机	2	剃齿机	1/10	最大工件直径
			6	珩齿机	1/10	最大工件直径
			7	蜗杆珩轮珩齿机	1/10	最大工件直径
	5	插齿机	1	插齿机	1/10	最大工件直径
			8	齿条插齿机	1/10	最大工件直径
	6	花键轴铣床	0	花键轴铣床	1/10	最大铣削直径
			1	万能花键轴铣床	1/10	最大铣削直径
	7	齿轮磨齿机	0	碟形砂轮磨齿机	1/10	最大工件直径
			1	锥形砂轮磨齿机	1/10	最大工件直径
			2	蜗杆砂轮磨齿机	1/10	最大工件直径
			3	成形砂轮磨齿机	1/10	最大工件直径
	8	其他齿轮加工机	0	车齿机	1/10	最大加工直径
	9	齿轮倒角及检查机	0	锥齿轮淬火机	1/10	最大工件直径
			2	锥齿轮倒角机	1/10	最大工件直径
			3	齿轮倒角机	1/10	最大工件直径
			5	锥齿轮滚动检查机	1/10	最大刀盘直径
			8	弧齿锥齿轮铣刀盘检查机	1/10	最大加工直径
			9	齿轮噪声检查机	1/10	最大工件直径
螺纹加工机床	3	套丝机	0	套丝机	1	最大套丝直径
	4	攻丝机	0	台式攻丝机	1	最大攻丝直径
			1	立式攻丝机	1	最大攻丝直径
			2	螺母攻丝机	1	最大攻丝直径
			8	卧式攻丝	1	最大攻丝直径
	6	螺纹铣床	0	丝杠铣床	1/10	最大铣削直径
			1	螺纹铣床	1/10	最大铣削直径
			3	万能螺纹铣床	1/10	最大铣削直径
			5	蜗杆铣床	1/10	最大铣削直径
	7	螺纹磨床	0	螺杆磨床	1/10	最大磨削直径
			3	螺纹磨床	1/10	最大磨削直径
			4	丝杠磨床	1/10	最大磨削直径
			5	万能丝杠磨床	1/10	最大磨削直径
			7	蜗杆磨床	1/10	最大磨削直径
			8	滚刀铲磨床	1/10	最大磨削直径

（续）

类	组		系		主参数	
	代号	名称	代号	名称	代号	名称
螺纹加工机床	8	螺纹车床	5	螺母车床	1	最大车削直径
			6	丝杠车床	1/100	最大工件长度
			7	螺纹车床	1/10	最大车削直径
铣床	1	悬臂及滑枕铣床	0	悬臂铣床	1/100	工作台面宽度
			1	悬臂镗铣床	1/100	工作台面宽度
			2	悬臂磨铣床	1/100	工作台面宽度
			6	卧式滑枕铣床	1/100	工作台面宽度
			7	立式滑枕铣床	1/100	工作台面宽度
	2	龙门铣床	0	龙门铣床	1/100	工作台面宽度
			1	龙门镗铣床	1/100	工作台面宽度
			2	龙门磨铣床	1/100	工作台面宽度
			6	龙门移动铣床	1/100	工作台面宽度
			8	龙门移动镗铣床	1/100	工作台面宽度
	3	平面铣床	0	圆台铣床	1/100	工作台面宽度
			1	立式平面铣床	1/100	工作台面宽度
			3	单柱平面铣床	1/100	工作台面宽度
			4	双柱平面铣床	1/100	工作台面宽度
	4	仿形铣床	3	平面仿形铣床	1/10	最大铣削宽度
			4	立体仿形铣床	1/10	最大铣削宽度
	5	立式升降台铣床	0	立式升降台铣床	1/10	工作台面宽度
			1	立式升降台镗铣床	1/10	工作台面宽度
			2	摇臂铣床	1/10	工作台面宽度
			3	万能摇臂铣床	1/10	工作台面宽度
			4	摇臂镗铣床	1/10	工作台面宽度
			6	立式滑枕升降台铣床	1/10	工作台面宽度
			7	万能滑枕升降台铣床	1/10	工作台面宽度
	6	卧式升降台铣床	0	卧式升降台铣床	1/10	工作台面宽度
			1	万能升降台铣床	1/10	工作台面宽度
			3	万能摇臂铣床	1/10	工作台面宽度
			6	卧式滑枕升降台铣床	1/10	工作台面宽度
	7	床身铣床	1	床身铣床	1/100	工作台面宽度
			3	立柱移动床身铣床	1/100	工作台面宽度
			5	卧式床身铣床	1/100	工作台面宽度
			6	立柱移动卧式床身铣床	1/100	工作台面宽度
	8	工具铣床	1	万能工具铣床	1/10	工作台面宽度

（续）

类	组		系		主参数	
	代号	名称	代号	名称	代号	名称
铣床	8	工具铣床	3	钻台铣床	1	最大钻台直径
			5	立铣刀槽铣床	1	最大铣刀直径
	9	其他铣床	1	曲轴铣床	1/10	刀盘直径
			2	键槽铣床	1	最大键槽宽度
刨插床	1	悬臂刨床	0	悬臂刨床	1/100	最大刨削宽度
			1	仿形悬臂刨床	1/100	最大刨削宽度
			2	悬臂铣磨刨床	1/100	最大刨削宽度
			3	悬臂铣刨机	1/100	最大刨削宽度
			5	悬臂磨刨床	1/100	最大刨削宽度
			7	单柱刨床	1/100	最大刨削宽度
	2	龙门刨床	0	龙门刨床	1/100	最大刨削宽度
			1	仿形龙门刨床	1/100	最大刨削宽度
			2	龙门铣磨刨床	1/100	最大刨削宽度
			3	龙门铣刨床	1/100	最大刨削宽度
			5	龙门磨铣刨床	1/100	最大刨削宽度
			7	双柱刨床	1/100	最大刨削宽度
	5	插床	0	插床	1/10	最大插削长度
			2	键槽插床	1/10	最大插削长度
	6	牛头刨床	0	牛头刨床	1/10	最大刨削长度
			6	落地牛头铣刨床	1/100	最大刨削长度
	8	边缘刨床 模具刨床	1	板料边缘刨床	1/100	最大刨削长度
			8	模具刨床	1/10	最大刨削长度
	9	其他刨床	1	钢轨道岔刨床	1/100	最大刨削长度
			2	电梯导轨刨床	1/100	最大刨削长度
拉床	3	卧式外拉床	1	卧式外拉床	1/10	额定拉力
	5	立式内拉床	1	立式内拉床	1/10	额定拉力
			2	双滑板立式内拉床	1/10	额定拉力
			7	上拉式立式内拉床	1/10	额定拉力
	6	卧式内拉床	1	卧式内拉床	1/10	额定拉力
			8	卧式深孔螺旋内拉床	1/10	额定拉力
	7	立式外拉床	1	立式外拉床	1/10	额定拉力
			2	双滑板立式外拉床	1/10	额定拉力
	8	键槽、轴瓦、螺纹拉床	1	卧式轴瓦平面拉床	1/10	额定拉力
			2	卧式轴瓦圆弧拉床	1/10	额定拉力
			3	立式轴瓦圆弧拉床	1/10	额定拉力
			4	立式轴瓦平面拉床	1/10	额定拉力

（续）

类	组		系		主参数	
	代号	名称	代号	名称	代号	名称
锯床	4	卧式带锯床	0	卧式带锯床	1/10	最大锯削直径
			2	立柱卧式带锯床	1/10	最大锯削直径
	7	弓锯床	1	滑枕卧式弓锯床	1/10	最大锯削直径
其他机床	1	管子加工机床	0	管子内螺纹加工机	1/10	最大加工直径
			1	管子切断机	1/10	最大加工直径
			2	管端螺纹加工机	1/10	最大加工直径
			3	管螺纹车床	1/10	最大加工直径
			4	管接头切断机	1/10	最大加工直径
			5	管接头锥孔镗床	1/10	最大加工直径
			6	管接头螺纹车床	1/10	最大加工直径
			8	管接头外螺纹加工机	1/10	最大加工直径
			9	管端倒角机	1/10	最大加工直径
	2	木螺钉加工机	0	木螺钉切口机	1	最大加工直径
			1	木螺钉螺纹加工机	1	最大加工直径
	4	刻线机	0	圆刻线机	1/100	最大加工长度
			1	长刻线机	1/100	最大加工长度
			7	缩放刻字机	1/10	缩放仪中心距
			9	光栅刻线机	1/10	最大行程
	6	多功能机床	0	多功能机床	1/10	床身最大车削直径
			2	小型多功能机床	1/10	床身最大车削直径
			4	组合式多功能机床	1/10	刀架上最大回转直径

参 考 文 献

[1] 武圣庄. 金属切削机床概论［M］. 北京：机械工业出版社，1985.

[2] 贾亚洲. 金属切削机床概论［M］. 2 版. 北京：机械工业出版社，2010.

[3] 顾维邦. 金属切削机床概论［M］. 北京：机械工业出版社，1999.

[4] 机械工程手册　电机工程手册编辑委员会. 机械工程手册（1）基础理论（一）［M］. 北京：机械工业出版社，1982.

[5] 机械工程手册　电机工程手册编辑委员会. 机械工程手册（6）机械设计（三）［M］. 北京：机械工业出版社，1982.

[6] 机械工程手册　电机工程手册编辑委员会. 机械工程手册　机械制造工艺及设备（二）［M］. 2 版. 北京：机械工业出版社，1997.

[7] 同济大学数学教研室. 高等数学：上册［M］. 4 版. 北京：高等教育出版社，1996.

[8] 卢光贤. 机床液压传动及控制［M］. 3 版. 北京：机械工业出版社，2005.

[9] 杜君文. 机械制造技术装备及设计［M］. 天津：天津大学出版社，2007.

[10] 赵晶文. 金属切削机床［M］. 北京：北京理工大学出版社，2005.

[11] 夏广岚，冯凭. 金属切削机床［M］. 北京：北京大学出版社，2008.

[12] 王爱玲. 现代数控机床［M］. 北京：国防工业出版社，2003.

[13] 周兰，常晓俊. 现代数控加工设备［M］. 北京：机械工业出版社，2005.

[14] 吴祖育，秦鹏飞. 数控机床［M］. 2 版. 上海：上海科学技术出版社，1990.

[15] 机床设计手册编写组. 机床设计手册［M］. 北京：机械工业出版社，1986.

[16] 曹建山，薛宝文，施康乐. 金属切削机床概论［M］. 上海：上海科学技术出版社，1987.

[17] 韦彦成. 金属切削机床结构与设计［M］. 北京：国防工业出版社，1991.

[18] 黄鹤汀. 机械制造装备［M］. 北京：机械工业出版社，2003.

[19] 李庆余，孟光耀. 机械制造装备设计［M］. 2 版. 北京：机械工业出版社，2008.

[20] 成大先. 机械设计手册［M］. 5 版. 北京：化学工业出版社，2007.